JN198305

計算と自然

計算と自然（'25）

©2025　萩谷昌己

装丁デザイン：牧野剛士
本文デザイン：畑中　猛

s-77

まえがき

モデルからリアルへ

本書は，そのタイトル通り，計算と自然の関わりについて探求することを目的としている。本書は，2009年の「基礎情報科学」，2015年の「コンピューティング—原理とその展開—」，2019年の「コンピューティング—原理とその展開—」の続編である。「基礎情報科学」と2015年の「コンピューティング」は川合慧氏との共著であるが，2019年の「コンピューティング」は萩谷昌己一人で執筆した。一方，本書は萩谷が今井克暢氏と鈴木泰博氏に協力を仰いで三人で執筆したものである。

既に「基礎情報科学」の頃より，計算と自然の関わりは重要なテーマであり，その第12章では分子計算と可逆計算と量子計算について解説されている。実は可逆計算に関する放送教材では，今井克暢氏にゲストとして出演いただいたのであった。その内容が「基礎情報科学」の第12章に納められている。

その一方で，「基礎情報科学」でも「コンピューティング」でも，計算モデルが主役であり，さまざまな計算モデルの理解を得ることを最終的な目的としていた。ただし，「基礎情報科学」の第12章「いろいろな計算」と2015年「コンピューティング」の第12章「いろいろな計算機構」の内容が，2019年の「コンピューティング」では第14章「生物に触発された計算モデル」と第15章「自然現象を活用する計算モデル」に倍増されていた。そして本書では，計算と自然の関わりが主要なテーマとなって，全体にわたってさまざまな観点から計算と自然の関わりについて探求され，次第にリアルな自然の中での計算に重きが移っていく。このような「基礎情報科学」から本書への変遷は，「モデルからリアルへ」と捉えることができるだろう。

本書の前身はもう一つある。萩谷が2021年度まで東京大学の理学部において開講していた「自然計算」という科目である。この科目は半学期1単位のコンパクトなものであったが，自然現象に触発されたさまざまな計算モデルと自然現象を活用して実現される各種の計算過程について解説していた。

本書の中でも繰り返し触れられるが，本書に対応する学問分野は，自然計算（natural computing）と呼ばれている。通常のコンピュータ以外の自然現象を活用する計算という意味で，非通常計算（unconventional computing）という呼称もある。どちらにしても，この分野は堅牢に確立しているわけではなく，今後もさまざまな方向に展開していくことだろう。量子計算のように，非通常計算としてマイナーと思われていた分野がメジャーになって独立することが今後も起こり，非通常計算として残るのは常にマイナーな分野であるかもしれないが，計算と自然の関わりへの探求は決して色あせることはないだろう。なぜなら，計算の概念は常に自然による実現の中で発展してきたし，自然の価値は計算を実現することによって生じると信じることができるからである。

本書でも次第に明らかになるが，計算と自然の関わりを探求する中で，ほとんど常にフォン・ノイマンが姿を現すと言っても過言ではない。通常のコンピュータが存在しない世界では，通常のコンピュータを自然の中で創ることこそが非通常であり自然計算だったのだから，それは当然のことかもしれない。コンピュータを創ったノイマンは，計算と自然の関わりをそれまでの人類の中で最も広く深く把握していたに違いない。

したがって，「モデルからリアルへ」という流れは本書そのものを貫くものでもあり，本書の構成もおよそその流れに沿っている。「基礎情報科学」と「コンピューティング」では何章にもわたって解説されていた，オートマトンやチューリング機械などの計算モデルの基礎は，第1章から第3章まででコンパクトに述べられている。その後，第4章から第7章までは，特に自然計算に関連する主要な計算モデルが解説されていく。そして第8章より，さまざまな計算モデルとリアルな自然の中での実現が協奏するように続いていく。自然の中には生物があり，生物の脳は最も複雑な計算過程を実現していて，その究極が意識であろう。そして計算と自然の物語は，DNA，光，量子と続き，第15章で再び生物に戻った後に宇宙で終わる。

放送教材には多くのゲストの方々に登場いただいているが，以下の方々の話された内容は，本書の各章のベースにもなっている（敬称略)。

沙川貴大（4.2 節），
鈴木理絵子（9.2 節），
合原一幸（10.1 ～ 10.3 節），
大泉匡史（11.2 節），
成瀬誠（13.1 節），
廣田修（14.1 節）

また，放送教材には以下のゲストの方々のお話も含まれている（敬称略)。

Susan Stepney（第 1 回）
Jarkko Kari（第 1 回）
吉田彩乃（第 7 回）
杉本舞（第 8 回）
川又生吹（第 12 回）

改めてゲストの方々と共著いただいた今井氏と鈴木氏に深く感謝したい。

2025 年 3 月
萩谷　昌己

目次

1　計算とは？

鈴木泰博・萩谷昌己

《**概要**》計算は日常生活の中にあふれている。では，計算とは何だろう？　本章では計算について，私たちがイメージしているモノコトをもとに再考する。計算が日常生活の中にあふれていることが理解できれば，計算が自然の中にあふれていることも納得できるだろう。

1.1　計算について考える

計算って何だろう？　私たちの日常に引き付けて，計算について改めて考えるために，簡単なワークをやってみよう。

【ワーク 1】紙の上でも，スマートフォンにでも，計算という言葉から連想されるモノコトを自由に書き出してください。

以下は，鈴木泰博（Yasuhiro Suzuki）が名古屋大学で指導している学生にこのワークを行ってもらった結果をまとめたものである。「四則演算，電卓，筆算，そろばん，暗算，コンピュータ，人工知能，統計学，役立つ，計算高い，人間関係，相手の動きを読む，裏切らない，ケアレスミス，面倒，大変，難しい……」などが挙げられた[1)]。この結果をもとにして計算について掘り下げて考えてみる。読者の皆さんは，ご自身のワークの結果と見比べながら，自分なりの計算のイメージを確立していただきたい。

ワークの結果から，何か共通したモノコトをそこに見ることができる

1) 名古屋大学の『基礎セミナー』の受講生にご協力いただきました（2023 年度）。

だろうか？　まずは，多くの方々が計算という言葉からイメージする四則演算を例にとってみよう。

最も初歩的な足し算“1＋1＝2”を考える。ここで“＝”とは，左辺と右辺が同じという意味だ。素直にみれば，“1＋1”と“2”は違う文字(列)である。これらは等しくない。左辺で足し算を行って“1＋1”を“2”に変化させると，“1＋1＝2”は“2＝2”となって，左辺と右辺は確かに同じになる。

では“2＋3×4”はどうだろう？　もし小学生がこの計算の答を“20”としたら，あなたはこの答を間違いとするだろう。そして，「足し算と掛け算があったら，掛け算から先に行う」と教えるだろう。しかし，掛け算を足し算よりも先に行うのは，宇宙の理(ことわり)ではなく，約束事である。したがって，足し算を掛け算より先に行うことを約束事にしてもよい。足し算を先に行うと2＋3×4＝5×4＝20，掛け算を先に行うと2＋3×4＝2＋12＝14となり，これらの計算結果を“＝”でつなぐと矛盾してしまう。

一方，“2＋3＋4”はどうだろう？　この場合は左から計算しても右から計算しても，つまり2＋3を先に計算しても2＋3＋4＝5＋4＝9，3＋4を先に計算しても2＋3＋4＝2＋7＝9となるので，これらの計算結果を“＝”でつないでも矛盾しない。

これら2つの計算から分かることは，計算の順序を変えると結果が変わる場合と，順序を変えても結果が変わらない場合があることである。では，計算の順序を変えると，具体的には何が変わっているだろう？

“2＋3×4”を文字列としてみた場合，足し算を先に計算すると，文字列“2＋3×4”は文字列“5×4”に変化する。つまり，計算によって文字列が変化したわけである。これは，数字を変えたり，他の演算に変えたりしても同じことである。

ここでの文字列のように，計算により変化するモノコトを，少し抽象化して状態（state）と呼ぶことにする。状態は計算により変化するモノコトなので，文字列でなくても構わない。例えば，みかんを3つ持っていて，さらにみかんを2つもらった場合のみかんの総数は3＋2となる。

この場合の状態は何だろう？　足し算により変化するのはみかんの数なので，持っているみかんの数が状態となる。

2+3×4も，2+3+4も，みかんの数も，計算を行うと状態が変化している。このような状態の変化は，状態遷移（state transition）と呼ばれる。遷移とは移り変わるという意味である。状態遷移という言葉を使えば，計算の順序を変えると，結果が変わらなくとも，状態遷移の様子は必ず変わってくるということができる。

1.2　アルゴリズム

簡単な四則演算を例にして，計算するとどうなるかをみてきた。そこから分かったことは，計算をすると状態が遷移するということである。先に2+3×4の2つの異なる状態遷移の様子を示したが，これらの違いが生じたのは，演算の順序（order）が異なっていたためである。(より正確には，状態遷移は演算を適用する場所にも依存する。したがって，どの演算をどの場所にどの順序で適用するかで，異なる状態遷移が得られる。)

1.2.1　状態を遷移させる順序としてのアルゴリズム

以上の議論から，計算において順序が重要なことが分かる。ここでは，計算において「モノコトの状態を遷移させる順序」のことをアルゴリズム（algorithm）と呼ぶ。一般にアルゴリズムとは計算の手順を意味するが，ここでは特に計算の順序に着目している。この用語を使うと，2+3×4の2つの状態遷移が違う理由は，アルゴリズムが違うから，となる。

多くのモノコトの状態遷移をアルゴリズムとして記述できる。歯磨きもアルゴリズムとして，例えば以下のように記述できる。

1. 歯ブラシに歯磨き粉をのせる
2. 歯を磨く
3. 口をすすぐ

通常の歯磨きは1➤2➤3の順序のアルゴリズムであるが，3➤1➤2の順序のアルゴリズムで状態遷移を生じさせると，口の中が泡でいっぱいの状態で終了することになる。

読者の皆さんの周りに多くのアルゴリズムがあることに気付かないだろうか？

【ワーク2】身の周りにあるアルゴリズムを探してください。もしくは，自分でアルゴリズムを作ってみてもいいです。

1.2.2 計算主体

目の前にトマトとニンニク，そしてオリーブオイルがあるとする。しばらく眺めていても何も変わらない。この3つのモノの状態遷移を生じさせる順序，つまりアルゴリズム（ここではレシピ）を与えてみよう。

1. ニンニクをみじん切りにする。
2. オリーブオイルをゆっくりと温める。
3. オリーブオイルに1.の結果を加えてゆっくりと加熱する。
4. 3.の結果にトマトを入れて煮詰め，塩で味を調える。

さて，このアルゴリズムをメモ用紙に書いただけでは状態は遷移しない。このアルゴリズムに基づき状態を遷移させるには，料理人というアルゴリズムを実行する主体が必要である。この主体のことを以下では計算主体（computational agent）と呼ぶ。

同様に，ラジオ体操をアルゴリズムとすると，ラジオ体操をしている私たちが計算主体になる。

コンピュータのプログラムも，単に入力しただけでは，メモに書いただけのアルゴリズムと同様に，何の状態遷移も生じない。プログラムをコンピュータが実行することによって状態遷移が起きる。言うまでもなく，ここではコンピュータが計算主体である。

同じ計算でも計算主体が変わると，アルゴリズムも変わる場合が多い。ラジオ体操をもしロボットが実行するならば，ロボットの手足をすべて制御する必要があるので，アルゴリズムは異なる。トマトソースのアルゴリズムも同様で，もし計算主体が料理未経験者であれば，先のアルゴリズムは簡潔すぎるので，より順序を細分化したアルゴリズムが必要になる。このように，アルゴリズムは計算主体によって内容や順序が相対的に変わる場合が多い。

ここまで，計算をアルゴリズムと計算主体で特徴付けてきた。これを踏まえて改めてワーク1を振り返ってみよう。

【ワーク3】ワーク1でリストアップしたそれぞれの項目の計算主体（アルゴリズムを実行する主体）は何であるか？　その場合のアルゴリズムとは何であるか考えてみてください。

1.3　書き換え系によるアルゴリズムの記述

前節まで，言葉を使ってアルゴリズムを記述してきた。本節では，アルゴリズムを記述する数学的な記法を導入しよう。数学的といっても，特に高度な数学的知識は無用である。

一般に，計算の対象やアルゴリズムを定式化して記述するための理論的なモデルを計算モデル（computational model）という。計算モデルのもとで記述された具体的な計算の体系を計算系（computational system）という。系とは英語では system である。

書き換え系（rewriting system）とは，「もし“CAP”ならば，“HAT”」のような書き換え規則（rewriting rule）の集まりで構成される計算系である。この書き換え規則は，「もし“CAP”という文字列があったら，それを“HAT”に書き換える」ことを意味する。

アルファベットに加えて“_”を文字とするとき，“I_have_a_CAP”の文字列をこの書き換え規則で書き換えてみよう（空白文字は見えないので代わりに“_”を用いている）。まず，この文字列の中から“CAP”と一致する文字列を探していく。最初の3文字は“I_h”なので，“CAP”とは異なる。1文字ずらすと“_ha”なのでやはり“CAP”とは異なる。こうやって1文字ずつずらしながら一致する部分を探していくと，文字列の最後のところに“CAP”が現れる。

これでやっと書き換えができる。“CAP”という文字列に対して「もし“CAP”ならば，“HAT”」の書き換え規則を適用することで，“I_have_a_CAP” は “I_have_a_HAT” に書き換えられる。

以下では書き換え規則を CAP → HAT のように表記することにする。また，書き換え規則による文字列の変化は I_have_a_CAP ⇒ I_have_a_HAT のように表記することがある（特に第 6 章ではこの記法を用いている）。

状態が文字列で表されているならば，書き換え規則は状態を遷移させる規則と考えられる。そして，書き換え規則による文字列の変化は状態遷移に他ならない。

1.3.1 書き換え系から広がる計算の世界

こんな単純な仕組みが計算系なのか，と思うかもしれない。だがこの書き換え系は，条件さえ整えれば，読者の皆さんが使っている PC と同じ計算能力を持つのである。第 3 章で取り上げるチューリング機械（Turing machine）は，PC のような計算機も含めて，この世のあらゆる計算を定式化できると信じられている計算モデルであるが，文字列の書き換え系は，チューリング機械と同じ計算能力を持っている。

文字列の書き換え系のように，文字列を用いた計算は自然界でも行われている。例えば，私たちなど生物の身体は主にタンパク質でできている。タンパク質はアミノ酸で作られていて，アミノ酸の配列の順序を変えると違うタンパク質や，他の生物になってしまう（例えば，ヒトとチンパンジーのアミノ酸配列の違いは数パーセントしかない）。

アミノ酸の配列は，まさに生物の設計図に相当するが，アミノ酸の配列のさせ方を決めているのが DNA である。DNA は A, G, C, T の 4 種類の塩基と呼ばれる分子のグループが結合した，糸のように長細い分子（ポリマー）である。この DNA は計算にも用いられている。DNA を用いた計算については第 12 章で扱う。

また，$2H_2+O_2 \rightarrow 2H_2O$ のような化学反応式も，「もし水素 2 分子と，酸素１分子が反応すれば，水２分子に書き換えられる」と考えれば，化学式の書き換え系と見なすことができる。あらためて書き換え規則として書き直すと，$H_2, H_2, O_2 \to H_2O, H_2O$ となる。

この書き換え系は，CAP を HAT に書き換えるような，文字列を書き換える計算系ではない。なぜなら，この書き換え規則の左辺の意味は水素２分子と酸素１分子なので，その表記は H_2, O_2, H_2 でも H_2, H_2, O_2 でもよくて，H_2 が２つと O_2 が１つあればよい。つまり，H_2 と O_2 の並び順は重要ではない。

文字や数字の集まりを $\{H_2, H_2, O_2\}$ のように表記するのを見たことがあるかもしれない。これは数学では集合（set）と呼ばれるものだ。つまり，$H_2, H_2, O_2 \to H_2O, H_2O$ のような書き換え規則で計算を行う計算系は，文字列の書き換え系ではなく，集合の書き換え系と考えられる。ただし，集合を知っている方は，ここまで読んできて気になることはないだろうか？　普通の集合では要素の数は扱わないので，$\{H_2, H_2, O_2\}$ は $\{H_2, O_2\}$ と表記すべきなのだ。すると，H_2 が何個あるか分からないので，$\{H_2, O_2\}$ を $H_2, H_2, O \to H_2O, H_2O$ で書き換えることはできそうにない。

実は，集合を拡張して，要素の数を扱うことができるようにした概念がある。それは，多重集合，マルチ集合またはマルチセット（multiset）と呼ばれる。言うまでもなく，マルチセットを書き換える書き換え系は，マルチセット書き換え系（multiset rewriting system）と呼ばれる。

このマルチセット書き換え系を用いれば，化学式も書き換え系によって計算することができる。例えば，水素分子と酸素分子が３分子ずつある状況は，$\{H_2, H_2, H_2, O_2, O_2, O_2\}$ というマルチセットで表せる。このマルチセットに書き換え規則 $H_2, H_2, O_2 \to H_2O, H_2O$ を適用すると，$\{H_2, H_2, H_2, O_2, O_2, O_2\}$ は $\{H_2O, H_2O, H_2, O_2, O_2\}$ に書き換わる。このようなマルチセット書き換え系は第６章で詳しく解説する。

1.3.2　空間の書き換え系

オセロという２人で行うボードゲームをご存知だろうか？　このゲームでは，まずおのおののプレイヤーが，あらかじめ自分の色を黒か白に決める。そして，8×8の盤上に交互に，表裏を黒と白で塗り分けた石を打っていく。このとき，もし相手の石を自分の石で挟むことができたら，石をひっくり返して自分の色に変えることができる。最終的に自分の色の石が多かった方が勝ちとなる（図1－1）。

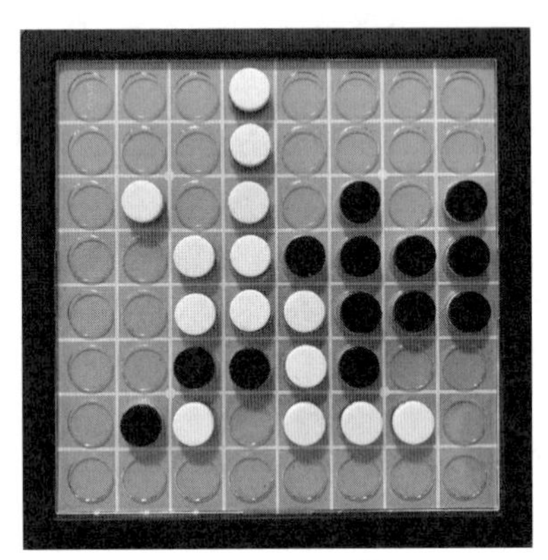

図1－1　オセロゲーム

オセロゲームでプレイヤーが石を打った直後の盤面の変化は，● → ○ と ○ → ● の2つの書き換え規則による書き換え系と見なすことができる。だが，オセロゲームの場合，書き換えるためには相手の石を自分の石で挟まねばならない。例えば●を打った直後に，その右にある○のさらに右に●があれば，○に対して ○ → ● の書き換え規則を用いることができる。

このオセロゲームのように，近隣の状態によって書き換え規則が適用される計算系は，セルオートマトン（cellular automaton; CA）と呼ばれる。オセロゲームに対してセルオートマトンの用語を用いると，石を打つマスがセル（cell）である。マスに打たれている石の色が，セルの状態（state）である（本章では，一般に「計算により変化するモノコト」を状態と呼んでいたことを思い出してほしい）。石の色は黒か白だが，一般にはセルの状態はいくつあっても構わない。実際にオセロゲームでは，黒と白の他に石がまだ打たれていない状態がある。

オセロゲームでは，自分の石で相手の石を挟むことで状態遷移が起きたが，一般のセルオートマトンでは，状態遷移の仕方は書き換え規則により自由に定めることができる。

状態の遷移は隣接するセルの状態に依存するが，おのおののセルに隣接してその状態遷移に影響を及ぼすセルを近傍セル（neighbor cell），近傍セルの集まりを近傍（neighborhood）と呼ぶ。オセロゲームの例のように，セルが平面上に広がる2次元のセルオートマトンでは，おのおののセルの上下左右のセルが近傍に含まれる。さらに，オセロゲームのように，斜め隣のセルが近傍に含まれることも多い。

次章で詳しく解説するライフゲームは，2次元のセルオートマトンである。ちなみに，その近傍は上下左右と斜め隣のセルから成る。また，セルの状態数は2で，状態遷移の書き換え規則も極めて単純なものだが，その振る舞いは不思議で魅力的で，まさに新たな生命体のようだ。セルオートマトンの一般論は第5章で扱う。

なお，オセロゲームでは，自分の石の間に相手の石がいくつあっても構わない。このことをセルオートマトンによって実現するには少し工夫が必要である。いま●を打った直後を考える。その●は■で表す。○の左に■があれば，その○の状態を，左に■があるという○の変種の状態に遷移させる。その状態を→⃝と表そう。○の左に→⃝があれば，その○はやはり→⃝に遷移させる。そのように→⃝が右に伝播（でんぱ）していく。そして，→⃝の右に●があれば，→⃝を●に遷移させる。すると，その左にある→⃝も●に遷移する，という具合である。■が○の右や上や右斜め上にある場合なども同様に扱えばよい。

1.3.3　自然は計算であふれている

空間の書き換え系について述べたが，化学反応も空間の中で起こる。すなわち，化学反応は空間のある一か所で分子と分子が衝突することによって起こり，その結果として新たな分子が生じる。そして，生じた分子はその場所にとどまらずに，空間中を広がっていくのが一般的である。この現象は拡散と呼ばれる。一般に自然界における化学反応の現象は拡散を伴っていて，反応拡散と呼ばれる。反応拡散による計算は第7章で取り上げる。反応拡散も含めて，自然界が書き換えであふれていることは想像に難くないだろう。すると，自然界は計算であふれている，ということができる。

自然界は計算であふれている，と述べたところで，自然計算（natural computing）という学問分野について簡単に触れておこう。自然計算では，生物や宇宙も含めて，ありとあらゆる自然現象を計算の観点から解析する。すなわち，自然現象に内在する計算を見いだして，それをモデル化する。そして，得られた計算モデルに関して，自然現象とはいったん切り離して，理論的な観点から探求することも行う。さらに，そのようにして得られた知見をもとに，再び自然現象の解析を行うこともある。

また，得られた計算モデルを活用して，各種の問題を解くことを試みたりもする。その場合，通常のコンピュータを用いることもあるが，さまざまな自然現象を活用することもある。後者の試みを，非通常計算（unconventional computing）と呼ぶことがある。もっとも，通常のコンピュータも自然現象を活用して動いているので，計算モデルと自然現象のマッチングを新たに与える，といった方がよいかもしれない。

結局，計算の観点からの自然現象の解析，計算モデルに関する理論的な探求，自然現象と計算モデルのマッチングなどを通して，計算の本質に迫ろうとするのが，自然計算という分野であろう。ただし，本科目では，自然計算と呼ばれる研究分野でこれまでに行われてきた研究も参照しながら，より広い視野で計算と自然の関連性について迫ろうとしている。すなわち，自然計算と呼ばれている分野をより広く捉え，関係する分野にも自由に踏み込みながら，計算と自然に関してさまざまな考察を自由に行っていこう。

1.4　逐次と並列

「見慣れない言葉が見出しになっているなぁ」と思った方もいるだろう。これらはアルゴリズムの実行の仕方について述べている。

逐次（sequential）とは「順を追って次々に物事がなされるさま。順次。」（デジタル大辞泉）であり，並列（parallel）とは「二つ以上のものが並ぶこと。」（デジタル大辞泉）との意味である。

1.2節では，アルゴリズムは一般に逐次に実行されることを想定していた。このように，逐次に実行されることが想定されたアルゴリズムは逐次アルゴリズム（sequential algorithm）と呼ばれる。逐次アルゴリズムは，順々にモノコトを変化させるアルゴリズムである。

一方，同時に2つ以上のモノコトを変化させるようなアルゴリズムもある。このようなアルゴリズムは並列アルゴリズム（parallel algorithm）と呼ばれる。また，逐次アルゴリズムを構成するいくつかのステップを同時に実行することもある。この場合，もともと逐次であったアルゴリズムが並列に実行されると考えられるが，並列実行の様子も加味して並列アルゴリズムと見なすこともできる。

1.4.1　並列化

2+3×4+5に対して掛け算を先に行うと，2+3×4+5は2+12+5となる。足し算が2つ出てくるので，左から行うとすると2+12+5は14+5となり，19となったところで状態遷移が停止する。

では，2+3+4+5の場合はどうだろう？　小中学校では演算は左から行うと教わるが，ここでは可能な計算は同時にすべて行うとしてみよう。どこから計算を行うか3つの選択肢があるが，2+3と4+5ならば同時に計算ができる。したがって2+3+4+5は一気に5+9となって14が得られる。

この2つの計算の状態遷移の仕方を比較すると，2+3×4+5では順々に状態遷移が生じているのに対して，2+3+4+5では，同時に2つの状態（2つのモノコトの状態）が変化している。これらがそれぞれ，逐次アルゴリズムと並列アルゴリズムに相当する。

ワーク2で日常生活にあるアルゴリムを検討してみたが，それらのアルゴリズムは逐次アルゴリズムだろうか？　それとも並列アルゴリズムだろうか？　アルゴリズム全体でなくても，部分的に並列アルゴリズムになる場合もあるだろう。

アルゴリズムが逐次でしか実行できないか，並列に実行することが可能なのか，どうやったら見分けられるだろう？　それを見分ける鍵は順序にある。

もし，どんな順序で状態遷移させても，最後の状態が同じになるのなら並列化することができる。2+3+4+5 はどんな順序で状態遷移させても，必ず同じ状態になる。この場合は並列化が可能である[2)]。一方，2+3×4+5 は状態遷移の順序が変わると，最終の状態が同じにならないことがある。この場合は並列化ができないので，逐次アルゴリズムになる。

個々のアルゴリズムについて，順序を変えても状態遷移の結果が同じになるか，ならないかをチェックすると，並列アルゴリズムになるか，それとも並列化できないために逐次アルゴリズムになるかが分かる。

【ワーク 4】ワーク 2 で探したり，作成したりしたアルゴリズムについて，それらが逐次アルゴリズムか，並列アルゴリズムか，その組み合わせであるか，などを検討してみてください。

例えば，先例のトマトソースのアルゴリズムで，「1. ニンニクをみじん切りにする」のステップと「2. オリーブオイルをゆっくりと温める」のステップは順序を入れ替えても，ニンニクはみじん切りにされ，オリーブオイルは温められることになるので，状態遷移の結果は同じになる。つまり，1. と 2. のステップは並列化できる。つまり，フライパンでオリーブオイルを温めながら，ニンニクをみじん切りすることができる。だが，「3. オリーブオイルにみじん切りされたニンニクを加えてゆっくりと加熱する」は，ニンニクをみじん切りにしないとできない。したがって，1. と 3. の順序を入れ替えることができないので，この部分は逐次アルゴリズムになる。このように日常生活の中で，もし順序を入れ替えても結果は同じになるアルゴリズムが得られたら，その部分は同時に行うことができるのである。

---

2) このような場合，合流性（confluence）が成り立つという（15.3.1 節参照）。

1.4.2　並列化の効果

特に書き換え系における並列化の効果について理解するために，以下の2つのワーク，ワーク5-1とワーク5-2を考える。

【ワーク5-1】実際の1円玉を用いて，以下のマルチセット書き換え系の書き換え規則を逐次に適用してください。すなわち，1枚の1円玉を2枚の1円玉で置き換える。

書き換え規則：1円玉 → 1円玉, 1円玉

【ワーク5-2】以上の書き換え規則を可能な限り並列に適用して, シミュレーションを行ってみてください。

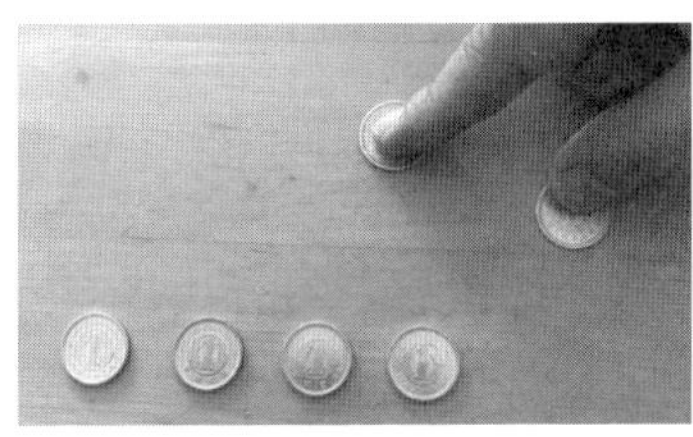

図1-2　ワーク5-1（左），ワーク5-2（右）をそれぞれ行っているところ

図1-2は2つのワークを行っているところである。このワークで書き換え規則を逐次に適用した場合は，1円玉の枚数の初期状態が1枚だとすると，2枚，3枚，4枚……と増えていく。

一方，並列に適用した場合は，同じく初期状態を1枚とすると，2枚, 4枚, 8枚……となる。指数関数を使って表すと, 2^0, 2^1, 2^2, 2^3……となる。

このように，書き換え規則の適用の仕方を逐次から並列に変えることで，状態遷移は全く異なるものになる。

1.4.3　非決定性

本章の冒頭で，2+3×4という例があった。足し算と掛け算のどちらを先に行うかで計算の結果が異なっていた。つまり，2+3×4を5×4に書き換えることもできるし，2+3×4を2+12に書き換えることもで

きる。このように複数の書き換えの可能性があるが，逐次アルゴリズムとして実行するためには，必ず左から書き換えることにするなどして，どこから書き換えるかを定めなければならない。

一方，どこから書き換えても構わない，とする立場がある。このような立場を非決定性（nondeterminism）という。1.4.1 節の並列化では，書き換えの結果が異なることはよしとしなかったが，非決定性の立場では，書き換えの順序に依存して書き換えの結果が異なることを許容する。

先の 2+3+4+5 の例では，どこから書き換えを行うか 3 つの選択肢があった。さらに，2+3 と 4+5 を並列に書き換えるという選択肢もあった。この例では，どこから書き換えても構わなくて，さらに，並列に書き換えても構わない，とする立場がある。これはより強い非決定性である。ここで弱い非決定性とは，どこから書き換えても構わないが，必ず一か所ずつ書き換える，という立場である。

なお，どこを書き換えるかが定まっても，どのように書き換えるか，すなわち，どの書き換え規則を適用するかが定まらない場合もある。これも非決定性である。

非決定性の反対は決定性（determinism）である。決定性の立場では，どこを書き換えるべきかを，さらに，どの書き換え規則を適用するかを，何らかの約束で定めなければならない。例えば，最も左にある演算を書き換える，という具合である。

決定性の立場では，常にどこをどのように書き換えるべきかが定まっているので，書き換えによる計算の結果は一意的に定まる。一方，非決定性の立場では，書き換えの仕方によって，計算の結果は異なることもあるし，一意的であることもある。先の 2+3×4 の例では，書き換えの仕方によって，結果は 20 になったり 14 になったりする。一方，先の 2+3+4+5 の例では，どのように書き換えを行っても，並列に書き換えを行っても，同じ結果 14 が得られる。

1.4.4　確率的な実行

非決定性の立場では，どの書き換えを行うかを確率的に定めることがある。例えば $2+3\times4$ の例で，$2+3$ を書き換えるか 3×4 を書き換えるかを，コインを投げた結果で選ぶことが考えられる。コインが表ならば $2+3$ を書き換え，裏ならば 3×4 を書き換える，という具合である。コインの表裏は，それぞれ0.5の確率で得られるので，0.5の確率でどこを書き換えるかが定まる。

何らかの仕組みでそれぞれの書き換え規則を適用する確率が定まるような書き換え系を，確率的書き換え系（stochastic rewriting system）という。第6章では，特に確率的マルチセット書き換え系について解説する。

研究課題

1.1　ワーク 1 ～ 5 を実際に行ってみよ。

1.2　オセロで石が打たれた直後の盤面の変化を，1.3.2 節の最後の説明を完成させることによって，セルオートマトンとして定式化してみよ。

参考文献

教科書：萩谷昌己：コンピューティング―その原理と展開―，放送大学教育振興会，2019.

専門書：小林聡，萩谷昌己，横森貴編：自然計算へのいざない　ナチュラルコンピューティング・シリーズ　第 0 巻，近代科学社，2015.

2　ライフゲームと自然計算

今井克暢

《**概要**》ライフゲームの歴史を振り返りながら，セルオートマトンや計算可能性にも触れつつ，計算と自然の関係性について解説する。前章でもセルオートマトンについて少しだけ触れたが，本章は前章と併せて，本科目全体の入門となっている。

2.1　ライフゲーム

自然計算（natural computing）という分野は聞き慣れない，と感じる読者も多いかもしれない。研究分野としての自然計算という呼称は比較的新しいものであるが，根底にある考え方は計算機科学の誕生と同程度には古くからある。しかし，それが分野として確立するに至るまでにはいくつかの重要な出来事があった。特にフォン・ノイマン（John von Neumann）（以下，ノイマンと記す）による自己増殖オートマトン（self-reproducing automaton）の理論的研究が重要な起点となった。この研究に触発された研究者が，その後自然計算の諸分野を開拓していくことになるが，当時はまだ物理や計算機科学の限られた一部の研究者が注目しているのみであった。しかしそれが劇的に変わる契機となる出来事が1970年に起こった。

2.1.1　Conway のライフゲーム

サイエンティフィックアメリカンという雑誌（日本では日経サイエンスが翻訳記事を掲載している）の1970年10月号のガードナー（Martin Gardner）の数学ゲームのコラムで，一つのパズルが紹介された。コンウェイ（John Horton Conway）が考案したそのパズルゲームはセルオートマトン（cellular automaton; CA）と呼ばれる計算モデルの一例である。オセロ盤を無限に広げたような2次元平面（セル空間（cellular space）と呼ぶ）を考える。その上の，あるマスに石が置かれていればそのマス（セル（cell）と呼ぶ）にバクテリアか何かの生物がいると考えて生状態にあるとする。何も置かれていないセルは死状態にあるとする。

初期時刻 t=0 にいくつかの生状態のセルが，ある配置でセル空間に置かれているとしよう。この配置のことを時刻 t における状相（configuration）と呼ぶ（状況と呼ぶこともある）。1つのセルに着目すると，そのセルの周囲には上下左右と斜めの8個のセルが隣接している。それらのセルを今着目しているセルの近傍セル（neighbor cell）と呼び，近傍セルの全体を近傍（neighborhood）と呼ぶ。コンウェイは，着目セルの近傍に

・ちょうど3個の生状態セルがあれば，着目セルが死状態の場合は着目セルに生物が誕生し生状態に変化
・2個か3個の生状態セルがあれば，着目セルが生状態の場合は生き延びる

という遷移規則を平面上のすべてのセルに同時に適用することで，次の時刻の状相に遷移するとした（すなわち，すべてのセルは並列にその状態を遷移させる）。

例えば，図2-1（左）では，2つの生セル（＝黒色のセル）は，近傍中にそれぞれもう1つの生セルを1つ含むだけであり，次のステップでは生き残ることができない。右上と左下の死セル（＝白色のセル）は近傍内に2つの生セルを含むだけなので，生セルに変化することはできない。それに対して，図2-1（右）は3つの生セルは互いの近傍に自身以外の2つの生セルを含むため次のステップでも生き残ることができる。右上の死セルは近傍内に3つの生セルを含み，次のステップで生セルに変化できる。その結果，次のステップでは4つの生セルからなる正方形状のパターン（ブロックと呼ばれる）になるが，このパターンの4つの生セルはすべて近傍に3つの生セルを含むため，次のステップでも生存

することができ，その結果形成されたブロックはその後ずっと変化しない静止パターンとなる。

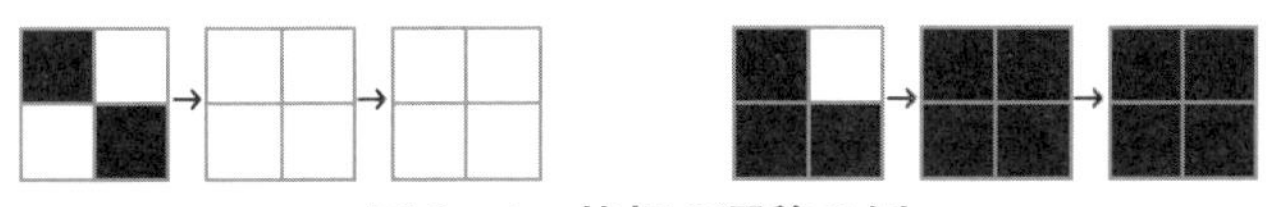

図2-1　状相の遷移の例

遷移規則の適用による状相の遷移はこのようにとてもシンプルなものであるが，少し複雑なパターンになるだけでその挙動は簡単には把握できなくなる。図2-2は5つの生セルからなる初期状相（t=0）からの遷移を示したものである。いくつかの異なる状相を経て最終的にt=9でt=7と同じ状相となり，以後はこのt=7, 8の2つの状相を周期的に繰り返す（この2周期のパターンは交通信号と呼ばれている）。

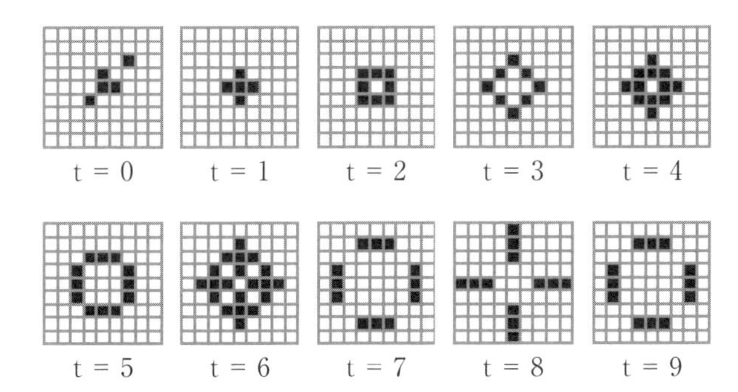

図2-2　最終的に交通信号と呼ばれる周期パターンに遷移する状相

もちろん遷移規則は上記以外の場合も考えることができる。コンウェイはこれ以外の遷移規則も試したが，そのとき，以下のような性質を持つようなものを目指していた。

1. 生セルが増加し続けることを簡単に証明できる初期パターンが存在しない。
2. （とはいえ）無限に増大し続けるような初期パターンも存在する。
3. 長期間成長し変化を続けた後，次の3つの様態のいずれかで終わる単純な初期パターンが存在すること：過密や過疎によって完全に消滅

/安定した配置に落ち着きそれ以降変化しなくなる/2つ以上の周期で無限に繰り返す振動状態に入る。

これは簡単に言えば，この世界の生セルの数（＝人口）の推移が予測できないということである。コンウェイの規則では，図2–3（左）のパターンは7ステップ後に死滅するのに対して，図2–3（右）のパターンは173ステップを経てやっと周期状相に到達する。たった1つの生セルを移動しただけで，その後の挙動はまったく予想がつかない。

図2–3　挙動の予想がつかないパターン

ライフゲームの挙動を紙面で説明するのはとても難しいので，【補足ページ】にURLを掲載しているライフゲームのシミュレータで実際の動作を試してほしい。ランダムな状相からスタートすると，状相がダイナミックに遷移する様は，私たちが生物的と考える挙動を示すように見える。コンウェイはこのセルオートマトンをライフゲーム（Game of Life; GoL）と名付けた。実際，この規則による遷移はバクテリアの繁殖の性質をある程度反映していると言える。仲間がいないところからは発生しないし，周囲のバクテリアが少なすぎても多すぎても，過疎または過密で生存できない。

ライフゲームでしばらく遊んでいると図2–4のような特徴的なパターンに遭遇する。もちろんコンウェイが見つけていてグライダーと名付けている（このような移動するパターンはほかにも見つかり，それらは宇宙船と総称する）。ちょうど4ステップ後に同じパターンが斜め方向に1セル分ずれて現れる。ランダムな状相から結構な頻度で現れ，いったんグライダーが形成されるとセル空間を無限の彼方へ飛び去ってしまう。この場合，有限のパターンを初期状相としてパターンのサイズがいくらでも大きくなる。しかし，生セルの数が増えるわけではないので「無限に増大し続けるようなパターン」とはならない。

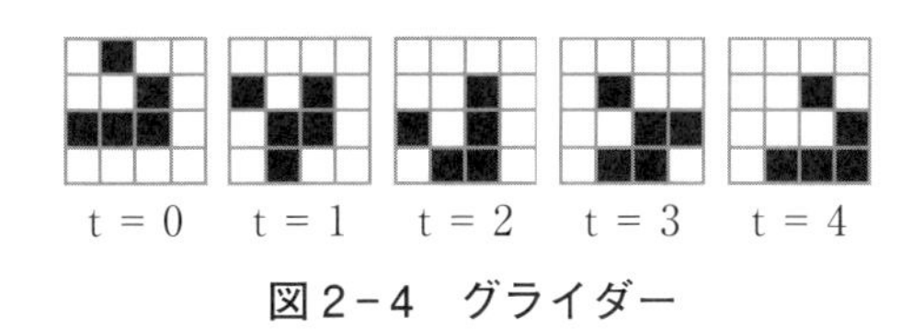

図 2-4　グライダー

コンウェイは生セルの数が無限に増大し続けるような有限のパターンが存在しないと予想し，その証明に $50 の賞金を懸けた。

2.1.2　ライフゲームの爆発的流行

ライフゲームが発表されるや否や，MIT の学生であったゴスパー（Bill Gosper, Ralph William Gosper）らはこの問題に取り組み，ガードナーの記事を読んだ1か月後の11月にグライダーを射出し続けるグライダーガンを構成した（図 2-5）。彼らがこの問題を肯定的に解決し賞金を受け取ったのである。グライダーガンは既に発見されていたシャトルと呼ばれる周期 30 のパターン 2 つを巧妙に組み合わせたものである。

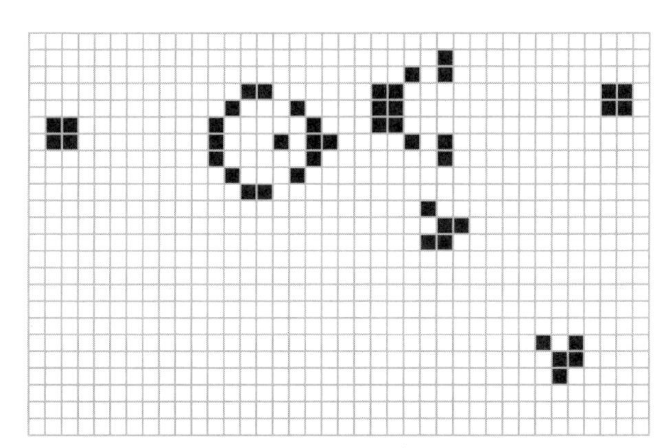

図 2-5　グライダーガン

彼らがグライダーガンをどのように構成したかの概略を知るには，例えば【補足ページ】に URL を掲載している動画を参照してほしい。ゴスパーらによるグライダーガンの構成はそのエレガントさ，動きのダイナミックさによりライフゲームのブームに火をつけることになる。生物物理学や社会学はもとより，あらゆるジャンルの研究者を巻き込んだ大きなムーブメントを引き起こした。当時，大学や研究機関に普及し始めた電子計算機によって，シミュレーションが比較的容易になっており，単純な規則にもかかわらず，生物的とも言えるダイナミックなパターンの変化とその多様さに魅せられたのだろう。バクテリアか何かのコロニーの成長のような生物現象の説明を計算と組み合わせて考える視点が一気に広がった。翌年3月にはLifelineというニュースレターが定期的に発行されるようになった。サイエンティフィックアメリカンはドラッグストアで販売される大衆向け科学雑誌であり，このブームは数学や計算機科学，生物学，物理学，社会科学の研究者にもとどまらず，それらに興味を持つ一般大衆の中にも広がった。NASAの大型計算機がくだらないゲームのために浪費されていると議会で質疑があったり，1974年にTime誌で「ライフゲームの大群が数百万ドルの貴重なコンピュータ時間を食ってしまっている」と報じられたりするほどであった（参考文献「ライフゲイムの宇宙」を参照）。

コンウェイ自身は，ライフゲームのことばかり言われることをよかれとは思っておらず，むしろ嫌っていると公言していたが，晩年にはライフゲームを発明したことを喜んでいたようである（【補足ページ】Does John Conway hate his Game of Life? 参照）。

2.2　自然計算の歴史

前章でも自然計算という学問分野について簡単に紹介したが，学術雑誌等では自然計算（natural computing）は，「自然の中で観察される計算過程と，自然に触発された人為的計算を扱う研究分野」と表現される。注目されるようになったのは比較的近年のことであるが，1940－1950年代のデジタル計算機（＝コンピュータ）の誕生当時にはむしろ今以上に自然計算的な着想が「自然」なものであった。そもそも現在あるコンピュータ自体が「自然の中で観察される計算過程」から拾い上げられたものなのである。その後，MOS FETベースのコンピュータの飛躍的な発展とともに，「計算機＝マイクロプロセッサ」と考えられるようになり，自然の中から新たな計算過程を見いだす動機は一時的に失われていたのかもしれない。

2.2.1　ノイマンの自己増殖セルオートマトン

ガードナーは翌年のコラムでライフゲームにつながるセルオートマトンの歴史について触れている。「すべては1950年頃にノイマンが自己増殖オートマトンの可能性を考え始めたときに始まった」と。機械が自分自身を複製し，さらにそれらがまた自身の複製を作り拡散していくアイデアは，どうやらダンセイニ卿（Lord Dunsany）が1951年に出版した“The Last Revolution”という小説に由来していると書いている。しかし，先行する1948年にノイマンはヒクソンシンポジウムとして知られる会議で「アナログ網とオートマトンの論理」（“The Logic of Analogue Nets and Automata”）を発表しており，その前後にもオートマトン理論ついてのいくつかの講演や講義を行っている。これは，アナログなネットワークである神経活動がall-or-noneな動作を行うことについて，理想化された神経線維網が論理回路をシミュレートできることを論じた1943年のマカロック（Warren Sturgis McCulloch）とピッツ（Walter Harry Pitts, Jr.）の論文に影響を受けた研究である。ノイマンは，オートマトンが他のオートマトンを構成する問題を考え，「親のオートマトンは無限に補給される部品の海の表面に浮遊している。親のオートマトンはその記憶の中に子オートマトンの記述を持っていて，この記述の指令に従って動作して必要な部品を拾い上げ，それを所期のオートマトンに組み立てる」と述べているので，むしろノイマンの着想のほうがダンセイニ卿の小説より早いのかもしれない。

現代の我々も，アナログとデジタルを対比して考えることが多いが，微分解析機と呼ばれるアナログ計算機の開発が先行していた当時の計算機研究者にとって，今以上にアナログ計算過程とデジタル計算過程の比較は重要だったようである。マカロックとピッツの論文に生物の脳のアナログ過程とデジタル過程とを結び付ける着想を見いだした研究者が多数いたようである。アナログなオートマトンに対してデジタルなオートマトン，といった記述がオートマトンについて重要な研究を行った数学者であるクリーネ（Stephen Cole Kleene）の論文にも見られる。デジタル計算機が着想されたタイミングでアナログシミュレーションとデジタルシミュレーションという対比が重要な問題の一つとなったのは間違いなさそうである。アナログ計算に関してノイマンは，四則演算に対する物理的アナログ過程を論じるとき，空気力学実験のための風洞は一つのアナログ計算装置に過ぎないと言い切っている。自然計算の研究者でもない限り，現在の一般的な認識では，実験風洞が計算装置とはあまり考えないだろう。ノイマンは，自然現象がデジタル計算機でシミュレートされる対象であるという一方向の関係ではない，まさに自然計算的な捉え方をしていたことがうかがえる。

ノイマンの自己増殖オートマトンの問題に戻ろう。1936 年のチューリング（Alan Mathison Turing）による，いかなるチューリング機械（Turing machine）であろうとも，それをシミュレート可能なチューリング機械（万能チューリング機械（universal Turing machine））が構成できるという結果をもとに，ノイマンは自己増殖機械を考えた。万能チューリング機械は，チューリング機械の動作を記述した記号列が書き込まれたテープを入力とし，記述されたチューリング機械をシミュレートすることによって万能計算能力を持つ。あるチューリング機械は特定の計算しかできないが，万能チューリング機械は，チューリング機械の記述を変更することにより，どのような計算でも実行することができる（3.3.2 節参照）。U を万能チューリング機械，任意のチューリング機械 T の記述を $\phi(T)$ とする。U に入力 $\phi(T)$ を与えることを記号的に $U+\phi(T)$ と書くことにする。$U+\phi(T)$ により，チューリング機械 T の計算を行うことができる。

さて，万能チューリング機械における「計算」を「組み立て」に置き換え，テープに出力を行うのではなく，機械を組み立てるような汎用構成機械を考えよう。テープも何らかの鋼材によって実現され，汎用構成機械はそのテープの記述を読んで機械の組み立てを行うとする。以下，汎用構成機械を含めて，テープの記述を読んで動作する機械のことをオートマトンと呼ぼう。

オートマトン X の記述が $\phi(X)$ と与えられるとする。以下の A, B, C のオートマトンを想定する。

・汎用構成オートマトン A：$\phi(X)$ を与えると A は $\phi(X)$ を破壊的にスキャンしながら X を組み立てる。

・汎用複製オートマトン B：X を与えると B は X を破壊的にスキャンしながら X の複製を作る。

・制御オートマトン C：B に $\phi(X)$ の複製を3つ作らせ，次に A に $\phi(X)$ の1つから X を作らせ，最後に X と $\phi(X)$ を結び付けて切り離す。

これら3つのオートマトンの結合 $A+B+C$ が万能構成機となる。万能構成機 $(A+B+C)$ に自身の記述 $\phi(A+B+C)$ を接続した $(A+B+C)+\phi(A+B+C)$ からスタートすると，制御オートマトンの働きにより

$$
\begin{aligned}
&(A+B+C)+\phi(A+B+C)+\phi(A+B+C)+\phi(A+B+C)\\
&\rightarrow (A+B+C)+(A+B+C)+\phi(A+B+C)+\phi(A+B+C)\\
&\rightarrow (A+B+C)+\phi(A+B+C),\ (A+B+C)+\phi(A+B+C)
\end{aligned}
$$

のように A, B, C 単体では自己増殖能があるわけではないにもかかわらず総体として自己増殖能力を発現する。ノイマンの当初の目的の1つは，自身の故障を自律的に修復するような計算システムの可能性の考察だったが，この自己増殖オートマトンの枠組みを用いて，有機体の自己増殖と突然変異，進化の問題を考え，結晶のような単純な素朴な増殖とは異なる自己増殖能の再定義をも試みている。

ノイマンは上記のプランに基づいて，自己増殖オートマトンを構成するにあたり，運動学的モデル，細胞モデル，刺激–閾(しきい)–疲労モデル，連続モデル，確率的モデルの5つのモデルを想定した。ノイマンは最終的には自己増殖オートマトンを，拡散方程式系を用いた連続モデルで表現したいと考えていた。チューリングの化学反応による形態形成の研究（1952）やホジキン・ハクスリー方程式（Hodgkin-Huxley equations）（10.3.3節参照）等に影響を受けていただろうが，数学だけでなく化学工学をも専攻し，数学・物理・化学の博士号を授与されているノイマン

にとっては自然な道筋だったのかもしれない。

ノイマンは当初，スイッチなどの論理計算素子や遅延・記憶素子が，周囲を知覚するセンサや運動できる筋肉のような要素を持っていて，その機能により結合したり切り離したりする運動学的モデルを考えていたが，1948年ごろにウラム（Stanisław Marcin Ulam）の示唆により細胞モデルを採用することになる。ノイマンは，彼が「結晶状規則性」または「細胞構造」と呼ぶ正方形のセルが無限に並んだ空間を用い，今ではノイマン近傍（Neumann neighborhood）と呼ばれている，自身と上下左右のセルのみを参照する29状態のセルから成る自己増殖セルオートマトンを設計した。彼はその後，刺激–閾–疲労モデルとして，特定の閾値と不応期を持つ一種類の神経細胞的なセルのみを用いて29状態のセルの表現を試みたようである。残念ながらそれ以降のプラン，連続モデルや確率的モデルと突然変異と進化などについてはノイマンには果たせなかった（1957年死去）が，彼のこのプランはその後，自然計算の中心課題の1つとなった。彼の自己増殖オートマトンの理論の書籍は共同研究者であったバークス（Arthur Walter Burks）によって死後に出版されている。

2.2.2 フレドキンのデジタル物理

ヒクソンシンポジウムのノイマンの自己増殖オートマトンの論文は多方面の研究者に影響を与えはしたが，そのビジョンの大きさと学際的なポジションゆえに，当時そのビジョンを受け止められる研究者は多くはなかった。もちろんシンプルな並列計算モデルとしてのセルオートマトン自体は，1960年代には計算機科学の研究者により広く研究されるようになっていた。自己増殖セルオートマトンに関しても，1968年にコッド（Edgar Frank “Ted” Codd）が29状態を8状態に削減した自己増殖モデルを提案している。このモデルは後に，人工生命（artificial life）という研究分野のアイコン的に引用されるラングトン（Christopher Gale Langton）のループというセルオートマトンを生むことになるが，ノイマンのプランが自然計算の流れを形作る上で特筆すべき研究者たちを挙げておく必要がある。

計算機科学の分野ではプレフィックス木というデータ構造の発明者として知られるフレドキン（Edward Fredkin）は空軍のパイロットであったが，空軍からMITリンカーン研究所に派遣され，ミンスキー（Marvin Lee Minsky）やリックライダー（Joseph Carl Robnett Licklider）らの計算機科学者と仕事をするようになる。後にフレドキンはリックライダーのあとを引き継いでMITのMACプロジェクトの責任者となるが，それ以外にもPERQという世界初の市販ワークステーション（現代使われているウィンドウベースのPCの原型）を販売する会社のCEOも務めている。PERQというワークステーションは，Xeroxパロアルト研究センター（PARC）で研究されていた世界初のワークステーション型コンピュータALTOが市販されることなく研究用にとどめられていることに不満を持った技術者らが，スピンアウトして設計開発したものであった。

フレドキンはヒクソンシンポジウムでのノイマンの自己増殖オートマトンの発表に大きな影響を受け，宇宙自体が1つの（可逆）セルオートマトンであるという壮大なビジョンを描いた。彼はそれを実現するため保存論理（conservative logic）と呼ぶ枠組みを作り，その上でビリヤードボールモデル（billiard ball model; BBM）と呼ばれる力学的計算モデルを着想した。宇宙がセルオートマトンかもしれないというアイデアの出版はツーゼ（Konrad Zuse）の方が早かった（1967年）ようだが，いずれにせよノイマンの研究に触発されたものである。フレドキンは論文を出版することに無頓着であったために，保存論理の論文も後述する会議において，指導学生であったトフォリ（Tommaso Toffoli）との連名で発表される1982年まで広く周知されることはなかったが，彼の交友関係を通じて計算機科学者や物理学者の一部に知られるようになっていった。

物理と計算における直接の転機は1960年代初頭にフレドキンとミンスキーがカリフォルニア工科大学を訪問する機会があったときに，物理学者のファインマン（Richard Phillips Feynman）を訪ねたことによる。

当初フレドキンは，生化学者のポーリング（Linus Carl Pauling）を尋ねるつもりだった。ポーリングはヒクソンシンポジウムの主催者の一人である。しかしポーリングが不在だったため，ミンスキーがファインマンを提案したらしい。もしも当初の予定通りポーリングと会っていたら，その後の自然計算の歴史がどう変わっていたかは興味深いところであるが，彼ら三人は意気投合し，ファインマンに計算機科学に対してより深く目を向けさせることになる。もちろん，フレドキンのビジョンを真に受ける物理学者はほとんどいなかったが，物理と計算の接点を彼らが作ったのは間違いないだろう。

フレドキンはランダウアー（Rolf William Landauer）やトフォリとともに1981年に計算の物理の会議を開催することになる。ファインマン，ツーゼやゴスパーらはもちろん，バークス，チャイティン（Gregory John Chaitin），ペトリ（Carl Adam Petri），ヒリス（William Daniel Hillis）らの計算機科学者だけでなく，ダイソン（Freeman John Dyson）やホイーラー（John Archibald Wheeler）といった物理学者らが参加した。この会議にはベネット（Charles Henry Bennett）やベニオフ（Paul Anthony Benioff）といった量子計算研究で重要な役割を果たす研究者らも参加していた。会議は

PART I. Physics of Computation
PART II. Computational Models of Physics
PART III. Physical Models of Computation

の3パートで構成され，まさに物理と計算を双方向に結びつけたスタンスをとっている。フレドキンの保存論理もこの会議で発表されたものだが，ファインマンは会議の基調講演 "Simulating physics with computers" で，すでにある種の量子コンピュータの原型を提案している。ファインマンはその後1984～1986年に計算機科学の講義を行い，「ファインマン計算機科学」"Feynman Lectures on Computation" というテキストが出版されている。彼の基調講演とテキストの「可逆計算と計算の熱力学」という章は物理と計算の研究者双方に対して大きな影響

を与えることになる。その後，ショア（Peter Williston Shor）のアルゴリズム（1994年）によって量子計算が注目されるようになる直前の1992年に物理と計算のワークショップ（PhysComp '92）が開催された。この会議は1981年の会議の後継とされており，量子計算の研究者が多数参加していた。量子計算につながる物理と計算の研究にとってフレドキンやファインマンの果たした役割が大きいことが分かる。

2.2.3 自然計算の広がり

計算の物理の会議の開催された1980年初頭は，カオス理論から始まった複雑系の研究が分野を超えて広がりを見せつつあった。ポアンカレ（Jules-Henri Poincaré）による三体問題の研究や非線形力学系の研究に起源をもつカオス理論は，一見ランダムに見える現象の中に潜む秩序や規則性を研究する分野である。デジタル計算機によるシミュレーションが可能になっていた1961年に，ローレンツ（Edward Norton Lorenz）が気象予測の計算において，初期条件のわずかな違いが大きな結果の違いを生み出すことを発見した。同様の結果は電気回路のシミュレーションなどでも次々に発見され，バタフライ効果（butterfly effect）として知られるようになった。当初は，マンデルブロ（Benoît B. Mandelbrot）らによるフラクタル幾何学の研究など，カオス的振る舞いの背後にある数学的構造を解明することが目的であったが，ランダムで予測不可能に見える現象の中に隠れた構造や規則性が存在することが，プリゴジン（Ilya Prigogine）らによる散逸構造と自己組織化の研究をはじめとして，統計力学など他の分野においても多数発見された。このような「カオスの中の秩序」という概念は，自然界の複雑さを理解する新しい方法を提供すると考えた研究者らが複雑系という分野を形成した。8.2.2節と8.2.6節の解説も参照してほしい。

1984年に設立されたサンタフェ研究所は，複雑系科学の研究機関として人工生命のラングトン，遺伝的アルゴリズム（genetic algorithm）のホランド（John Henry Holland），理論生物学者のカウフマン（Stuart Alan Kauffman）といった自然計算分野に関係の深い研究者が多数所属していた。後にサンタフェ研究所に関わることになるパッカード（Norman Harry Packard）やクラッチフィールド（James P. Crutchfield）らの研究者も，計算の物理の会議に参加していた。

複雑系研究者らは，ノイマンのセルオートマトンは複雑系研究にとって良いツールとなるという認識を持っていた。それにはライフゲームの流行が大きな要因であったことは間違いないが，セルオートマトンを複雑系の分野に積極的に広めた物理学者かつ計算機科学者であるウルフラム（Stephen Wolfram）の存在も見逃せない。彼は数式処理システムMathematicaの開発者として知られているが，1980年初頭より，セルオートマトンの研究に精力的に取り組んでいる。1984年にはPhysica Dという雑誌でセルオートマトン特集号を編集しており，特にサンタフェ研究所の研究者による自然計算にも関係する重要な論文が多数収録されており，ラングトンのループもここで発表されている。物理学と計算機科学者によって研究されてきたセルオートマトンと，力学系の数学者によって研究されてきた記号力学系（symbolic dynamical system）という2つの分野が，複雑系研究の広がりにより，複雑系の研究者によって，交流するようになったこともその後の自然計算の発展に影響を与えた。

研究課題

2.1　図2-3のような3×3のパターンでこれ以上長時間にわたって複雑な挙動を示すものがあるか探してみよ。

2.2　4×3のパターンではどうだろうか？　これらの長時間ステップにわたって複雑な振る舞いを示すパターンが，十分時間が経過した後に示す特徴を調べよ。

参考文献

教科書：J. フォン・ノイマン著，A.W. バークス編補，髙橋秀俊監訳：自己増殖オートマトンの理論，岩波書店（オンデマンド版），2015.

専門書：ウィリアム・パウンドストーン著，有澤誠訳：ライフゲイムの宇宙（新装版），日本評論社，2003.

参考 URL：LifeWiki https://conwaylife.com/wiki/

補足ページの URL:
https://www.wolframcloud.com/obj/imai/cn.html

3　チューリング機械とオートマトン

萩谷昌己

《**概要**》チューリング機械と各種のオートマトンについて概観する。計算可能性など，本科目の理解に必要な計算概念に関して直感的に把握してもらうことを目指す。まず，前章の計算の歴史を受け「オートマトン」という言葉を巡って，ノイマンのヒクソンシンポジウムでの講演と，現代的な有限オートマトンを初めて定式化したクリーネの論文について触れる。そして，有限オートマトンとチューリング機械および万能チューリング機械について解説していく。

3.1　オートマトンの起源

そもそも「オートマトン」という言葉は誰が使い始めたのだろうか。automaton（複数形は automata）は元来，からくり人形という意味である。この言葉はコンピュータサイエンスでは「有限オートマトン」や「プッシュダウンオートマトン」など，計算モデルの名称の中で頻繁に用いられている。本章で詳しく説明するように，有限オートマトンの概念自体はチューリング機械の中に既に現れている。しかし，チューリングの論文には「オートマトン」という言葉は現れないので，以下で述べるように，計算する機械もしくはそのモデル（すなわち計算モデル）を指す言葉として「オートマトン」を初めて用いたのは，おそらくノイマンではないかと思われる[1)]。少なくとも，オートマトンが計算モデルを表す言葉として定着するきっかけにはなったのだろう。

1）ウィーナーとオートマトンの関連については第８章で触れる。

3.1.1　ノイマンのオートマトン理論

前章の2.2.1節で述べたように，ノイマンは1948年のヒクソンシンポジウムで講演を行った。講演のタイトルは「アナログ網とオートマトンの論理」（“The Logic of Analogue Nets and Automata”）であったが，その後に出版された報告書の中の論文のタイトルは「オートマトンの一般的かつ論理学的理論」（“The General and Logical Theory of Automata”）となっている。

この中でノイマンは「オートマトン」という言葉を，computing automaton（計算オートマトン）もしくはartificial automaton（人工オートマトン）というフレーズの中で頻繁に用いている。computing automatonと同様の意味でcomputing machine（計算機械）というフレーズも用いている。したがって「オートマトン」という言葉は，デジタル原理で稼働する計算機械（コンピュータ）を意味していると考えられ，次の3.1.2節以降で述べるような形式言語理論におけるオートマトンよりは，かなり広く捉えられている。そして，artificial automatonと対比されるのがnatural organism（自然生命体，生体）である。

この論文の最後の「複雑性の概念：自己増殖」という節では，前章の2.2.1節で詳しく述べられていたように，自己増殖オートマトンに関する議論が展開されている。それ以前の節は，「予備的な論考」「計算機械のいくつかの関連する特性の議論」「計算機械と生体との比較」「オートマトンの論理学的理論の将来」「デジタル化の原理」「形式的神経線維網」となっている。

マカロックとピッツの論文を参照しているのは「形式的神経線維網」の節であるが，神経活動がall-or-none（すなわちデジタル）であり，計算機械もデジタルであることは，ノイマンの論文を貫く中心テーマとなっている。その上でノイマンは，計算機械と（神経活動が典型的である）生体との比較を行い，当時の「オートマトンの論理学的理論」に欠けている側面を指摘し，将来の論理学的理論に期待するところを述べている。欠けている側面とは，具体的には，計算量とエラーである。

ここでいう「論理学的理論」とは，デジタル回路のベースにある形式論理学のことだと思えばよい。現代の論理学においては，結果が有限回の基本ステップで得られるかどうかだけが重要である，とノイマンは言う。言い換えれば，結果を得るために必要なステップ数の大きさは，形式論理学の関心事ではない。有限でありさえすれば，その大きさはどうでもよいので，一生かかっても結果が得られないこともあるだろうし，宇宙の寿命が尽きてしまう場合もあるだろう，とノイマンは批判する。このような考え方は，現代のコンピュータサイエンスでは，計算の複雑さや計算量という概念に通じている。

そして，計算のステップ数はもう一つの側面であるエラーとも関連している。現実の計算機械では個々のステップがエラーを起こす確率はゼロではない。したがって，ステップ数が多くなればなるほどエラーが集積して，計算全体がエラーに至る確率は1に近づいてしまう。ここでノイマンは，エラーの確率がゼロでない状況を取り扱うために形式論理学は，それまで論理学とは関連のなかった分野，特にボルツマン（Ludwig Eduard Boltzmann）が創始した熱力学に近づくべきだと述べている。より一般的にノイマンは，論理学を組合せ数学の一種と捉え，組合せ数学を最も困難な数学分野と評している。一方，解析学を最も成功した数学分野として，解析的な手法を活用すべきだと述べている。熱力学も解析的な手法に依拠している。

その後の計算量理論や情報理論の興隆を考えると，ノイマンの予言した方向でコンピュータサイエンスが発展したことは否めないだろう。形式論理学も確率概念をさまざまな形で取り込んで発展している。それはともかくとして，ノイマンがデジタル（離散的）システムの優位性を主張しつつも，解析的（連続的）手法の優位性を唱えていたことは極めて興味深いと言わざるを得ない。

さらにノイマンは，生体と計算機械ではエラーに対処する方法が異なることを指摘する。生体では，自分自身でエラーを検出してその影響を最小化し，最終的にはエラーを含む部品を修復したり取り除いたりする。すなわち，生体は自己修復の能力を備えている。これに対して，計算機械では，外部からの介入によりエラーを検出してその部品を取り換えるしかできない。しかも，エラー検出の技術はどれも，エラーが1か所のみであることを想定している，とノイマンは批判している。

上述したように，ノイマンは「形式的神経線維網」の節でマカロックとピッツの論文を参照して，all-or-none な動作を行う理想化された神経線維網が論理回路をシミュレートできることを論じている。すなわち，論理的に曖昧さなく厳密に有限の長さで表現できる（有限個の単語で記述できる）機能は，理想化された神経線維網で実現できると述べている。その上でノイマンは，脳のような複雑な機能（具体例として相似図形の判定問題を挙げている）を，厳密に有限的に表現できるか，という複雑性の問題を提起している。そして，先に述べた自己修復とこの複雑性へのこだわりが，最後の節である「複雑性の概念：自己増殖」につながっていくと考えられる。

3.1.2　クリーネの有限オートマトン

ノイマンの「オートマトンの一般的かつ論理学的理論」には，残念ながら，コンピュータサイエンスの一分野である形式言語理論の中に現れるようなオートマトンの概念は登場しない。一方，マカロックとピッツの論文には「オートマトン」という言葉は現れない。では，現代的な（計算モデルとしての）オートマトンの概念を，「オートマトン」という言葉とともにはじめて語ったのは誰かと問えば，やはりクリーネ（Stephen Cole Kleene）であろう。クリーネの論文「神経網におけるイベントの表現と有限オートマトン」（“Representation of Events in Nerve Nets and Finite Automata”）は，1951年に米空軍のRANDプロジェクトの研究メモとして発表された。後に1956年に，Annals of Mathematics Studies（プリンストン大学とプリンストン高等研究所から隔月で発行される数学誌）の第34巻として出版された「オートマトン研究」（“Automata Studies”）に，その最初の論文として再録された。ここにおいて，オートマトンという言葉が定着したことは間違いないだろう。

この論文は，マカロックとピッツの神経線維網がその中のニューロンの発火を通して，どのような種類のイベントに対して反応できるかを調べている。より一般的に，有限オートマトンが，その特定の状態を想定して，どのような種類のイベントに対して反応できるかを調べている。以上はこの論文の要旨の冒頭で述べられていることなので，この論文のテーマに他ならない。ここでまず，「有限オートマトン」がマカロックとピッツの神経線維網の一般化とされていることに注意しよう。また，「イベント」という言葉が用いられているが，これは入力刺激列の性質（集合）を意味しており，入力刺激を入力文字，入力刺激列を文字列に対応させれば，イベントは形式言語理論における「言語」に相当する（形式言語理論における「言語」については次節以降で詳しく説明する）。そして，正規イベントの概念（正規言語に相当）が定義され，有限オートマトンが反応できるイベントが正規イベントに他ならないことが示されている。これはまさに，有限オートマトンの理論における最も基本的な定理の一つである。

マカロックとピッツのニューロンは，整数を時刻とする離散時間において all-or-none で稼働する。すなわち，時刻 t において発火しているか発火していないか（1 か 0 か）の 2 つの状態のどちらかをとる。各ニューロンには，他のニューロン（有限個）の状態がシナプスを介して入力として与えられる。ニューロンの時刻 t における状態は，時刻 t−1 における入力（他のニューロンの状態）によって定まる。具体的には，そのニューロンの閾値（しきいち）と各入力が興奮性か抑制性かに依存して定まるのであるが，ここでは詳しくは述べない。

クリーネはこのような神経線維網を以下のように一般化した。まず，マカロックとピッツの神経線維網と同様に，離散時間を想定する。そして，有限オートマトンは有限個の部品から成り立つと定義する。それぞれの部品は，各時刻において 2 個以上の有限個の状態のうちの 1 つをその時刻の状態とすることができる。このような部品はセルと呼ばれる。

セルは入力セルと内部セルに分かれる。入力セルの状態は2個であり，0 と 1 で示される。入力セルの状態は外部の環境によって定まるとする。入力セルの状態数を制限しているのは，マカロックとピッツの神経線維網と対応させるためで本質的ではない。p 個の入力セルがあれば2の p 乗個の状態を表現できる。なお，内部セルの状態数には制限がない。

各内部セルの時刻 t における状態は，時刻 t−1 におけるすべてのセルの状態によって定まる。ここでは特段の規則が定められているわけではない。セルは有限個であり，セルの状態も有限個であるので，全体の状態も有限個である。したがって，有限の表を与えることにより，各セルの時刻 t における状態を定義することができる。

外部の環境からの入力は，入力セルの状態の組み合わせとして与えられるので，入力の可能性も有限である。したがって，状態の可能性も入力の可能性も有限であり，これは次節以降で定義する（現代的な）有限オートマトンと変わらない。では，いよいよ，有限オートマトンの解説をしよう。

3.2　有限オートマトン

有限オートマトンについて解説する。ここでは，形式的な定義は最小限にとどめ，なるべく直感的な理解を得られるように努力したい。

3.2.1　有限オートマトンの定義

有限オートマトン（finite automaton）は，有限状態オートマトン（finite-state automaton）とも呼ばれる。状態が有限のオートマトンという意味であるが，前節の最後で述べたように「有限」という言葉には，入力の可能性が有限であるという意味も含まれている。

そもそも「有限オートマトン」という言葉は，ある種の計算機械の総称としても使われるし，一つ一つの個別の計算機械を指すためにも使われる。これは「りんご」という言葉が，果物のりんごの種類を表すこともあるし，個別の一つのりんごを指すためにも用いられるのと同じである。

個別の一つの有限オートマトンを定義するには，まず，その状態（state）を定めなくてはならない（1.1 節参照）。これは有限個であれば何でもよいので，例えば 0, 1, 2 という 3 つの整数としてもよい。この場合は，3状態の有限オートマトンが定義される。もちろん，3状態である必要はなく，0, 1, 2, 3, 4という5状態を定義してもよい。また，整数ではなく，例えば○と△と□を状態としてもよい。もしくは，3つの0か1の組み合わせを状態とすれば，000から111までの8つの状態が定義される。

次に，その有限オートマトンに与えることが可能な入力の全体を定義する。これも有限でなければならない。例えば，0か1を入力とすることができる。この場合は入力の可能性は2個である。これらの入力の可能性を入力文字と捉える。つまり，0と1が入力文字である。もちろん，aからzの英小文字を入力文字としてもよい。この場合は入力の可能性は26個になる。

状態と入力文字を定義したならば，それぞれの状態においてそれぞれの文字が入力されたときに，どの状態に移るかを定義する。これは，時刻t−1の状態と入力文字に対して，時刻tの状態を定めることに他ならない。一般に，状態を変えることを遷移（transition）という（1.1節参照）。状態と入力文字の組み合わせに対して遷移先の状態を定めるには，状態を行，入力文字を列とする表を用意すればよい。それぞれの状態と入力文字の交わったところに，遷移先の状態を書く。このような表を遷移表（transition table）という。

ここでは，例として，状態は0, 1, 2の3つの整数で，入力文字は0か1とする。状態と入力文字が重なっていて分かりにくいので，状態の方は，**０**, **１**, **２**のように全角太字で示すことにする。例えば，表3−1のような遷移表を考えることができる。

表3−1　遷移表

状態＼入力文字	0	1
０	**０**	**１**
１	**２**	**０**
２	**１**	**２**

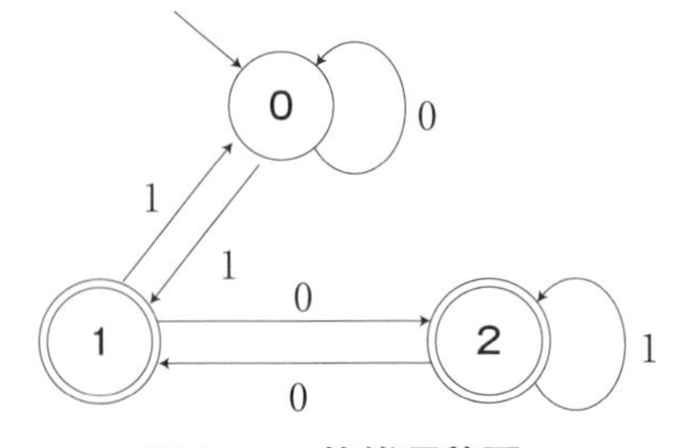

図3−1　状態遷移図

最後に，状態の一つを初期状態（initial state），状態のいくつかを受理状態（accepting state）として指定すると，有限オートマトンが完成する。表3-1の遷移表では，例えば状態**0**を初期状態，状態**1**と状態**2**を受理状態として指定することができる。

以上のようにして，個別の一つの有限オートマトンが定義される。定義された有限オートマトンに入力文字を次々と有限個与えることができる。有限オートマトンは，初期状態から開始して，入力文字が与えられるごとに遷移表に従って状態を遷移させる。例えば，上の有限オートマトンに1と0と1を次々と入力すると，状態は**0**から**1**，**1**から**2**，**2**から**2**へと遷移する。入力文字を並べて“101”という入力文字列にすることができる。すると，最後の状態**2**は受理状態なので，この有限オートマトンは入力文字列“101”を受理（accept）したという。なお，ここでは101を文字列として扱っているが，101を二進表現と見なすと5という整数を表す。実はこの有限オートマトンは，非負整数の二進表現を文字列として入力したとき，その整数を3で割った余りが1か2であるとき（3で割り切れないとき）その文字列を受理する，というものである。状態の番号は，それまでに読んだ入力文字列を整数の二進表現と見なしたときに，その整数を3で割った余りに相当する。

有限オートマトンは，図3-1のような状態遷移図で表現されることも多い。状態は円で示される。状態間の遷移は，その遷移を駆動する入力文字をラベルとする矢印で示される。初期状態には図の外から（ここでは左上から）の矢印が付き，受理状態は二重円で示される。

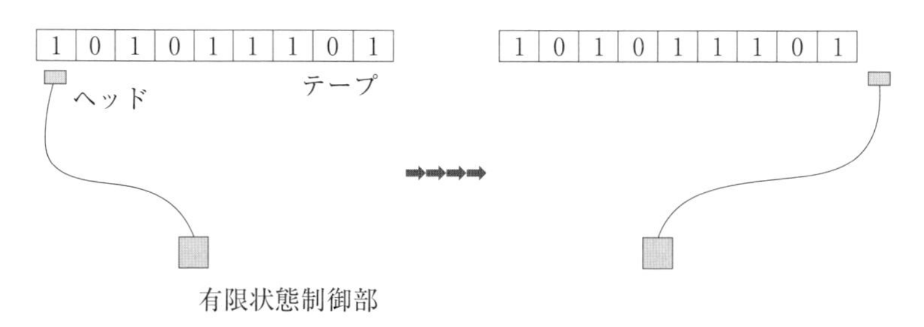

図3-2　有限オートマトンの別の図

図3−2は,入力文字列をあらかじめテープに書き込んでから有限オートマトンを走らせる，というイメージを表している。チューリング機械と対比するために，この図では有限オートマトンを「有限状態制御部」と呼んでいる。テープ上の文字列をヘッドが（左から）次々と読み込んでいくのであるが，ヘッドは一方向のみに動くことに注意してほしい。

3.2.2　正規言語と正規表現

図3−2（左）のように入力文字列が与えられたとき，有限オートマトンはヘッドを左から右へ動かしてテープ上の文字を次々と読みながら，初期状態から始めてその状態を遷移させていく。ヘッドがテープ上の最後の文字を読むと最後の状態遷移を行い，ヘッドは右に動いてテープから飛び出す（図3−2（右））。最後の状態遷移を行った後の状態が，この文字列に対する最終状態である。有限オートマトンには（いくつかの）受理状態が定まっていたので，最終状態が受理状態であるかどうかを調べる。最終状態が受理状態であれば，このオートマトンはこの文字列を受理したという。最終状態が受理状態でなければ受理しない。このようにして，有限オートマトンは，入力文字列を受理するか受理しないか，という判定（認識）を行うことができる。

形式言語理論（formal language theory）では，言語（language）とは文字列の集合と定義される。ただし，文字列を構成する文字は，あらかじめ定められた有限（種類）のものに限る。例えば，0と1という2つの文字に限定する，といった具合である。文字を限定すると，文字列の全体が定義される。言語とは，文字列の集合であるので，文字列の全体の部分集合になる。

有限オートマトンに対してその入力文字から成る文字列の全体を考えると,その有限オートマトンが受理する入力文字列の全体は言語になる。その言語を，その有限オートマトンの受理言語（accepted language）という。

逆に，入力文字と言語が先に与えられているとしよう。このとき，その言語を受理言語とするような有限オートマトンをうまく定義できるか，という問題を考えることができる。その言語が何らかの有限オートマトンの受理言語と一致しているとき，その言語を正規言語（regular language）と呼ぶ。regular は数学では正則と訳されるので「正則言語」と呼ばれることもあるが，近年ではもっぱら「正規言語」という用語が用いられている。

正規言語は有限オートマトンで認識できる言語であり，形式言語理論においては，最も基本的な種類の言語と位置付けられている。一方，次節で述べるチューリング機械で認識できる言語の範囲は，正規言語に比べてはるかに大きい。

直感的に述べると，有限オートマトンは「ものを数える」ことができない。例えば，0と1から成る文字列で，0と1の数が同じ文字列だけを受理する有限オートマトンは存在しない。すなわち，0と1の数が同じ文字列から成る言語は正規言語ではない。なぜなら，有限オートマトンには0と1の数を数えて同じであるという判断ができないからである。

クリーネは，3.1.2節で紹介した論文の中で，正規言語すなわち有限オートマトンで認識できる言語を，正規表現（regular expression）と呼ぶ記法で特徴付けている。これが3.1.2節の論文の主要な結果であり，有限オートマトンに関する最も基本的な定理となっている。

正規表現は言語を表す記法である（以下は3.1.2節で紹介した論文とは少し異なる現代的な定義による）。まず，文字一文字はそのまま正規表現となる。例えば，0という文字は，“0”という文字列のみから成る言語（すなわち集合）を表す。次に，EとFが正規表現であるとき，EFという正規表現は，Eに属する文字列とFに属する文字列を結合してできる文字列から成る言語を表す。また，E+Fという正規表現は，EとFの合併を表す。Eが正規表現であるとき，E^*はEに属する文字列をいくつか選んでそれらを連結してできるような文字列から成る言語を表す。クリーネにちなんで，E^*をEのクリーネ閉包（Kleene closure）と呼ぶ。以上に加えて，εは空の文字列（長さが0の文字列）のみから成る言語を表し，ϕは文字列が一つもない言語（要するに空集合）を表し，どちらも正規表現である。

例えば，$0^*1(10^*1+01^*0)^*(\varepsilon+01^*)$ という正規表現によって，図3－1の有限オートマトンの受理言語を表すことができる（正規表現においては，クリーネ閉包の演算子が最も強く結合し，合併の＋は結合力が最も弱い）。

余談であるが，ライフゲームを考案したコンウェイは正規表現の研究者としても高名で，彼が提示した正規表現に関する問題の中には，いまだに未解決のものもある。

3.3 チューリング機械

チューリング機械は1936年にチューリング（Alan Mathison Turing）によって導入された計算モデルである。ノイマンのオートマトン理論の最後の「複雑性の概念：自己増殖」の節でもチューリング機械が参照されていた。ノイマンはチューリングが展開した計算理論を「計算オートマトンのチューリング理論」（“Turing's Theory of Computing Automata”）と呼んでいた。

3.3.1 チューリング機械の定義

図3－3は有限オートマトンとチューリング機械を対比している。有限オートマトンのテープは，与えられた有限の入力文字列を保持できればよいので，その長さは有限である。また，有限オートマトンのヘッドは左から右に1マスずつ動きながらテープ上の文字を読む。ヘッドは文字を書き込むことはしない。これに対して，チューリング機械のテープは左右に無限に伸びている。ヘッドは左にも右にも動き，文字を書き込むこともできる。

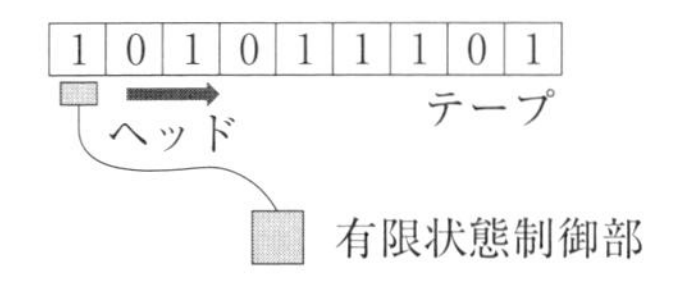

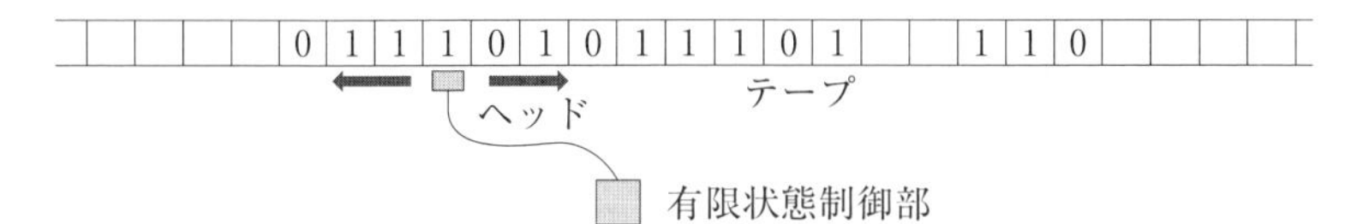

図３－３　有限オートマトン（上）とチューリング機械（下）

表３－２　チューリング機械の遷移表

状態＼文字	0			1			空白		
0	0	右	**0**	1	右	**0**	空白	左	**1**
1	1	左	**2**	0	左	**1**	1	左	**2**
2	停止								

改めて説明すると，チューリング機械（Turing machine）は左右に無限に伸びたテープと有限状態制御部から成り，その遷移表は表３－２のように定義される。入力文字の他に「空白」の文字がある。

状態とヘッドが読んでいる文字の組み合わせに対して，ヘッドが書き込むべき文字とヘッドの移動方向と遷移先の状態が定まっている。チューリング機械は，ヘッドの位置に指定された文字を書き込んだ後，指定された方向に移動し，指定された状態に遷移する。チューリング機械は初期状態から始めて以上の動作を繰り返すが，停止状態（halting state）と呼ばれる状態も定義されており（表３－２では**2**），チューリング機械は停止状態に至ると停止する。例えば，表３－２のチューリング機械を，非負整数の二進表現の最も左の桁にヘッドを置いて初期状態**0**から走らせると，停止したときその整数は二進表現で１だけ増えている（研究課題3.2参照）。

図３－４はこのようなチューリング機械による計算のイメージを示している。テープには入力文字列があらかじめ書き込まれている。それ以

外の部分は空白文字で埋められている。図3－4のチューリング機械は表3－2のものよりも複雑で，二進表現の非負整数の足し算を行うという想定である。初期状態から始めて停止状態に至ったときに，計算結果がテープ上に残される。

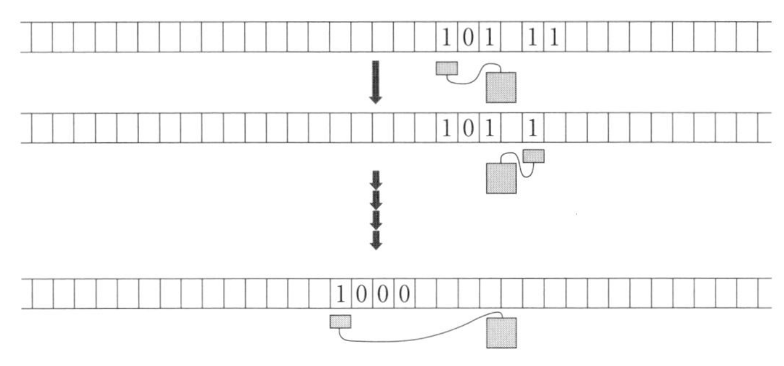

図3－4　チューリング機械による計算

有限オートマトンは入力文字列を読み切ったところで自動的に停止すると考えられるが，チューリング機械は停止状態に至らずに永遠に走り続けることがある。そこで，入力文字列が与えられたときに，計算結果は無視して単にチューリング機械が停止するかどうかによって，入力文字列を判定（認識）することができる。すなわち，個別の一つのチューリング機械に対して，そのチューリング機械が停止するような入力文字列の全体を，そのチューリング機械の受理言語と呼ぶ。入力文字列は，そのチューリング機械を走らせたときに，停止すればその受理言語に入っているし，停止しなければ受理言語に入らない。

チューリング機械の受理言語となるような言語は，帰納的可算言語（recursively enumerable language）と呼ばれ，計算によって認識できる最も一般的な言語である。

帰納的可算言語の一部に帰納言語（recursive language）と呼ばれる種類の言語がある。帰納言語は，常に停止するようなチューリング機械によって認識できる言語で，帰納的可算言語の一部である。正規言語は帰納言語の（非常に小さい）一部である。なお，常に停止するチューリング機械では，受理の停止状態と不受理の停止状態があるとする。

判定問題が決定可能（decidable）であるとは，その問題を解くチューリング機械が存在することである，とする考えが広く受け入れられている。要するに，計算可能（computable）とは，チューリング機械で計算できることに他ならない，という考えである。この考え（信念といってもよい）を，チャーチ（Alonzo Church）のテーゼ（提唱とか定立ともいわれる），もしくはチャーチ・チューリングのテーゼという。判定問題を解くチューリング機械とは，問題の具体例（例えば，与えられた整数が素数かどうかという問題であれば，具体的な整数）を文字列で表現してそのチューリング機械のテープ上に書き込んで走らせると必ず停止して，（受理か不受理の）停止状態によって，問題の答え（Yes か No か）が分かる，というものである。このことは，答えが Yes となるような具体例を表現する文字列の全体が，帰納言語になるということに他ならない。

ちなみに，答えが Yes となるような具体例を表現する文字列の全体が帰納的可算言語の場合，Yes の場合は Yes と答えるが No の場合は停止しないようなチューリング機械が存在することを意味する。

3.3.2　万能チューリング機械

万能チューリング機械（universal Turing machine）は，任意のチューリング機械をシミュレートできるようなチューリング機械である。ちなみに，任意の有限オートマトンをシミュレートできるような万能の有限オートマトンは存在しない。なぜなら，有限オートマトンは「ものを数える」ことができないからである。より正確に述べると，個々の有限オートマトンは，その状態数の範囲内でしか，ものを数えられないからである。例えば，10 個の状態を持つ有限オートマトンは，高々 10 までしかものを数えられない。したがって，10 個の状態を持つ有限オートマトンは，20 個の状態を持つ有限オートマトンをシミュレートできない。これに対して，チューリング機械の範囲では万能の機械が存在する。万能の機械は自分より大きく複雑な機械もシミュレートできる，とノイマンは言ったのであった。

万能チューリング機械には，シミュレートしようとするチューリング機械の（表3－2のような）遷移表を文字列（第2章では記号列と呼んでいた）で表現して，そのチューリング機械への入力とともに与える（図3－5）。すると万能チューリング機械は，遷移表を表現する文字列を参照しながら，そのチューリング機械とそっくりの動作を行う。

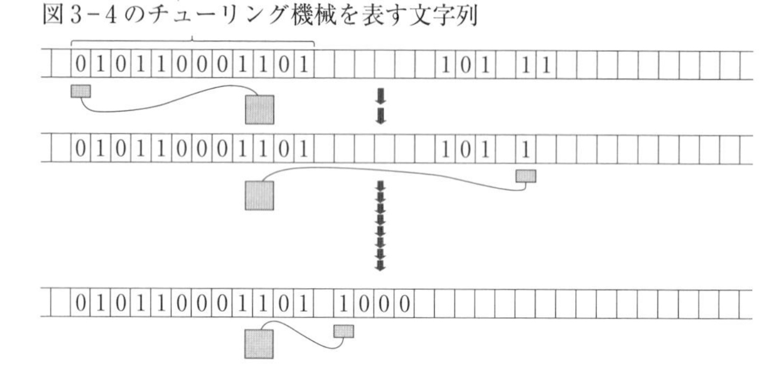

図3－5　万能チューリング機械

万能チューリング機械の考え方を用いると，決定可能でない判定問題を構成することができる。チューリング機械を表す文字列と，そのチューリング機械への入力の両方が与えられたときに，そのチューリング機械をそのままシミュレートせずに，その入力に対して停止するかどうかを判定する，という問題である。この問題が決定可能であると仮定すると，対角線論法により矛盾を導くことができる（研究課題3.3参照）。

3.3.3　さまざまなオートマトン

コンピュータサイエンスでは，有限オートマトンとチューリング機械以外にも実にさまざまな計算モデル（計算機械）が登場する。その中には○○オートマトンという名前が付いているものも多い。有限オートマトンとチューリング機械のさまざまなバリエーションも定義される。例えば，ヘッドを逆向きにも動かすことのできる有限オートマトンや，テープを複数個持つようなチューリング機械，などなどである。

テープの読み書きを制限したチューリング機械も各種ある。例えば，テープをスタックのように扱い，テープに書き込んだ文字は逆順にしか読み出すことができないチューリング機械は，プッシュダウンオートマトン（pushdown automaton）と呼ばれている。スタックの代わりに単純に非負整数を保持するカウンタ（文字が１種類のスタックに相当）を持つオートマトンもあり，カウンタマシン（counter machine）と呼ばれている。それぞれのオートマトンに対して，その受理言語を定義することができる。例えば，スタックが１本しかないプッシュダウンオートマトン（正確には次節で述べる非決定的なもの）の受理言語は，文脈自由言語と呼ばれる言語と一致していて，これは正規言語と帰納言語の中間に位置付けられる。ただし，スタックが２本以上あると，プッシュダウンオートマトンとチューリング機械の受理言語は変わらない。すなわち，スタックが２本以上あるプッシュダウンオートマトンはチューリング機械と同等の計算能力を持つ。同様に，カウンタが２個以上あるカウンタマシンもチューリング機械と同等の計算能力を持つ。

チャーチのテーゼにより，計算できるとはチューリング機械によって計算できることに他ならないから，ある計算モデルがチューリング機械をシミュレートできる（任意のチューリング機械に対して，その計算モデルのもとで，そのチューリング機械をシミュレートする計算機械が存在する）ならば，その計算モデルで何でも計算できる，ということになる。そのような計算モデルは，計算万能（computationally universal）であるという。チューリング完全（Turing complete）ということもある。

3.3.4　非決定的なオートマトン

1.4.3 節で決定性と非決定性について解説したが，本章では有限オートマトンにせよチューリング機械にせよ，計算機械に対して暗黙に決定性を仮定していた。チューリング機械が決定的（deterministic）であるとは，状態とヘッドが読んでいる文字の組み合わせに対して，ヘッドが書き込むべき文字とヘッドの移動方向と遷移先の状態が一意的に定まることをいう。逆に非決定的（nondeterministic）であるとは，次の状態や動作に複数の可能性があることをいう。

チューリング機械の動作は表3−2のような遷移表で表すことができるが，これは，次のような5項組で表される規則の有限集合と考えることができる。すなわち，状態 p においてヘッドが文字 s を読んでいるとき，ヘッドに文字 t を書き込み d 方向に動かして状態 q に遷移するという規則は，$[p, s, t, d, q]$ という5項組で表される。

決定的なチューリング機械では，p と s の組み合わせに対して，$[p, s, t, d, q]$ という規則は1つしか存在しないが，非決定的なチューリング機械では，$[p, s, t', d', q']$ という別の規則が存在しても構わない。規則の有限集合によって定義されたチューリング機械が決定的である条件は，任意の2つの規則 $[p, s, t, d, q]$, $[p', s', t', d', q']$ について，$(p = p' \wedge s = s') \Rightarrow [p, s, t, d, q] = [p', s', t', d', q']$ が成り立つことである。$\wedge$ は「かつ」，$\Rightarrow$ は「ならば」を表す。なお，これは $([p, s, t, d, q] \neq [p', s', t', d', q'] \wedge p = p') \Rightarrow s \neq s'$ という条件と等価である。

一般に計算機械が非決定的であるとき，計算機械が「停止する」とは，それぞれのステップで複数の可能性の中から適当なものを選べば停止する，という意味である。言い換えると，上手に状態や動作の選択を行うと「停止することもある」ということに他ならない。

以上の説明を読むと，非決定的な計算機械の方が決定的な計算機械よりも融通が利くので計算能力も高いように思うかもしれない。そのような計算機械もあるし，そうでない計算機械もある。有限オートマトンとチューリング機械は後者に相当する。すなわち，非決定的な有限オートマトンの計算能力（言語の認識能力）は決定的なものと同じであり，非決定的なチューリング機械の計算能力も決定的なものと同じである。これはなぜかというと，非決定的な有限オートマトンを決定的なオートマトンでシミュレートできるからである。同様に，非決定的な有限チューリング機械を決定的なチューリング機械でシミュレートできる。

なお，次章は可逆性・非可逆性がテーマであるが，これらは決定性・非決定性と関連が深い。

研究課題

3.1　$0^*1(10^*1+01^*0)^*(\varepsilon+01^*)$ という正規表現によって，図3-1の有限オートマトンの受理言語を表すことができることを確かめよ。

3.2　1011という文字列をテープ上に書き込み，最左端の1のマスにヘッドを置いて，表3-2のチューリング機械を走らせたときの状相の変化を示せ。

3.3　チューリング機械を表す文字列と，そのチューリング機械への入力の両方が与えられたときに，そのチューリング機械がその入力に対して停止するかどうかを判定する問題が，決定可能でないことを示せ。

参考文献

教科書：富田悦治，横森貴：オートマトン・言語理論（第2版），森北出版，2013.
教科書：Michael Sipser，田中圭介他訳：計算理論の基礎［原著第3版］1. オートマトンと言語，共立出版．2023.
教科書：Michael Sipser，田中圭介他訳：計算理論の基礎［原著第3版］2. 計算可能性の理論，共立出版，2023.
教科書：萩谷昌己，西崎真也：論理と計算のしくみ，岩波書店，2007.
教科書：萩谷昌己：コンピューティング―その原理と展開―，放送大学教育振興会，2019.

4 可逆計算

今井克暢

《**概要**》自然計算において重要な役割を担う可逆計算について概観する。物理的実体としての計算システムは，情報処理システムであると同時に熱力学の法則の支配を受ける熱機関としての側面を持つ。可逆な計算モデルと，情報と熱の関係について解説する。

4.1 計算における可逆性

可逆な計算システムとは，計算過程のどの時点でもそのシステムの一つ前の時点の状態が一意に定まるものをいう。1から10の数字を選ぶくじ引きで,当たりとはずれに分けるくじ引き装置を考えよう。例えば，2と4が当たりとするなら，選んだ数字が2か4と等しければ「当たり」を出力し，そうでなければ「はずれ」を出力する装置である。プログラミングに詳しい人であれば，if文を使って，容易にこの装置のプログラムを書くことができるだろう。しかし，この装置の出力だけを見て，どの数字を選んだかは分からない。つまりこの（計算）装置は出力から入力を一意にたどることはできず，非可逆な計算を行っている。ここで，くじの仕組みを10本の縦線を持つあみだくじに変更し，入力側の2番目と4番目からたどり着く出力先に当たりと書いてあるとしよう。あみだくじを逆にたどることでどの番号を選んだかを一意に計算することができ，あみだくじは可逆計算装置である。ここで，あみだくじを逆にたどる操作が逆計算になる。ここで出力は当たりかはずれだけでなく,（たどりついた）あみだの位置も含まれる。

直感的には，あみだくじは入力の数字を出力の数字に対応付けるだけであり，それ以上の意味のある複雑な計算ができるとはとても思えないが，あみだくじと本質的に等しい可逆計算システムでどんな計算でもできることが知られている。本節では可逆チューリング機械と可逆ゲートを導入し，可逆計算の仕組みとその計算万能性を説明する。さらに力学における可逆性のような物理法則の可逆性との関連について触れる。

4.1.1　可逆チューリング機械

チューリング機械は各ステップでヘッド位置のテープ文字 s，状態 $\boldsymbol{p}$ のとき，次のステップでテープ文字を t に書き換え，ヘッドを d 方向に動かし，状態を $\boldsymbol{q}$ に遷移させるので，遷移規則はこれらの5項組 $[\boldsymbol{p}, s, t, d, \boldsymbol{q}]$ で記述できる。あるチューリング機械が，その任意の2つの規則 $[\boldsymbol{p}, s, t, d, \boldsymbol{q}], [\boldsymbol{p}', s', t', d', \boldsymbol{q}']$ について，

$$([\boldsymbol{p}, s, t, d, \boldsymbol{q}] \neq [\boldsymbol{p}', s', t', d', \boldsymbol{q}'] \wedge \boldsymbol{p} = \boldsymbol{p}') \Rightarrow s \neq s'$$

（ヘッドが書き込むべき文字とヘッドの移動方向と遷移先の状態が一意的に定まる）を満たせば決定的であった。さらに

$$([\boldsymbol{p}, s, t, d, \boldsymbol{q}] \neq [\boldsymbol{p}', s', t', d', \boldsymbol{q}'] \wedge \boldsymbol{q} = \boldsymbol{q}') \Rightarrow (d = d' \wedge t \neq t')$$

を満たすとき，可逆チューリング機械（reversible Turing machine）と呼ぶ。すなわち，遷移後の状態と書いた文字が決まれば直前の状態が唯一に決まるが，ヘッドの移動方向は遷移後の状態だけによって決まる。第3章の表3-2のチューリング機械の場合は，規則 [**1**, 0, 1, 左, **2**] と [**1**, 空白, 1, 左, **2**] について，$\boldsymbol{q} = \boldsymbol{q}' = \mathbf{2}$，$d = d' =$ 左だが，$t = t' = 1$ で，$t \neq t'$ を満たさないため可逆ではない。実際，ヘッドの指すテープ位置に1が書かれていて，状態**2**の場合からは，1つ前の計算状況を決定できない。

可逆チューリング機械の遷移規則には強い制約があるため，任意の計算過程に対して可逆的な規則を与えることはできないように思われるが，1973年にベネットにより万能可逆チューリング機械を構成できることが示されている。実際に任意の非可逆な規則を持つチューリング機械を可逆チューリング機械でシミュレートすることができる。図4-1

のような作業テープ，履歴テープ，出力テープの3つのテープを持つチューリング機械を考えよう。

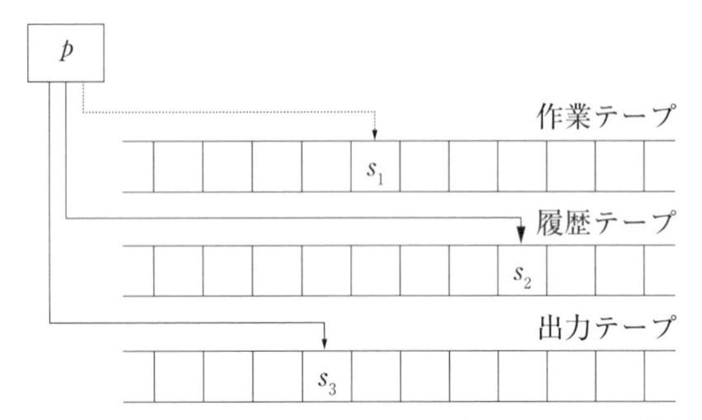

図4−1　可逆化のための3テープチューリング機械

作業テープはシミュレートされる非可逆チューリング機械のテープとして用いる。前述のように，チューリング機械の逆動作を考えるときに非可逆になるのは，ある時点のテープと状態から，適用した規則の候補が複数ある場合である。そこで，シミュレートされるチューリング機械の一動作ごとに，履歴テープに適用した規則番号を同時に書き出す。この計算過程は可逆な規則で容易に構成できる。しかし，可逆的に出力は得られても，履歴テープには同時に計算ステップ数と等しい不要なゴミ情報（garbage information）が残されることになる。ベネットはこのゴミ情報を，逆動作するチューリング機械を組み合わせて消去する方法を示している。順方向の計算終了後，作業テープに得られた計算結果を出力テープにコピーする。この動作は可逆遷移規則で実現できる。その後，履歴テープの値を1つずつ参照しながら，作業テープと内部状態を1ステップずつ逆にたどって初期状態まで戻してやることができる。最終的に作業テープの値はすべてリセットされる。さらに3本のテープを二進数文字列に符号化することで1本のテープにまとめた可逆チューリング機械を構成できることが知られている。

ベネットは可逆チューリング機械を実現するシステムとして，RNAポリメラーゼによるRNAの合成プロセスを想定した（12.2.1節参照）。平衡反応であるRNAの合成プロセスは，理論的には微小な濃度勾配があれば反応は進むため，デジタル（可逆）計算の1ステップに必要なエネルギーをいくらでも小さな値にすることができる。デジタル計算の1ステップの実行には少なくとも $kT\ln 2$ のエネルギーが必要になると考えられていた[1]が，理想的にはそのような制約はないことが明らかになった。

4.1.2　ビリヤードボールモデル

このような計算の可逆性とその計算媒体としての自然現象との関係をさらに明解に提示するモデルが，1982年[2]のフレドキンとトフォリが考案した可逆論理回路による保存論理とビリヤードボールモデル（billiard ball model; BBM）である。一般の論理ゲート，例えば，従来のコンピュータに用いられるNANDゲートは，2つの入力（0, 0），(0, 1）または（1, 0）が入力された場合はすべて1が出力され，出力結果から入力を一意に特定することはできず，NANDゲートの組み合わせで構成された回路による計算過程は一般に非可逆である。しかし，NOTゲートは入力0(1)なら，出力1(0）のように，その動作が単射な関数で記述されるので可逆ゲートである。重要な可逆ゲートの例として，図4－2に，フレドキンゲート（Fredkin gate）とトフォリゲート（Toffoli gate）の入出力関係を示す。フレドキンゲートは入力 c の値によって p と q がそのまま

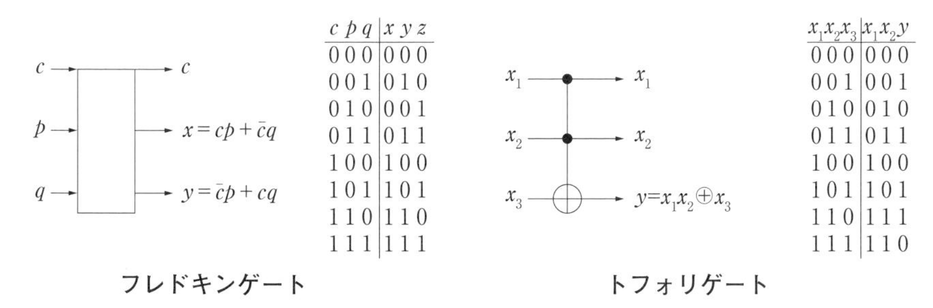

$c\,p\,q$	$x\,y\,z$
000	000
001	010
010	001
011	011
100	100
101	101
110	110
111	111

$x_1x_2x_3$	x_1x_2y
000	000
001	001
010	010
011	011
100	100
101	101
110	111
111	110

図4－2　可逆ゲートとその真理値表

1) ノイマンの予想とされる。
2) 1974年にフレドキンがフェアチャイルド奨学生としてカルテク滞在中に発案したようである。

出力されるか交差されるかが変わる（$\bar{c}$ は c の否定，cp や $\bar{c}q$ は論理積，＋は論理和を表す）。トフォリゲートは x_1 と x_2 の論理積の値によって x_3 をそのまま通過させるか否定するかを変える（$\oplus$は排他的論理和を表す）。また，x_2 のない２入力の場合を制御ノットゲート（controlled-not gate）と呼ぶ。

ある論理ゲートの集合が論理万能であるとは，任意の m 入力 n 出力の論理関数を，その集合の論理ゲートのみによる組合せ論理回路（閉路を持たない論理回路）として構成できることをいう。例えば {NAND} は論理万能性を有するが，{AND, OR} はそうではない。図４−３のようにAND, OR, NOTとコピー（分岐）をフレドキンゲートに埋め込むことができるのでフレドキンゲートは論理万能である。

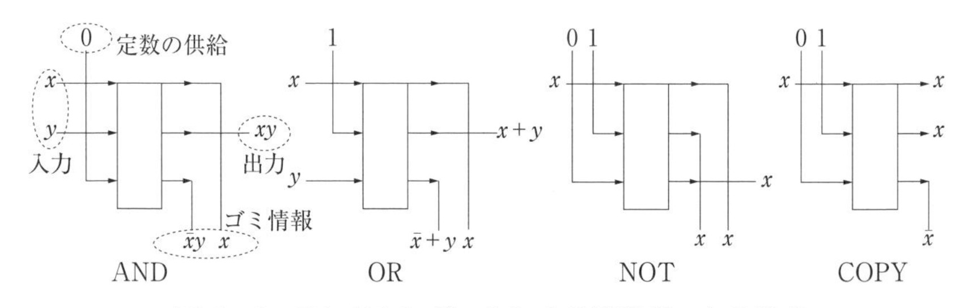

図４−３　フレドキンゲートによる論理ゲートの構成

可逆チューリング機械と同様に順計算回路と逆計算回路の間にコピー回路を配置することで，図４−４のように任意の組合せ論理回路 F をゴミ情報の処理も含めて可逆論理回路に埋め込むことができる。ここで c, 0, 1 は定数入力で，g はゴミ情報，S は n 個のコピーゲートを表す。構成方法は可逆チューリング機械による場合と同様であるが，計算結果 y を得た上で入力 x も再利用できることがより明確に理解できるだろう。

さらに，完全弾性的な２枚の反射板に衝突するボールの入出力関係を図４−５(右) のように考えることで，スイッチゲートと逆スイッチゲートと呼ばれるより単純な可逆ゲート（図４−５(左)）とボールの衝突を対応付けることができる。これらのゲートを用いてフレドキンゲートが

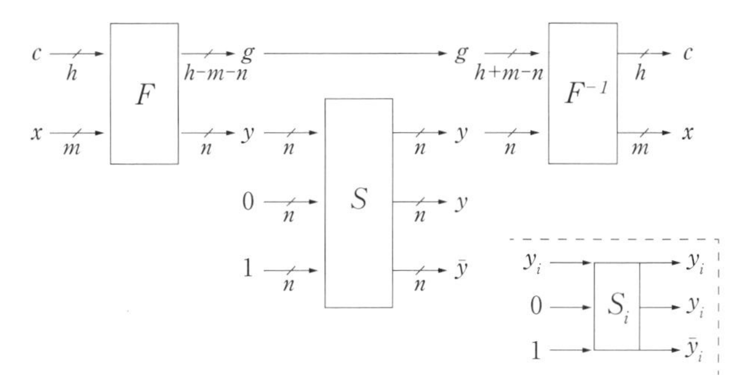

図4－4　可逆回路による組合せ論理回路の構成

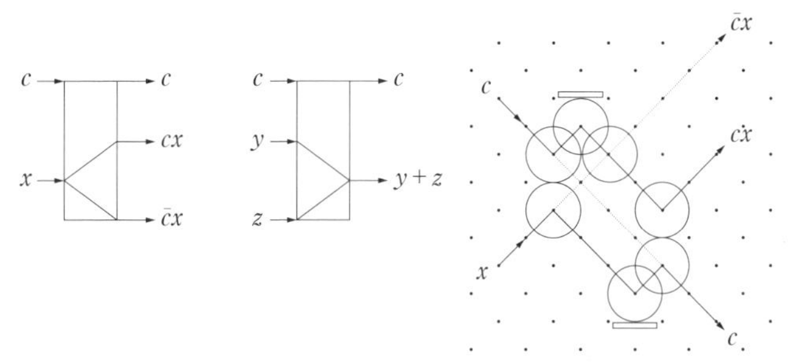

図4－5　スイッチゲートとそのビリアードボールモデル

構成できることが知られている[3]。以上のことから，このボールと反射板によるBBMが論理万能性を有することが分かる。もちろん，BBMは理想的なシステムであり，現実に深い段数の回路が計算できるわけではないが，保存論理とBBMは物理と計算の研究に深い影響を与えることとなった。

4.2　情報と熱力学

可逆な計算過程は物理モデルと関係付けて理解されるようになったが，一般に非可逆な計算を行うシステムや生物のような散逸するシステムにおける情報とエネルギー消費の関係については，数十年にわたって物理的な理解が定まらず混乱した状態が続いていた。しかし近年，非平

3) ファインマンとレスラー（Andrew Lewis Ressler）により構成された。

衡熱力学の発展によって解釈が定まりつつある。本節では情報と熱力学の関係について，物理学の観点から説明する。

4.2.1 マクスウェルのデーモン

まず，非常に大きな背景としてあるのは，マクスウェルのデーモン（Maxwell's demon）のパラドックスというものである。これは，熱力学や統計力学の基礎に関わる問題として19世紀にマクスウェル（James Clerk Maxwell）が提唱したものである。マクスウェルは，電磁気学のマクスウェル方程式などで有名な物理学者だが，熱力学の基礎に関しても非常に大きな貢献をしている。まず図4－6（左）のように箱の中に気体が入っており，真ん中に仕切りがある箱を考えよう。最初左側の箱には高温の気体，右側の箱には低温の気体が入っているとする。仕切りの中央に穴を開けると，全体の気体が混ざり全体として一様な温度になることが期待される。これは，いわゆる熱力学でのエントロピー増大則で，最初は高温と低温が分かれているという秩序だった状態が最終的に全体が一様な温度の状態になる過程で，熱力学的なエントロピーが増えると理解されている。逆に，全体が一様な温度の状態から出発して，ひとりでに気体が高温と低温に分かれるということはないというのが熱力学第二法則（second law of thermodynamics）である。もしそういったことが自然に自発的に起きてしまうと，エントロピーが減少し1つの熱源だけから仕事を取り出せて，第二種永久機関（perpetual motion machine of the second kind）ができてしまうということで，そういうことは起きてはならないと考えられていた。

マクスウェルは，この中央の仕切りに穴を開けて扉を付けておき，そこにいわゆるマクスウェルのデーモンという存在がいて，気体の分子の速度や方向を観測することができると考えた。例えば，この図4－6（右）にあるように，右側から速度の速い，温度の高い分子が来たときは真ん中の扉を開けて，左側から速度の遅い，温度の低い分子が来たときは扉を開けて，それ以外のときは扉を閉じる。そうすると，次第に左側に温度の高い分子が集まり，右側に温度の低い分子が集まっていくので，最終的に高温と低温の気体に分けることができるだろうと考えられる。これがマクスウェルの思考実験で，ここでマクスウェルのデーモンがやっていることは，単に気体の分子を観測して，それに応じて扉を開け閉めするだけである。気体に対して仕事はしていない。だから，仕事をせずにエントロピーを減らせてしまうということで，一見すると熱力学第二法則に反していて，第二種永久機関ができてしまうように見える。

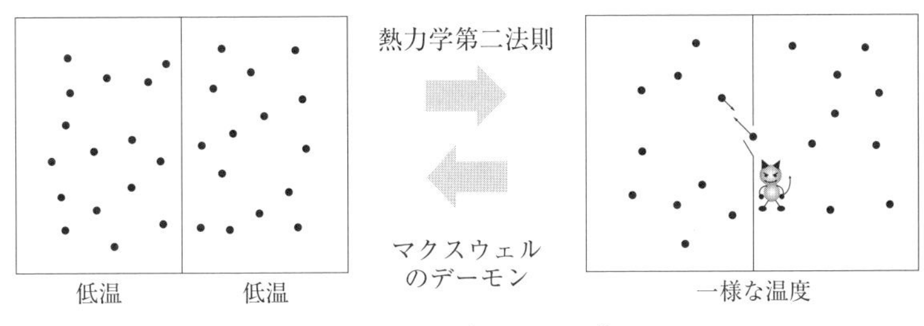

図4-6　マクスウェルのデーモン

この思考実験が提案されたときは19世紀で，まだ本当に原子とか分子が存在するかどうかというのもはっきり分かっていなかった時代だが，現代においてはもちろん原子や分子を直接観測することができる。だから，マクスウェルのデーモンを実験的に作るということもできるようになっている。問題点は，マクスウェルのデーモンは一見すると第二種永久機関を実現しているように見えるが，実際にはもちろんそうではなく，それはなぜか，である。

現代的観点からは，それを理解する上で一番重要な概念は「情報」であると考えられている。ここで情報というのはシャノン（Claude Elwood Shannon）が導入した定量的な概念で，確率分布から定義されるシャノン情報量や相互情報量（mutual information）を意味する（章末の「※情報量についての補足」を参照）。それらは情報エントロピー（information entropy）とも呼ばれる[4]が，情報エントロピーと熱力学的なエントロピーを対等に扱ってやることで，マクスウェルのデーモン

4) シャノンに対してノイマンが「熱統計力学で同じ量が使われている。もう名前がある」と，そう呼ぶように助言したとされる。

を現代的に理解することができると考えられている。この観点からいうと，先ほどの図 4－6 のようなマクスウェルのデーモンの操作は，熱ゆらぎのレベルで熱力学系を観測して，そのときに得た情報を用いて扉を開けるか閉めるかを決めている。これはいわゆる制御工学におけるフィードバック制御（feedback control）であり，観測した情報に基づいたフィードバック制御を熱ゆらぎのレベルで行っていることが本質であると理解されている。マクスウェルのデーモンの話自体は 19 世紀からあり，20 世紀を通していろいろな進展があったが，近年，現代的な熱力学，特に非平衡熱力学（nonequilibrium thermodynamics）の観点から情報理論との融合が理論的に進んできた。情報と熱力学を共通の土俵で扱うことで，熱力学や統計力学の原理の深い理解，あるいは情報処理にどれだけのエネルギーコストが必要かといったことが解明されてきた。また，実験で定量的なデモンストレーションができるようになったのがここ 15 年ほどで，その意味で比較的新しく進展している分野だと言える。詳細は章末の沙川貴大の教科書を参照してほしい，そこでは情報理論についても説明している。

マクスウェルデーモンと情報との関わりについて説明する前に，まず熱力学の第二法則について振り返っておく。例えば温度 T の熱源，あるいは熱浴が存在するとする（図 4－7）。そこにピストンに入った気体があったときに気体が膨張すると，そこからピストンが外へ押し出され仕事を取り出せる。

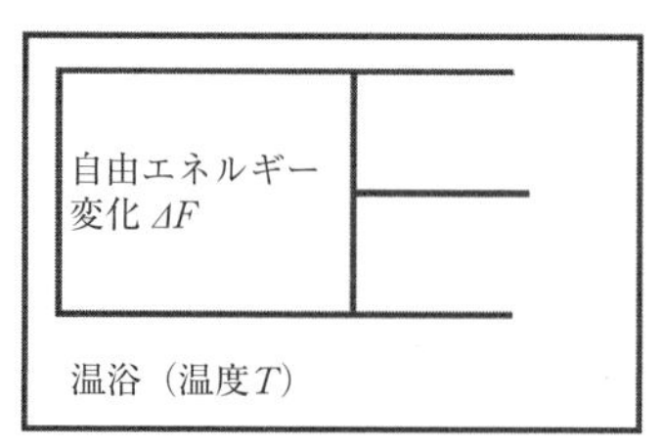

図 4－7　熱浴中のピストンによる仕事

ここでいう仕事とは物理の力学で定義される力×距離のことで，これは熱力学的には圧力×体積となる。すなわち仕事は，体積 V が V_1 から

V_2まで変化するときは，圧力pを体積VでV_1からV_2まで積分したものとなる。

$$W=\int_{V_1}^{V_2} p\,dV$$

この仕事をどれだけ得ることができるかの限界は，自由エネルギー（F）と呼ばれるもので決まる。自由エネルギーは内部エネルギー（E）とエントロピー（S）を用いて$F=E-TS$という式で表される。内部エネルギー（E）とは気体が持つすべてのエネルギーの合計だが，熱力学的な観点からはすべての内部エネルギーを外に取り出せるわけではなく，その一部だけを仕事として得ることができる。その利用可能な部分，いわば取り出せる部分のエネルギーが自由エネルギー（F）となる。取り出せない部分は，エントロピーの部分$-TS$と理解できる。この観点から熱力学第二法則を式で書くと，仕事Wは自由エネルギーの変化以下である，すなわち$W \leq -\Delta F$と表すことができる。特にピストン等を変化させて最初の状態に戻すことで，最初と最後の状態が同じになるサイクルと呼ばれる状況では自由エネルギーの変化はゼロなので，取り出せる仕事はゼロ以下である。つまり，第二種永久機関は実現不可能である。以上はマクスウェルデーモンが存在しない通常の熱力学の第二法則の場合である。これに対して，情報と熱力学を定量的に結びつける思考実験を初めて行ったのはシラード（Leo Szilard）で，1929年のことである。次にシラードの思考実験を見ていこう。

4.2.2　シラードのエンジン

マクスウェルによるデーモンは定性的な話だったが，シラードによって，情報量と仕事量が定量的に結び付くことが明らかになった。図4−8のように，熱源が存在し，箱の中に粒子が1個だけ入っている状態を考える。最初はその粒子が熱平衡状態にあり，箱の中をランダムに飛び回っている。これは1粒子だけの気体粒子あるいは分子であるとすれば，1粒子気体あるいは1分子気体と考えることができる。

最初はランダムに飛び回っており，粒子がどこにあるかは不明である

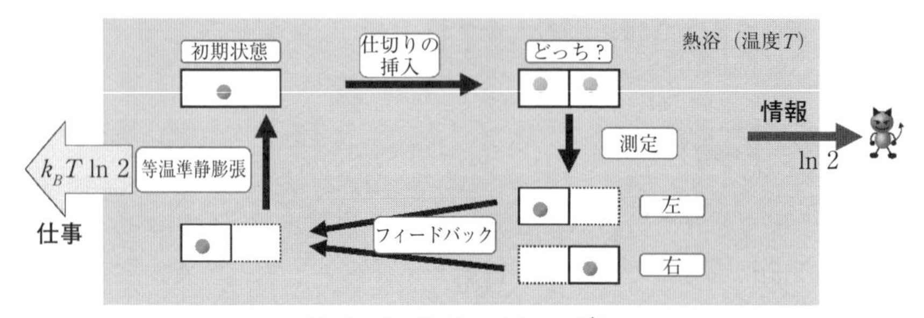

図4－8　シラードエンジン

が，中央に仕切りを挿入する。すると，粒子が左にあるのか右にあるのかが分からなくなる。ここでマクスウェルデーモンが現れ,測定を行う。測定とは,粒子が左にあるか右にあるかを見分けることである。すると,左なら左,右なら右と分かるが,これは場合の数で2通りあるので,ちょうど1ビットの情報に対応し，0, 1という2パターンが存在する。物理では対数の底として自然対数を用いるのが標準的で，場合の数2の対数ln2がこの場合の情報量となる。これは情報理論でいうところのシャノン情報量となる。観測後の状態のシャノン情報量を$S(Y)$とし，初期状態のシャノン情報量は$S(X)$としておこう。この場合は$S(X) = \ln 2$, $S(Y) = 0$である。

次にフィードバックを行い，粒子が左にあるときはそのままで，粒子が右にあるときは箱ごと左に寄せる。このプロセスは十分にゆっくり行えば仕事は必要ないので，粒子がどちらにあったにせよ仕事をせずに左に寄せることができる。そして最後に，半分の大きさになった箱をゆっくり等温準静的に膨張させ，この過程で$k_B T \ln 2$の仕事を取り出すことができる。ここでk_Bはボルツマン定数で，Tは熱源の温度である。この値は先ほど説明した力×距離あるいは圧力×体積を積分したもので,1分子理想気体の状態方程式から積分することでこの仕事量になる。ここで注目すべきは，取り出せる仕事量と情報量ln2が$k_B T$を比例定数として比例していることである。ここから，情報量と仕事あるいはエネルギーとの間の定量的な結び付きが分かる。

1周して戻ってくる過程で$k_B T \ln 2$の正の仕事が得られているので,

一見すると第二種永久機関が実現しているようにも見えるが，ここで行っていること自体は非常にシンプルで，最初は左右のどちらにあるか分からなかった状況から左だけとなった時に，熱力学的なエントロピーが ln2 だけ減少している。先ほどの $F=E-TS$ という式を見ると，エントロピーが減少すると自由エネルギーが増大し，その分だけ仕事として取り出せる。ここで本質的に重要なのは，情報を使って物理的なエントロピーを制御することができるという点である。これが熱力学第二法則と矛盾せず，また第二種永久機関が実現できない理由については後ほど説明するが，最終的にはマクスウェルデーモン自身，つまりコンピュータや顕微鏡など，マクスウェルデーモンを構成するもの自体に何らかの仕事が必要で，全体としては熱力学第二法則に矛盾せず，第二種永久機関は実現できない。

ただ，これが通常の従来の熱機関と異なる点は，マクスウェルデーモン自身と，熱機関，シラードエンジン等の間に直接のエネルギーのやり取りがなくても，自由エネルギーを情報だけを介して制御することができるという点である。これが基本的なアイデアであり，このような考え方をより洗練させて統計力学の理論，特に非平衡統計力学の理論と情報理論を組み合わせた種々の成果が，過去15年ほどで現れてきた。例えば，先述のシラードエンジンでは ln2 の情報を用いて，$k_BT\ln 2$ の仕事を取り出せるということであったが，1分子ではなく一般的な状況において，マクスウェルデーモンが取り出せる仕事の限界値は $W_{ext} \leq -\Delta F + k_BTI$ で表せる。$-\Delta F$ は，普通の状態の自由エネルギー変化であり，I はここでマクスウェルデーモンが取得した相互情報量 $I(X{:}Y)=S(X)-S(X|Y)$ である。k_BTI の分だけより多くの仕事を取り出せる。これがマクスウェルデーモンの限界であると理解できる。これは情報量と仕事量あるいは自由エネルギーを対等に扱う形で，情報熱力学の第二法則とも呼べるものとなっていると考えられる。

ここまでは理論的な話であるが，実験もいくつか行われており，ここでは詳細な説明はできないが，2010年に鳥谷部祥一（Shoichi Toyabe），沙川貴大（Takahiro Sagawa），上田正人（Masahito Ueda），宗行英朗（Eiro Muneyuki），佐野雅己（Masaki Sano）によって，コロイド粒子を用いて，マクスウェルデーモンを実際に定量的に作る実験が行われた。その際に仕事と自由エネルギーあるいは情報の関係を定量的に測定し，約30% の効率（$W_{ext}+\Delta F=0.062k_BT$, $I=0.22$）で情報から仕事あるいは自由エネルギーに変換できたという結果が得られた。この実験は世界で初めてマクスウェルデーモンを定量的に実現したものであり，その後，量子系を含めて種々の系における，さまざまな形のマクスウェルデーモンが実験的に実現されている。

4.2.3 マクスウェルのデーモンをめぐって

ここでマクスウェルデーモン自身に仕事が必要なため，マクスウェルデーモンは第二法則とは矛盾しないということに関して，歴史的な経緯と最終的にどのような理解がなされているかについて触れておく。マクスウェルデーモン自体に何かしらの仕事が必要とされる場合，具体的にどのような仕事が必要なのかということが20世紀を通じて議論されてきた。かつては，ブリルアン（Léon Nicolas Brillouin）が測定プロセスに仕事が必要だと主張し，またベネットやランダウアー（Rolf William Landauer）が測定で得た情報をメモリから消去する際に仕事が必要だと議論してきた（ランダウアーの原理（Landauer's Principle）と呼ばれる）。現在の一般的な理論に基づく理解では，情報を消去する際に仕事が必要な場合もあれば，そうでない場合もある。具体的にはメモリの設計によりその必要性は変わる。測定のプロセスかメモリからの消去のプロセスかのどちらかには必要であり，そのトレードオフのみが存在すると理解されている。式で表すと，測定の仕事 W_{meas} と消去の仕事 W_{eras} がそれぞれ次の不等式を満たし，

$$W_{meas} \geq -k_BTH+\Delta F+k_BTI$$

$$W_{eras} \geq k_BTH-\Delta F$$

それらの和が取得した情報 k_BTI によって下から制約されるトレードオフ関係

$$W_{meas}+W_{eras} \geq k_B TI$$

が成立する。これはかつての「消去には必ず仕事が必要だ」という議論とはやや異なり，特定のプロセスに必ず仕事が必要だとは一概には言えないというのが現代の理解である。特に最終的に得られるトレードオフ関係においては，測定で得られる相互情報量が下限となっており，シャノン情報量由来のランダウア原理とは質的に異なるものであることに注意しよう。

4.2.4　情報熱力学の発展

情報熱力学がどのように発展していくかという一つの方向性として，生物物理への応用が注目されている。生物，例えば細胞は，熱ゆらぎのレベルでさまざまな情報処理やシグナル伝達を行っており，その中である種のフィードバックループのようなものが存在し，マクスウェルデーモンに相当する役割を持つ部分が分子として存在している可能性が指摘されている。例えば大腸菌の 1 つの細胞をとったときに，外部からの信号を受け取るレセプターのメチル化レベルがマクスウェルデーモンの役割を果たしているのではないか，またそれが信号を適切に処理して餌となる化学物質の存在する場所に効率的に進む走化性の能力を向上させているのではないかといった議論がなされている（伊藤創祐（Sosuke Ito）と沙川貴大（2015））。

このように，情報と熱力学の関係は 19 世紀以来の問題ではあるが，現代的な理論が出現し生物物理や量子情報などへも展開しており，現代の研究分野となっている。

4.3　可逆計算の利用

ここまで計算と自然の観点から，可逆計算を用いれば本質的には計算がエネルギーを消費しないことと，エネルギーが必要なのは観測と情報消去のどちらかであることを概観し，特に情報が生命を含めた熱力学的システムを考えるうえで本質的な役割を果たすことを見てきた。本節では可逆計算の応用の現状について触れる。

4.3.1　可逆回路の利用

1993年にユーニス（Saed G. Younis）とナイト（Thomas F. Knight, Jr.）により断熱CMOS回路による可逆論理回路の実装の研究が始まった。断熱論理回路（adiabatic logic circuit）は，クロックによって周期変動する基準電圧を用いて，スイッチング時の電位差を小さくすることにより疑似的に可逆的な動作を実現する。理想的には，クロック速度を十分に遅くするといくらでもエネルギー消費を小さくできる。フランク（Michael P. Frank）らにより1998年から断熱CMOS回路による疑似的な可逆プロセッサの構成が試みられており，2020年には完全に断熱的な動作をする断熱CMOS素子が提案されている。可逆計算が実効性を有する枠組みとして超電導素子を用いた可逆論理回路の研究も見られる。後藤英一（Eiichi Goto）が1986年に提案した断熱的量子磁束パラメトロン（AQFP）と呼ばれる超電導素子6つを対称に配置接続した，可逆AQFPゲートを吉川信行（Nobuyuki Yoshikawa）らは提案しており，励起電流の周波数を下げることでスイッチングに必要なエネルギーが，$k_B T \ln 2$を下回る（2017年）という。いずれにせよ，断熱可逆論理回路では，低消費電力化は動作周波数とのトレードオフであり，高速な処理を主目的とするプロセッサへの利用は難しく，いまだ研究の段階にとどまっている。

現時点で，可逆回路が最も注目されているのは量子回路（第14章参照）の構成においてであろう。トフォリゲートを一般化した，一般化AND/NANDゲート（generalized AND/NAND gate）は，量子回路における基本ゲートとして用いられ，観測を含まない部分の量子計算過程はユニタリ行列で記述される。ユニタリ行列は逆行列が存在し，量子アルゴリズムは本質的に可逆な計算過程として扱わねばならない。実は，ここで述べた可逆計算は，複素数ベクトルを扱う量子計算の実数部分のみに限定した部分計算と見なすことができ，まさに「自然」のなす過程に含まれている。さらに観測を含む量子計算過程も，前述の情報熱力学に支配される系としてのみ存在が許される。むしろ，情報熱力学と量子計算の研究の進展によって，量子回路を用いて物理現象を記述し理解するという視点が物理学にもたらされたことは大きな変化であった。

4.3.2　可逆プログラミング言語

ここで「物理と計算」の文脈から離れ可逆計算機言語に着目しよう。可逆計算機言語はプログラマーの夢と言っても過言ではない。何らかの障害発生時に計算過程を容易に逆にたどることができ，障害の原因を突き止めることができる強力なデバッグ機能を本質的に装備している。1992 年にガベージレス可逆 Lisp 言語を設計したベイカー（Henry Givens Baker, Jr.）によると，当時までに Prolog 以外の大抵の計算機言語の可逆版の設計が試みられていたようである。本質的なアイデアは可逆チューリング機械と同じだが，あえて可逆計算機言語向けのプログラムを書くことは容易ではない。むしろ，一般の非可逆な計算過程をシステム側で可逆化して実行するのであれば用途も拡大するだろうが，すべての過程を可逆化して実行するのは，ゴミ情報の処理コストが見合わない。

残念ながら可逆計算機言語は限られた研究者の間で研究されるにとどまっているが，ここでは 1982 年にルッツ（Christopher Lutz）とダービー（Howard Derby）によって設計され，2007 年に横山哲郎（Testuo Yokoyama）とグリュック（Robert Glück）によって正式に仕様化された Janus という言語を例に挙げる。

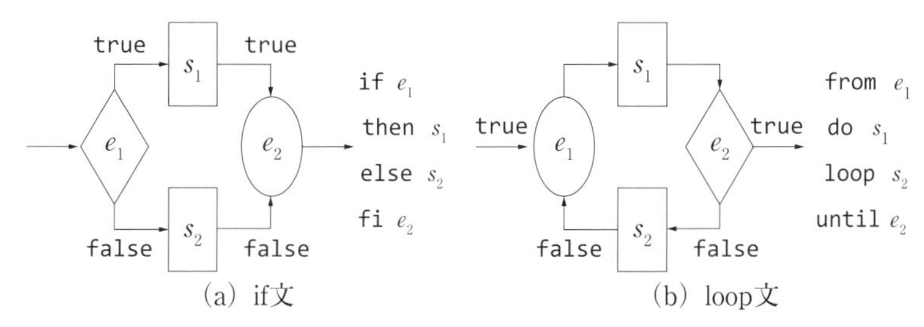

図 4－9　Janus の条件分岐とループ

Janusでは，ループや条件分岐などの制御フローには可逆性を保持するための制約が必要である（図4－9)。例えばif構文は，図4－9(a)のように，入口での前提条件（e_1）と，条件分岐の出口での後条件（e_2）を必要とする。後条件e_2は，制御フローが真（true）の辺に沿って後条件に到達したときに真である必要があり，偽（false）の辺に沿って到達したときには偽である必要があり，この真偽が満たされない場合には操作は未定義（異常停止）となる。局所変数は，`local int k = 0`のように宣言できるが,定義した局所変数は,解放時のkのとる値nを使って`delocal int k = n`と明示的に解放せねばならない。

次のプログラムはJanusによる，フィボナッチ数をnステップ計算した値を出力する関数である。Janusでは変数は参照渡しである。

```
procedure fib (int x1, int x2, int n)
    if n = 0 then
        x1 += 1
        x2 += 1
    else
        n -= 1
        call fib (x1, x2, n)
        x1 += x2
        x1 <=> x2
    fi x1 = x2
```

このプログラムは条件分岐があるにもかかわらず可逆性を満たす。逆方向からたどる場合に，`fi`の後条件`x1 = x2`の真偽によって，`then`と`else`のどちらを通ったかを判定できるからである。

Janusでは変数への単なる代入は定義されておらず，初期値0として宣言された変数へのインクリメント(`+=`)かデクリメント(`-=`)を用いる。`x1<=>x2`は`x1`の値と`x2`の値を交換することを意味する。以下の`main`関数を実行すると`n=0`, `x1=5`, `x2=8`と計算結果が得られる。

```
procedure main ()
    int x1
    int x2
    int n
    n += 4
    call fib (x1,x2,n)
```

Janusでは可逆計算の特徴を生かして`uncall`という関数で逆計算を呼び出すことができる。以下の`main`関数を実行すると，計算結果として`n=4`, `x1=0`, `x2=0`となり，これは順計算の場合の初期値になっている。もちろん一般に逆計算が正しく成立するのはすべての変数に，順計算で得られる値が割り当てられている場合のみである。章末の【補足ページ】に掲載したURLから実際にJanusを試すことができる。

```
procedure main ()
    int x1
    int x2
    int n
    x1 += 5
    x2 += 8
    uncall fib (x1,x2,n)
```

可逆プログラミングはいまだ主要なプログラミング技術とは見なされていないものの，少しずつではあるが利用が広がっている。例えば，GNUデバッガには2009年のリリースから，限定的ではあるが可逆デバッグの機能が追加された。デバッグ中にうっかり行き過ぎてしまって，探していたイベントが過ぎてしまった場合に，プログラムを最初からやり直さなくても，すでに通過した前のポイントにブレークポイントを設定して「逆コンティニュー」するだけで，元に戻すことができ，そこから再び先に進むことができる。

※ 情報量についての補足

シャノン情報量は，生起確率が $P(X)$ で表される確率変数 X に対して $S(X)=-\sum_{x} P(x)\ln P(x)$ で定義され，確率変数 X のランダムさの度合いを表している。2つの確率変数 X と Y の同時確率分布に対しても $S(X,Y)=-\sum_{x,y} P(x, y)\ln P(x, y)$ と定義する。X と Y が独立なら，$P(x, y)=P(x)P(y)$ なので，$S(X,Y)=S(X)+S(Y)$ になる。条件付き確率を用いて条件付きシャノン情報量は $S(X|y)=-\sum_{x} P(x|y)\ln P(x|y)$ と定義でき，これを y について平均をとって計算すると，$S(X|Y)=S(X,Y)-S(Y)$ が得られる。対称性から $S(Y|X)=S(X,Y)-S(X)$ も成立する。さらに X と Y の分布の近さの度合を表す相互情報量を $I(X:Y)=S(X)+S(Y)-S(X,Y)$ と定義すると，$I(X:Y)=S(X)-S(X|Y)$ と変形できる。すなわち相互情報量 $I(X:Y)$ は，Y について知ることで，どれだけ X のランダムさが減少するかを表している。

図4−8の仕切りの挿入後の測定について，X を粒子の位置（左か右か），Y をその測定結果とすると，$P(X=0, Y=0)=P(X=1, Y=1)=\dfrac{1}{2}$，$P(X=0, Y=1)=P(X=1, Y=0)=0$ となるので，$S(X)=S(Y)=S(X, Y)=\ln 2$ であり，$I(X:Y)=\ln 2$ である。なお，4.2.2節冒頭の X と Y とは異なるので注意。

研究課題

4.1　スイッチゲート2個と逆スイッチゲート2個を組み合わせてフレドキンゲートを構成せよ。

4.2　Janusについて調べ，階乗を計算する次の関数を作成せよ。

```
fact (int n, int result)
```

参考文献

教科書：沙川貴大：非平衡統計力学 ゆらぎの熱力学から情報熱力学まで（基本法則から読み解く物理学最前線 28），共立出版，2022.

専門書：森田憲一：可逆計算 ナチュラルコンピューティング・シリーズ 第5巻，近代科学社，2012.

補足ページのURL:
https://www.wolframcloud.com/obj/imai/cn.html

5 セルオートマトン

今井克暢

《**概要**》本章ではセルオートマトン（CA）について，第3章のオートマトンの用語を用いて計算モデルとして再定義し，シミュレーションに利用されるCA規則のグループを紹介する。また，CAは状態数や遷移規則が異なればその能力は変わる。CAの遷移規則による計算能力の違いや万能チューリング機械に対応する万能CAを紹介し，CAの計算能力について解説する。

5.1 セルオートマトンの広がり

ノイマンの自己増殖オートマトンの理論から始まったセルオートマトン（cellular automaton; CA）は計算機科学の研究者により，オートマトンが多数結合した単純な並列計算モデルとして研究された。ノイマンによる自己増殖能力を持つセルオートマトンの単純化を試みた研究者の中には，例えば後にリレーショナルデータベースを発明するコッド（Edgar Frank “Ted” Codd）がいる。CAによる数列の生成問題や一斉射撃問題と呼ばれる同期問題など，さまざまな問題が多数の研究者によって提案され，単独のオートマトンでは限られた計算能力しか持たなくても，多数が結合した場合に優れた計算能力を発揮できることが調べられてきた。特にそのパターン生成能力は画像生成などにも広く利用され，コンピュータグラフィックスやゲームにも多数の応用がある。後にピクサー社の共同設立者の一人となったスミス（Alvy Ray Smith III）もCAの研究者である。SimCityの作者であるライト（Will Ralph Wright）もライフゲームに夢中になり，CAは「ほんの数個の簡単なルールが，非常に予測不能で無限に変化するダイナミックなパターンを解き放つ可能性がある」と語り，実際彼はSimCity 1.0をある種のCAとして設計したようである。広く知られたゲームであるMinecraftがCAの影響を強く受けているのは言うまでもない。まずはライフゲームを例にしてCAを定義しよう。

5.1.1　セルオートマトンの定義

ライフゲームの各セルは第3章で導入した有限オートマトンとして定義できる。とりうる状態の集合は{0, 1}の2状態で，入力文字は近傍（周囲の8個の）[1]セルの状態の総和（生状態の総数）である。このような規則を持つCAを総和型CA（totalistic CA）と呼ぶ。表5－1に遷移表を示す。つまり，自身のセルと近傍セルの9つのセルの状態から次の状態が計算されることになるが，CAではこの関数を局所遷移関数（local transition function）と呼ぶ。CAの状態集合の中の状態の一つを静止状態（quiescent state）と定義することがある。静止状態はその近傍セルがすべて静止状態である場合には遷移後も静止状態となる。例えばライフゲームでは0が静止状態である。近傍セルがすべて0なら0に遷移するので条件を満たしており，「ライフ」がいない状態を表現していることから，確かに静止状態という表現がふさわしい。

表5－1　ライフゲームの遷移表

状態＼入力	0	1	2	3	4	5	6	7	8
0	0	0	0	1	0	0	0	0	0
1	0	0	1	1	0	0	0	0	0

この有限オートマトンが正方格子状に並んでおり，すべて同一の局所遷移関数を持つが，各オートマトンの初期状態は自由に設定できる。ライフゲームの場合は0, 1のデジタルパターンとして与えることになる。すべてのセルをまとめて，セル空間と呼び，セルの状態の割り当て全体

---

1) ここでは，内部状態と入力を分ける有限オートマトンの定義に従い，近傍に自身のセルを含めていないが，CAでは注目セルも含めて近傍と定義するのが通例である。その場合，ライフゲームのような総和型規則は自身のセルを外した和をとるという意味でouter-totalistic CAと呼ばれる。

を状相（configuration）と呼ぶ。特に時刻0において初期状態を設定した状相を初期状相（initial configuration）と呼ぶ。時刻0から単位時間ごとにすべてのセルが同期して近傍セルの状態を入力として読み，自身の状態を局所遷移関数に従って遷移させる。ここで受理状態は原則として考慮せず，停止することなく遷移し続ける。このセル空間全体にわたる遷移は各状相から次の状相への関数と考えることができる。この関数を大域遷移関数（global transition function）といい，大域遷移関数による状相の遷移をCAの状相の発展（evolution）と呼ぶ。

第3章で解説したように計算モデルとしての有限オートマトンを「直列計算機」による文字列やパターンの受理器として扱うためにはテープを別に追加し，内部状態とテープ記号の組を考えた。しかし，セルオートマトンでは各セルの内部状態が入力パターンを初期状相として保持することで，テープのような別の構造を必要とせず，ある意味でより単純な計算モデルと考えることができる。実際，ライフゲームの流行以降，セルオートマトンは物理，化学現象や，社会現象のモデル化に用いられるようになったが，それはパターンを形成するシステムそのものが計算機構自体も包含している単純さゆえであろう。

5.1.2　ライフゲームの計算能力

第2章で見たように，ライフゲームは予測できない複雑な挙動を示す。それがどれほどの計算能力を持っているのかを調べるには，マッカロとピッツが神経回路モデルに対して行ったのと同じように，論理ゲートを実現しそれらで論理回路が実現できるか調べてみる手がある。コンウェイらは平面上を移動するグライダー列で信号（パルス列）を表現（図5－1）し，グライダー同士やその他のパターンとの衝突による相互作用で論理ゲートが表現できるのではないかと考えた。

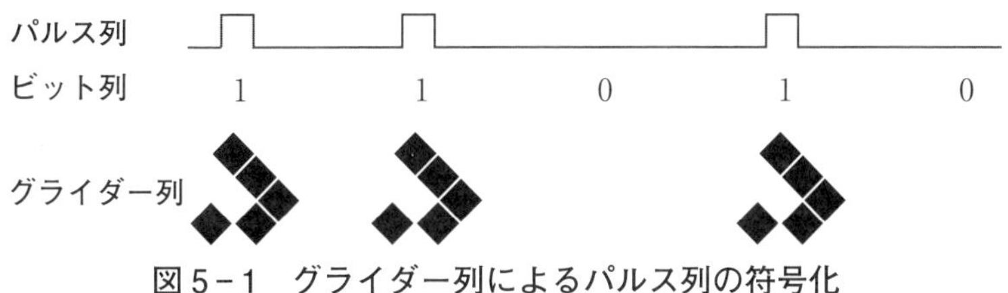

図5-1　グライダー列によるパルス列の符号化

グライダーの衝突にはさまざまなバリエーションがあるが，グライダー同士が衝突すると消滅する反応がある。またグライダーが衝突すると自身の形は変えずにグライダーを消滅させるイーター（eater）と呼ばれるパターンがある。図5-2のようにイーターⒺを適切に配置することで，グライダーⒼの入力に対してAND, OR, NOTゲートを実現することができる。図5-2（a）のANDゲートの実装例を見てほしい。A, Bそれぞれの位置にグライダーが適切に配置されれば1が入力されていると考える。入力のタイミングに合わせてⒼの位置にもグライダーが適切に配置されているとする。A = B = 1の場合，BとⒼのグライダーは消滅反応で消滅し，Aのグライダーが生き残って出力される。AかBのどちらかのみが1の場合は，Ⓖとの衝突で消滅する。またA = B = 0の場合は，ⒼのグライダーはⒺに衝突し消滅する。もちろん各グライダーの位置と入力のタイミングは厳密に指定される必要がある。図5-2（b）のORゲートも同様である。NOTゲートは入力が0のとき1を出力する必要がある。グライダーガンを使って1が無限に続く列を生成できるため，図5-2（c）のグライダーの入力位置に向けてグライダーガンを配置すればNOTゲートとして常に機能することが分かる。もちろんAND, ORゲートもⒼにグライダーガンを配置することで，ゲートにグライダー列を受け入れることができる。

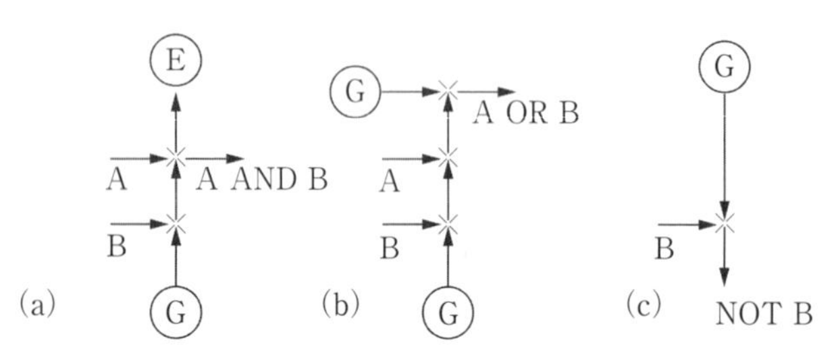

図 5-2　グライダーの消滅反応とイーターによる論理ゲートの構成

任意の論理回路を実現するためには，入力グライダーの複製や，グライダー列の進路を曲げて自由な「配線」ができなければならないが，もちろんそれらを実現することができるだけ充分にライフゲームは複雑である。その後，レンデル（Paul Rendell）によるチューリング機械を実際に実現した状相や，デュー（Brice Due）による，セルオートマトン自体をそのままシミュレートする状相も作成されており，これらはGolly（15.1.1 節参照）でその動作を試すことができる（【補足ページ】URL 参照）。

5.1.3　ライフライクセルオートマトン

ライフゲームは入力が 3 のとき生誕（**B**irth）し，入力が 2 か 3 のとき生存（**S**urvive）するので，ルール S23/B3（の CA）と略記することがある。この形式でライフゲームと類似とした異なる局所遷移関数の総和型 CA を表現できるが，それらをライフライク CA（life-like CA）と呼ぶ。ライフライク CA の死状態を拡張し，セルが即座に死ぬのではなく 1 つ以上の，見かけ上は生状態だが，死状態への遷移が確定した「崩壊（dying）」状態を経由して最終的に死状態（0）になるような遷移関数を持つ CA を，世代 CA（generation CA）と呼ぶ。生（1）のセルが，死状態になるまでに遷移する崩壊状態の数 +1 を追記して，ルール S345/B2/4 などと表す。この（Star Wars と名付けられている）CA は入力が 2 で生誕，3 か 4 か 5 で生存し，死滅するときは 1 → 2 → 3 → 0 と状態遷移して，3 ステップで死滅する。すなわち最後の 4 はその CA の全状態数を表している。

ルールS/B2/3はブライアンの脳（Brian's Brain）と呼ばれるが，生存条件に対する入力はないため，生誕した1のセルは，ただ1→2→0と崩壊状態2を経由して死滅するだけの非常に単純な世代CAである。ここで崩壊状態2は反応が起きた後の不応状態（refractory state）とでも表現できる振る舞いをし，ライフのグライダーのようなパターンが容易に発現する。実際，発現するほとんどのパターンがグライダー的に振る舞う。不応状態に妨げられて一方向に信号が拡散するこの性質を使って，世代CAや類似のCAにより反応拡散系（reaction-diffusion system）（第7章参照）をシミュレートする試みが1980年代以降に多数見られる。特に，状態遷移を決定的ではなく確率的に遷移させるように拡張した世代CAが分野を超えて広く用いられた。次に確率的に遷移する世代CAの代表例であるSIR CAを取り上げる。

5.1.4　SIRセルオートマトン

SIRモデル（SIR model）はカーマック（William Ogilvy Kermack）とマッケンドリック（Anderson Gray McKendrick）によって1927年に提案された感染症の流行モデルである。Covid19の流行によってメディアなどでも取り上げられる機会が多かったため，近年広く認識されるようになった。

全人口を感受性保持者（susceptible），感染者（infected），免疫保持者（recovered）（あるいは隔離者（removed））に分割し，それぞれの人数を$S(t)$, $I(t)$, $R(t)$とおく。感受性保持者（S）は感染者（I）と接触するとIになり，Iは一定期間後に免疫保持者（R）になる。その過程を彼らは次の常微分方程式系で表現した。つまり，感染者数は感受性保持者数と感染者数に比例すると考えられるので，免疫のない総人数$S(t)$の減少率は$S(t)I(t)$に比例する。この比例定数を感染率βとしよう。また感染者が一定の割合で回復し，免疫保持者となることから，免疫保持者$R(t)$の増加率は感染者数$I(t)$に比例すると仮定できる。この比例定数を回復率γとしよう。そうすると，感染者数$I(t)$の変化率は，$\beta S(t)I(t)-\gamma I(t)$となる。

$$\frac{dS}{dt}(t) = -\beta S(t)I(t)$$

$$\frac{dI}{dt}(t) = \beta S(t)I(t) - \gamma I(t)$$

$$\frac{dR}{dt}(t) = \gamma I(t)$$

図5－3は総人口1000人，感染者1名の状況から，$\beta = .002$, $\gamma = .4$ とした場合の各人数の推移をプロットしたものである。実際，彼らのこのモデルは，1905–06年のボンベイにおけるペスト流行のデータをうまく再現することが知られている。

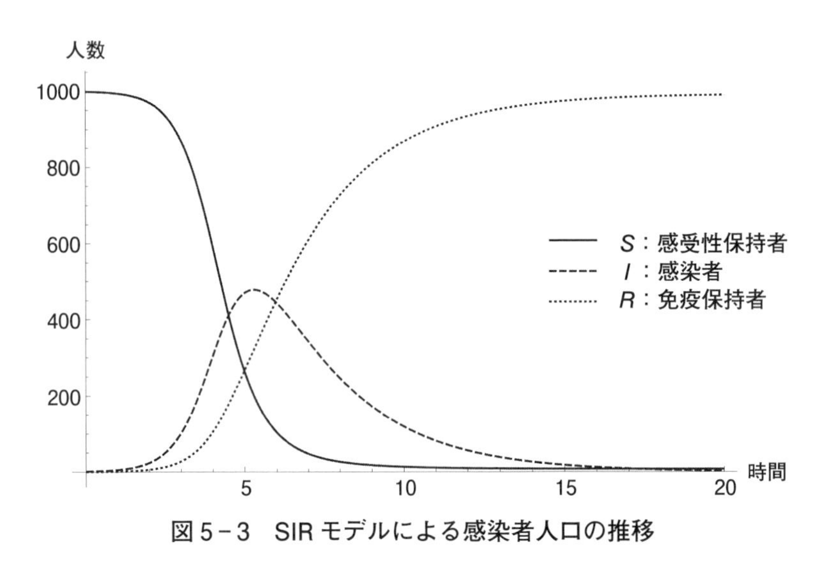

図5－3　SIRモデルによる感染者人口の推移

しかし，感染の流行の地域性を議論したい場合には，患者の総人口だけではなく，位置関係を含めてモデル化したい。そこで，S, I, R をそれぞれ状態とし，世代CAを拡張して用いよう。感受性保持者 S の近傍に感染者 I が1人いる場合の単位時間間隔における感染率を β とすると，次のステップで S が感染しないままである確率は $(1-\beta)^n$ であり，S が I に変化する確率は $1-(1-\beta)^n$（n は近傍にいる I の数）となる。感染者が単位時間で回復する確率を γ とすると，I が R に遷移する確率はγ，Iのまま遷移しない確率が$1-\gamma$となる。さらに，Rの免疫保持期間について仮定しよう。ある一定期間としてもよいが，ここでは単位時間における免疫の消失確率をδと仮定しよう。Rは各ステップにおいて確率δでSに戻る。これで，世代CAで2次元的に広がった感染症流行の単純なモデルをシミュレートすることができる。

例として，感染率βが0.5と高い感染率を持ち，免疫の消失確率δが0.02と比較的長い期間免疫を保持する値を設定する。図5-4は，少人数の感染者がランダムに配置された初期状相から発展した状相の例であり，Sを白色，Iを黒色，Rを灰色のセルで表している。左図は回復率γが小さな値の場合（感染力が持続）で，右図はγが大きな値（すぐに治癒）である。回復率が小さな場合は，全域にわたって，一様に感染者が分布した状態が続くが，回復率が大きな場合は，時折，感染者が波状に爆発的に広がるパターンが見られる。これはある種のパンデミックの様子を捉えていると考えられるだろう。

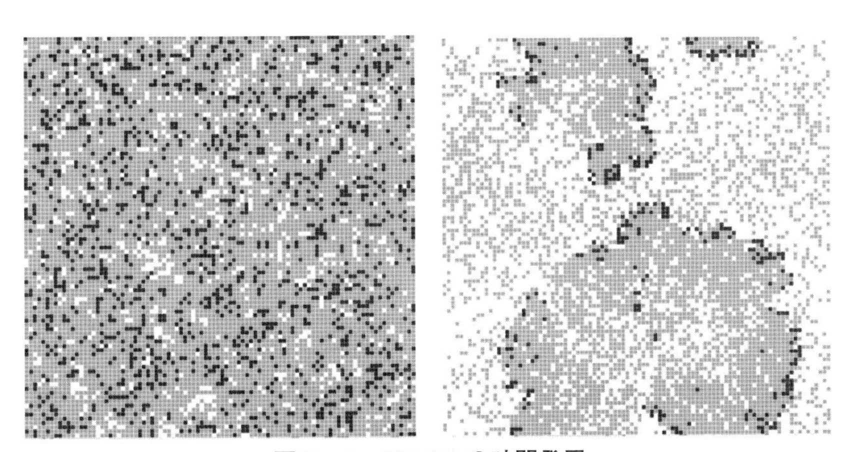

図5-4　SIR CAの時間発展

5.2 セルオートマトンの性質

本節ではCAの性質を見ていこう。

5.2.1 1次元初等セルオートマトン

ライフゲームのような2次元のCAより1次元のCAを考えるほうがより単純で考えやすい。自身と左右1セルのみを近傍セルとし，局所関数が3セルの値によって決まる1次元3近傍CAが広く研究された。特に状態集合が{0, 1}の2状態のものは初等セルオートマトン（elementary CA; ECA）と呼ばれ，全部で256通りある。図5－5は，左，自分自身，右のセルがそれぞれ1, 0, 0（黒，白，白）の場合に自身を1（黒）にし，それ以外の場合はすべて0（白）に遷移するECAの局所遷移関数の一例である。関数の値の並び00010000を二進数の数値と見なすと16になるので，このECAをルールナンバー16のECAと呼ぶ。

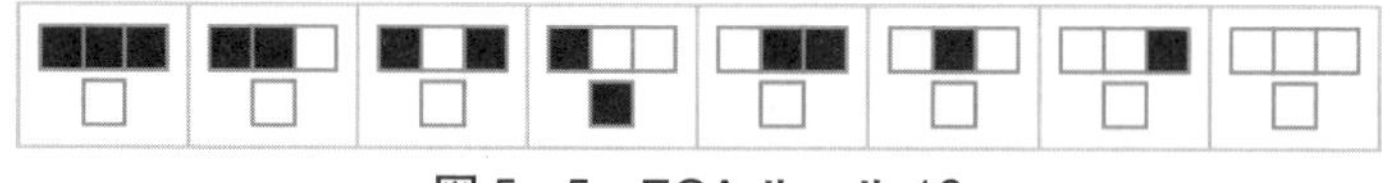

図5－5　ECAルール16

図5－6は適当な初期配置□■■■■□□■…□□□から，このECAによる状相の時間発展を，横軸にセル空間，縦軸に時間ステップをとって順に並べてプロットしたものである。これをCAの時空間ダイアグラム（space-time diagram）と呼び，1次元CAの場合にはその状相の発

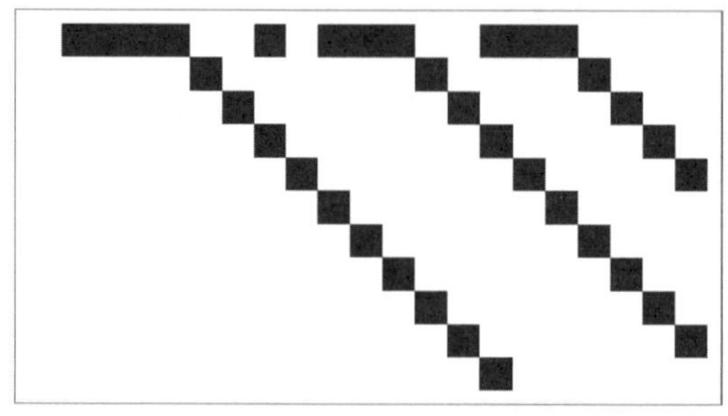

図5－6　ECAルール16の時間発展

展の様子を容易に把握できる。この例では20の有限個のセルがセル空間を形成している。

セル空間が無限に広がっていると考える場合には問題はないが，有限の場合には境界条件を設定する必要がある。特に指定がない場合には左端と右端に静止状態のセルが暗黙に配置されていると考えることが多いが，特定の状態を配置したり，左端のセルの左に右端のセルが配置されて円状（2次元CAならトーラス）のセル空間を設定する場合もある。セル空間が無限に広がっている場合であっても，有限個のセルのみが非静止状態でそれ以外はすべて静止状態という状相を有限状相と呼び，（有限の部分以外は）ある有限のセル配置が周期的に無限に繰り返してセル空間を埋め尽くしているような状相を周期状相と呼ぶ。

このルール16はいかなる初期状相から開始しても最終的には1のセルが右方向へ並進する状態となる。ルール30（図5−7）について同じ初期配置から開始すると，図5−8のようにとても複雑で一見ランダムな発展をする（左端と右端には静止状態）。

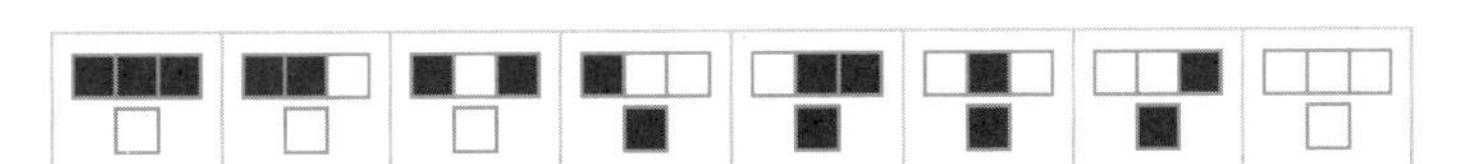

図5−7　ECA ルール30

図5−8　ECA ルール30の時間発展

5.2.2　ウルフラムのクラス

ウルフラムは初等セルオートマトンを次の4つのクラスに分類した。

クラスⅠ——秩序を持つクラス：非常に単純で，ほぼすべての初期状相に対して，変化しない一様な最終状相になる。
クラスⅡ——周期を持つクラス：ほぼすべての初期状相に対して，有限種類のパターンの繰り返しで構成される変化しない状相または周期的に振動する状相になる。
クラスⅢ——カオス的なクラス：ほぼすべての初期状相に対してセル全体がランダムな変化を続ける。三角形やその他の形状の小さなスケールの構造が多数見られるが挙動は非常に複雑である。
クラスⅣ——ほぼすべての初期状相に対して規則的なパターンとランダムなパターンが含まれる複雑なパターンを形成する。局所的に比較的単純な構造が形成されるが，それらのパターンは移動し互いに影響し合う。

上述のルール 16 はクラスⅡであり，ルール 30 はクラスⅢに分類される。ルール 30 の特定のセルの状態の系列を取り出すとその変化はランダムであり，疑似乱数列としても非常に良い性質を持っていることが知られている。数学では，一定の規則に従って時間経過で状態が変化するシステムを記述すために力学系（dynamical system）と呼ばれる数理モデルが研究されている。そこでウルフラムは，このクラス分類と力学系の挙動との対応関係を議論し，クラスⅠは不動点，クラスⅡはリミットサイクル，クラスⅢはカオスに対応するとし，クラスⅣは従来の力学系の挙動として考えられたことがない新たなクラスであるとした。図5-9 にクラスⅣ CA とされるルール 110 の局所遷移関数を示す。図5-10 に，図5-8 と同じ初期状相からの時空間ダイアグラムを示す。

ルール 30 とルール 110 の比較のために長い時間ステップの時空間ダイアグラムを示す（図5-11）。初期状相に依存した周期的なパターンを最終的にはランダムな領域が覆いつくしていく 30 と違い，110 は周

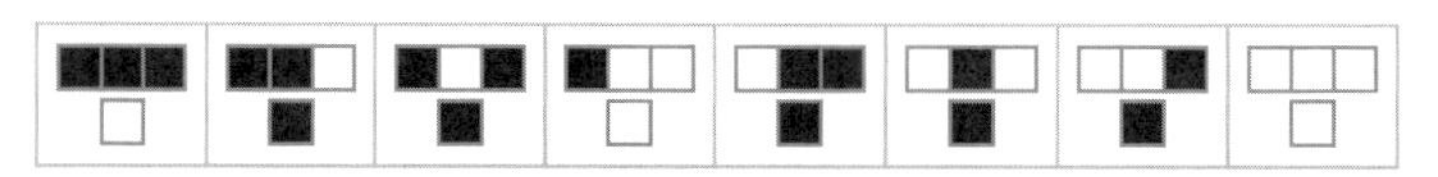

図5-9　ECA ルール 110

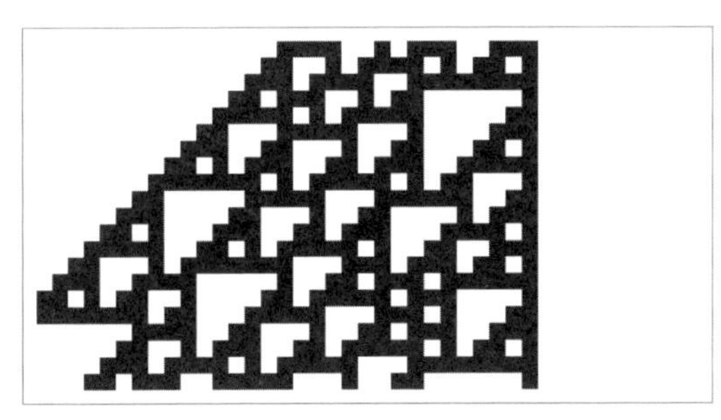

図 5－10　ECA ルール 110 の時間発展

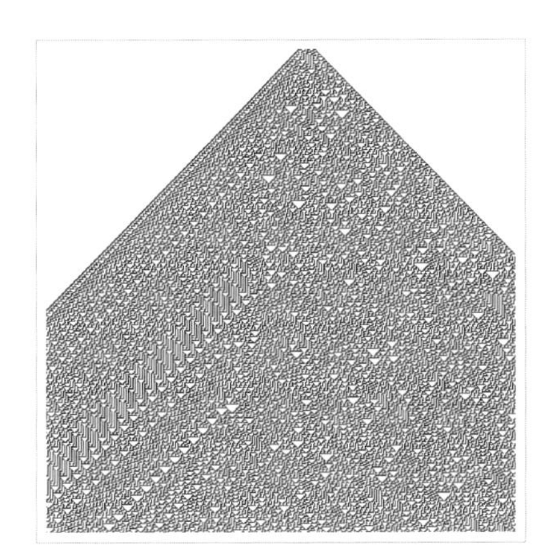

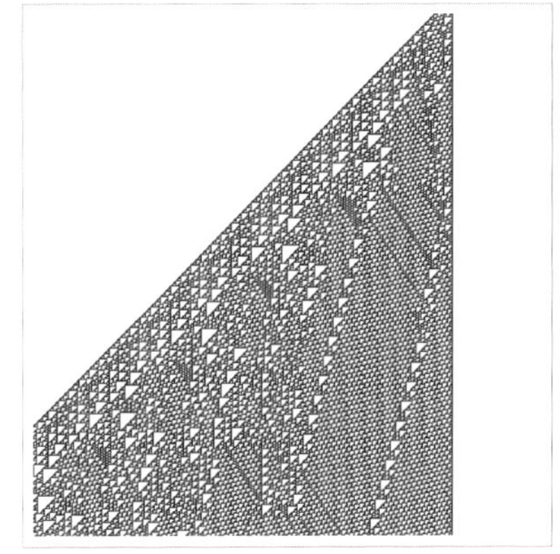

図 5－11　ECA ルール 30（左）と 110（右）の時間発展（長時間）

期的な部分とランダムな部分が交錯し，局所的な単純なパターンがグライダーのように移動し互いに影響し合っていることが分かる。

このような複雑な特徴を持つことからウルフラムはクラスⅣ CA，特にルール 110 の CA は，万能チューリング機械をシミュレートできるという意味で計算万能性（チューリング完全性）を持つのではないかと予想した。

5.2.3 ルール 110 の複雑さとその計算万能性

ルール 110 CA が計算万能性を持つのではないか，と予想された当時，リンドグレン（Kristian Lindgren）とノーダール（Mats Nordahl）が 1 次元 7 状態の万能 CA を構成していた。（初期状相に関する設定は異なるものの）もしも 2 状態のルール 110 が万能性を持つなら驚くべき改善となる。

ウィンフリー（Erik Winfree）による探索により図5－12のようなグライダーが見つかり，グライダーガンも発見された。同じアルファベットを持つグライダーは同じ速度である。図5－11右の図の右下にはE^1のグライダーを見ることができる。

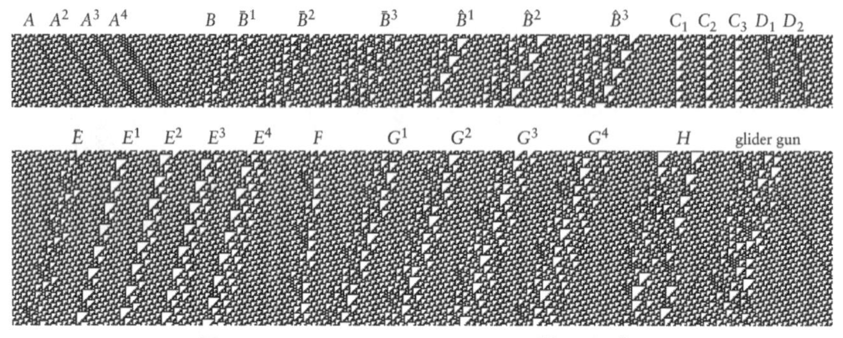

図5－12　ECA ルール 110 のグライダー

（Matthew Cook（c）2004 Complex Systems Publications, Inc.（https://www.complex-systems.com/abstracts/v15_i01_a01/）Licensed under CC BY 4.0［https://creativecommons.org/licenses/by/4.0/］.）

しかし，ライフゲームのような2次元CAとは違い，1次元CAでは左右に進む自由度しかない。ライフゲームの場合にはグライダーが存在すれば1，しなければ0としてグライダーの移動を信号のキャリアと見なし，回路の配線ができる。グライダーの衝突などのアクションを利用して，AND, OR, NOT などの論理ゲートをシミュレートすることで，任意の論理回路をCAの状相に埋め込むことにより計算万能性が示されている。しかし1次元のルール 110 CA の場合には2次元の場合のように回路を配線することはできない。

クック（Matthew Cook）は循環タグシステム（cyclic tag system）という計算万能性を持つ計算モデルを考案し，それをルール 110 のグライダーの交差や衝突によってシミュレートできることを示すことで，ルール 110 の計算万能性を証明した。循環タグシステムは，m-タグシステム（m-tag system）という 1943 年にポスト（Emil Leon Post）が提案した計算モデルを単純化したものである。m-タグシステムは無限長のキューとしてテープを用いるオートマトンで，状態遷移のたびにテープのヘッド位置から記号を読み取り，ヘッド位置から m 個の記号を消去し，読み取った記号を生成規則で変換した記号列を最後尾に追加するという動作をする。停止語がヘッド位置（先頭）に現れるか，記号列長が m 未満になれば停止する（図 5－13）。ミンスキーにより 2–タグシステムが計算万能であることが示されている。

アルファベット：{a, b, c, H}, 停止語：H
生成規則：a → bbcH, b → ca, c → bb
計算過程：
初期語：abb
　　　bbbcH
　　　　bcHca
　　　　　Hcaca (HALT).

図 5－13　2–タグシステムの例

クックはタグシステムの記号を {0, 1} とし，m＝1 で，読み込んだ記号が 1 のときにのみ生成規則を適用することとし，生成規則を循環リスト形式で与え，それを循環適用する特殊なタグシステムが 2–タグシステムをシミュレートできることを示し，これを循環タグシステムと名付けた。そして，生成規則の循環リストを 0, 1 の片無限の系列に埋め込み，規則適用部分をルール 110 のグライダーシステムでシミュレートすることで，ルール 110 が任意の循環タグシステムをシミュレートできることを示した。

5.2.4　本質的万能性

ルール 110 CA は確かに計算万能性を有し，例えばルール 30 のような別の CA もシミュレートすることができるが，万能タグシステムを経由して何段階にも符号化された「プログラム」が重畳的に実行されることで CA をシミュレートすることになる。しかし，万能チューリング機械が，どんなチューリング機械もシミュレートできるチューリング機械というチューリング機械に固有の定義であったように，d 次元万能 CA

は任意のd次元CAをシミュレートできるように，CAという機械に固有に定義されるのが自然であろう。あるCAが別のCAをシミュレートする場合，シミュレートされるCAの時空間ダイアグラムが，シミュレートするCAの時空間ダイアグラムに規則的に埋め込まれていれば，自然な対応関係の成り立つシミュレーションと言えるのではないだろうか。このような万能CAをオランジェ（Nicolas Ollinger）は本質的万能（intrinsically universal）CAとして定義した。例えばライフゲームは，任意の論理回路を構成できるため，セル（すなわち有限オートマトン）の回路をライフゲームの配置として作成し，それらを配置配線すれば規則的に埋め込まれた形式で任意の2次元CAをシミュレートできる。よって，ライフゲームは本質的万能といえる（【補足ページ】のOTCA metapixel参照)。一般に本質的万能であれば計算万能であることがいえるが逆は常に成り立つとは限らない。2次元以上のCAは，論理回路をシミュレートできさえすれば，ライフゲームの場合と同様に本質的万能であることがいえる。しかし1次元CAの場合は論理回路によりセルを構成し，それを規則的に配置配線することはできなさそうに思える。実際，クックやリンドグレンらはタグシステムやチューリング機械を経由して万能性を示しているため，本質的万能性は満たされない。

ところがオランジェにより1次元CAにおいても，本質的万能CAが構成できることが示されている。彼は，シミュレートされるCAの状態を二進数ビット列で表現し，遷移関数を，それらを入力とするNANDゲートとコピーゲートのみの組合せ論理回路で表現した。図5−14は4状態（2ビット）で近傍が2セルのみのCAの例である。この例では1ビットごとに深さ2の組合わせ論理回路に分解して表現されている（|はNANDを表す)。

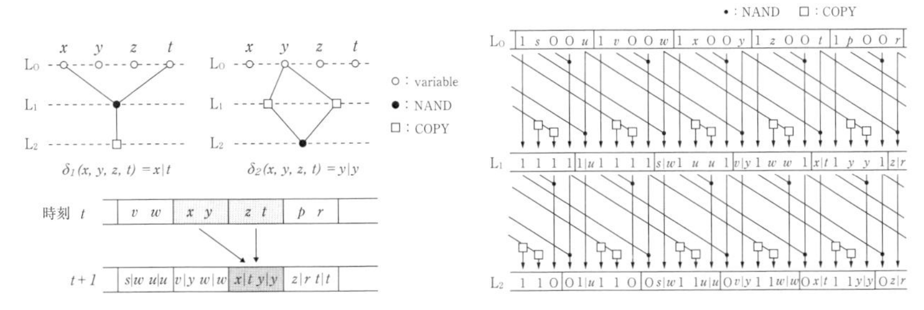

図5－14　オランジェによる1次元CAへの回路の埋込み

この論理回路を図のようにCAの配置に対応する形式に展開する。これらの「配線」はルール110と同様に異なる状態を割り当てられたグライダーとその衝突時の状態遷移に埋め込まれる。オランジェらは巧みな状態の割り当てを用いて4状態の本質的万能CAを構成している。

5.2.5　物理的万能性

任意の計算をシミュレートできればよいとする計算万能性だけではなく，可視化されたパターンに意味を見いだすという考えもノイマンがすでに想定している。第2章で解説した自己増殖オートマトンの万能構成機である。これは生物の自己増殖をモデル化したものだが，これをさらにセル空間の有限領域Xに配置された状相から有限領域Yの状相への任意の変換を実現するCAとして一般化できるだろうか。2010年にジャンツィン（Dominik Janzing）がこの問題を提起している。Xの状相を入力とし，Xとは独立なセル領域Yの状相を出力とする任意の変換fを考える。ジャンツィンは，Xの状相とXの外側に置かれた変換機ϕ（XとYとfに依存して存在）の状相とを組み合わせて，時間発展させることで，Yに$f(X)$を配置した状相が得られるとき，このCAを物理的万能（physically universal）と呼ぶとした。

このCAは可逆CAでなければならない。Xの状相が$t = 0$でX_0とすると，その情報を外に配置された変換器ϕに伝える必要があるが，$t = 1$でXの状相がX_1に遷移した場合，もし，可逆CAでなければ，$t = 1$で同じX_1に遷移する別の状相X_0'が存在しうるが，ϕがそれらを区別できないからである。ノイマンの万能構成機では，入力のスキャンや出力の構成の最中にそれらの領域の情報が変化することはないという条件下での自己複製を想定していたが，物理的万能性の場合にはそのような条件はない。

第４章で解説したように可逆な古典力学に対応したモデルとしてBBMが知られているが，マーゴラス近傍（Margolus neighborhood）と呼ばれる，セルの遷移が奇数時刻と偶数時刻で交代する特殊なブロック近傍を持つCAを用いれば，可逆CAを容易に構成できることが知られており，BBMセルオートマトン（BBMCA）と呼ばれるBBMをシミュレートできる可逆CAが構成されている。図５－15の太い罫線（けいせん）で囲まれた２×２のセルのブロックに対して，図の右にある書き換え規則が適用される。ブロックは時刻の偶奇で交代する。図では時刻は右に進み左下に折り返して右に進む。図にある書き換え規則に加えて，それらの両辺を回転したものと，鏡像をとったものも考慮する。BBMCAから派生した可逆CAは，流体などの物理シミュレーションにも広く用いられている。

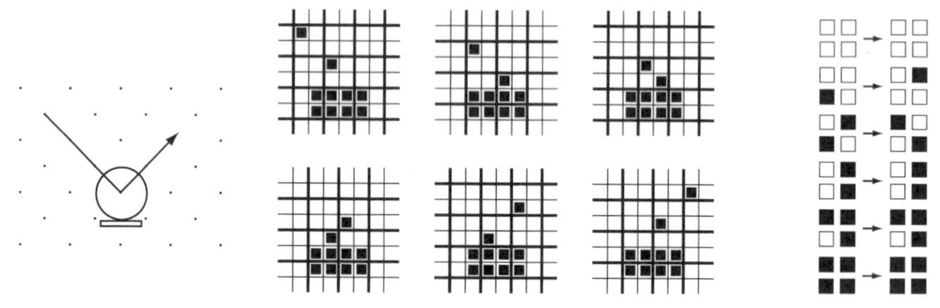

図５－15　BBMをシミュレートするBBMCAとその遷移規則

物理的万能なCAは，上述の理由から，CA自体と実装される変換fも，ともに可逆性を持つ必要があるが，第４章で見たように非可逆な関数であっても可逆関数に埋め込むことができる。しかし，BBMCA自体はボールと壁に対応するパターンを持ち，計算万能な可逆CAだが，入力セル領域に壁自体や壁で囲まれた部分が存在すると，それらのセルの情報は変換器ϕを実現するセルと相互作用できないので，BBMCAは物理的万能 CA とはならない。

2014 年にアーロンソンの研究室の学生だったシェーファー（Luke Schaeffer）が，BBMCA の規則を修正することで物理的万能 CA が構成できることを示した。時刻 0 での X の状相が入力で，X のサイズの多項式時間 $T(X)$ ステップ後に $f(X)$ が Y に再現される。すなわちジャンツィンに従って言えば，この CA は古典物理的万能であり，有限サイズのパターンに対する任意の変換が実現できることになる。ノイマンは万能構成能力の実現の前提にシステムの計算万能性を仮定した。任意の領域における変換を実装するには計算万能性が必要だが，シェーファーの CA のように，有限領域の任意の変換の実現には計算万能性は必要ではないことが分かる。

第 14 章で触れるような量子状態を持つ CA を量子 CA（quantum CA）と呼ぶ。1980 年代のファインマンや，グロシング（Gerhard Grössing）とツァイリンガー（Anton Zeilinger）らの研究により着想された量子 CA は，1995 年にワトラウス（John Harrison Watrous）により定式化され，任意の量子チューリング機械をシミュレートできることが示された。この結果は森田憲一（Kenichi Morita）らによる 1 次元万能可逆 CA の構成法（1989）を用いている。量子版の本質的万能 CA はアリギ（Pablo Arrighi）らによって 2007 年に構成されている。ジャンツィンは，さらに量子 CA の物理的万能性について考察しており，物理的に万能な量子 CA は，任意の有限の領域上の任意のユニタリ変換を実装できる。シェーファーは 2015 年に物理的万能な量子 CA を構成できることを示している。

研究課題

5.1　任意の有限長 n の 1 次元 CA で初期状相が \$1000…000\$（\$ は左右の境界の状態で変化しない）を考える。0 は静止状態とする。左端にある 1 状態の状態遷移を起点として，中点（両端から n/2 の点）の状態を 9 に遷移させる規則を設計せよ。もちろん 0, 1, 9 以外の状態を導入して構わない。

5.2　アルファベット：{a, b, c}，生成規則：a → bc, b → a, c → aaa の 2-タグシステムは，a のみからなる場合の記号列に着目すると，初期の長さ n を，n が偶数なら n/2 に置き換え，奇数なら（3n+1)/2 に置き換えて n=1 になるまで繰り返した結果を与える。筆算でもよいが，m-タグシステムをシミュレートするコンピュータプログラムでこのことを確かめよ。

参考文献

教科書：Joel L. Schiff 著，梅尾博司，Ferdinand Peper 監訳，足立進，磯川悌二郎，今井克暢，小松崎俊彦，李佳訳：セルオートマトン，共立出版，2011.

専門書：Elwyn R. Berlekamp, John H. Conway, Richard K. Guy 著，小林欣吾，佐藤創監訳：数学ゲーム必勝法 4，共立出版，2019.

専門書：浦上大輔，郡司ペギオ幸夫：セルオートマトンによる知能シミュレーション――天然知能を実装する，オーム社，2021.

専門書：森下信：セルオートマトン――複雑系の具象化：養賢堂，2003.

補足ページの URL:

https://www.wolframcloud.com/obj/imai/cn.html

6 マルチセット

萩谷昌己

《**概要**》化学反応の形式的なモデルであるとともに，さまざまな計算モデルの基礎にもなっている，マルチセット書き換え系について解説する。その一種であるポピュレーションプロトコルは，分散計算の典型的なモデルでもある。

6.1 マルチセット書き換え系

分子が1つ2つと数えられるような少分子の世界では，化学反応はマルチセット（多重集合）の書き換えと捉えられる。マルチセット書き換え系は，ペトリネットとも等価であり，最も基本的な計算モデルの一つである。

6.1.1 マルチセットとマルチセット書き換え規則

例えば，水分子が水素分子と酸素分子に分解される化学反応は，

$$2H_2O \rightarrow 2H_2 + O_2$$

と表現することができる。これを子細に眺めると，2つの水分子が分解されて，2つの水素分子と1つの酸素分子が得られる。極端な少分子系（分子の数が少ない系）の例として，ここに水分子が5個，水素分子が3個，酸素分子が4個あったとする。この状況を集合の記法で表現すると，

$$\{H_2O, H_2O, H_2O, H_2O, H_2O, H_2, H_2, H_2, O_2, O_2, O_2, O_2\}$$

となる。1.3.1節でも説明したように，普通の集合では要素が重複することがないが（要素の重複には意味がないが），ここでは要素が重複することがあり，重複の回数には意味がある。このような集合は，多重集

合やマルチ集合などと呼ばれる。多重集合という言葉はあまり定着していないので，ここではマルチセット（multiset）と呼ぶことにする。上のマルチセットで先の化学反応が1回起こると，以下のマルチセットが得られる。

$$\{H_2O, H_2O, H_2O, H_2, H_2, H_2, H_2, H_2, O_2, O_2, O_2, O_2, O_2\}$$

すなわち，水分子が3個，水素分子が5個，酸素分子が5個となる。このように，化学反応はマルチセットを変換する規則と捉えることができる。このようなマルチセットの変換は，マルチセット書き換え（multiset rewriting）と呼ばれる。「書き換え」という言葉が使われているのは，マルチセットの一部が別のマルチセットに書き換わっているからである。この例の場合，2つの H_2O が，2つの H_2 と1つの O_2 に書き換わっている。同様に，マルチセットを書き換える化学反応の方は，マルチセット書き換え規則（multiset rewriting rule）と呼ばれる。さらに，マルチセットが書き換わることにより計算が行われる数理モデル（すなわち計算モデル）は，マルチセット書き換え系（multiset rewriting system）と呼ばれる。形式的には，マルチセット書き換え系はマルチセット書き換え規則の有限集合である。

通常，化学反応には反応の起こりやすさを表す反応速度（reaction rate）（もしくは反応係数（reaction coefficient））が定まっており，起こりやすい反応と起こりにくい反応があるが，ここでは，反応の起こりやすさは考えず，マルチセットが書き換わる可能性のみを考慮している。後に反応の起こりやすさも考慮した計算モデルを考察する。化学反応ネットワーク（chemical reaction network）とは，一般にそのような反応の起こりやすさも考慮した計算モデルであるが，反応の起こりやすさを無視することもあり，その場合，化学反応ネットワークとマルチセット書き換えは同義と思ってよい。

さて，マルチセットに登場可能な要素の集合 S を限定すると，マルチセットはその集合 S から非負整数への関数と見なすことができる（ここで S はマルチセットではなく普通の集合である）。例えば，

$S=\{H_2O, H_2, O_2\}$ とすると，最初のマルチセットは

$$f(H_2O)=5$$
$$f(H_2)=3$$
$$f(O_2)=4$$

という S から $\mathbb{N}$ への関数 f と見なすことができる。ここで $\mathbb{N}$ は，非負整数すなわち自然数の全体 $\{0, 1, 2, \cdots\}$ を表している。関数 $f(x)$ の値は，要素 x の重複の回数（多重度）を示している。以後，必要に応じて，マルチセットを関数として扱うので注意してほしい。

例えば，2つのマルチセットを合併する操作を考えることができる。M と N をマルチセットとすると，M と N の合併は $M+N$ や $M \cup N$ などの式で表されるが，M と N を S から $\mathbb{N}$ への関数と見なすと，S の要素 $x \in S$ に対して，

$$f(x)=M(x)+N(x)$$

として定義される関数 f が，M と N の合併になる。また，2つのマルチセット M と N の間に包含関係 $M \subseteq N$ が成り立つのは，M と N を S から $\mathbb{N}$ への関数と見なしたとき，任意の $x \in S$ に対して

$$M(x) \leq N(x)$$

が成り立つことに他ならない。

マルチセット書き換え規則は，2つのマルチセット L と R から成り立つと考えられる。L が→の左辺で R が右辺である。先の $2H_2O \rightarrow 2H_2 + O_2$ という化学反応をマルチセット書き換え規則と考えたとき，この規則は $L=\{H_2O, H_2O\}$ というマルチセットと，$R=\{H_2, H_2, O_2\}$ というマルチセットから成る。この規則をマルチセット M に適用するためには，$L \subseteq M$ という関係が成り立っていなければならない。$L \subseteq M$ が成り立っているならば，$M=L+M_1$ と書くことができる。例えば，M を本節の冒頭のマルチセットとすると，$L \subseteq M$ が成り立っていて，

$$
\begin{aligned}
M &= \{H_2O, H_2O, H_2O, H_2O, H_2O, H_2, H_2, H_2, O_2, O_2, O_2, O_2\} \\
&= \{H_2O, H_2O\} + \{H_2O, H_2O, H_2O, H_2, H_2, H_2, O_2, O_2, O_2, O_2\} \\
&= L + M_1 \\
M_1 &= \{H_2O, H_2O, H_2O, H_2, H_2, H_2, O_2, O_2, O_2, O_2\}
\end{aligned}
$$

となる。この規則によって，$L+M_1$ が $R+M_1$ に書き換わる。

$$
\begin{aligned}
&R + M_1 \\
&\quad = \{H_2, H_2, O_2\} + \{H_2O, H_2O, H_2O, H_2, H_2, H_2, O_2, O_2, O_2, O_2\} \\
&\quad = \{H_2O, H_2O, H_2O, H_2, H_2, H_2, H_2, H_2, O_2, O_2, O_2, O_2, O_2\}
\end{aligned}
$$

したがって，マルチセット書き換え規則は $L \to R$ と書くのが自然だろう。ただし｛　｝は省略して，

$$H_2O, H_2O \to H_2, H_2, O_2$$

のように記すのが一般的である。

6.1.2　マルチセット書き換え系の計算能力

これまでの説明をもとに改めて定義すると，1つのマルチセット書き換え系は有限個のマルチセット書き換え規則から成る。規則が有限個なので規則の左辺と右辺に登場する要素の全体 S も有限となる。そして，マルチセット書き換え系における計算とは，与えられたマルチセットから始めて，マルチセット書き換え規則を適用してマルチセットを順次書き換えていく過程である。マルチセットに対して複数のマルチセット書き換え規則が適用可能な場合は，そのいずれか1つを選んで適用する。すなわち，書き換え規則の選択は非決定的である。このように書き換え規則を1つずつ非決定的に適用する書き換え方は，1.4節で説明したように，逐次（sequential）であるという。

本章では，逐次的なマルチセット書き換えについて解説している。一方，複数のマルチセット書き換え規則が同時に適用可能な場合に，同じ規則を複数回適用することも含めて，できる限り多くの規則を並列に適

用する書き換え方も提唱されている。このような書き換え方は最大並列（maximally parallel）という。逐次的な場合と最大並列的な場合では，マルチセット書き換え系の計算能力が違ってくることに注意してほしい。ちなみに，最大並列的な書き換えでは，マルチセット書き換え系は計算万能になる。本章では，次節で述べるペトリネットとの等価性も考慮して，逐次的な書き換えについてのみ扱う。

書き換え規則の選択は非決定的であるので，同じマルチセットから始めても書き換えの過程は一般には多様である。想定している有限個のマルチセット書き換え規則のもとで，書き換えを繰り返すことにより（書き換え規則を適切に選択することにより）マルチセットMがマルチセットNに書き換えられることを$M \Rightarrow N$と表し，NはMより到達可能（reachable）であるという。ここでは非決定性を想定しているので，$M \Rightarrow N$はMをNに書き換えられるように規則を上手に選択できるか，ということを意味する。到達可能性（reachability）はマルチセット書き換えにおける計算の本質である。MとNが与えられたときに，$M \Rightarrow N$が成り立つかどうかを判定することがどのくらい難しいかが，マルチセット書き換えの計算能力がどのくらい大きいかに対応している。

マルチセット書き換えは，次節で紹介するペトリネットと呼ばれる計算モデルと等価であり，その計算能力はペトリネットの分野において長く研究され，$M \Rightarrow N$が決定可能であることは1981年に証明された。$M \Rightarrow N$が決定可能であるとは，$M \Rightarrow N$であるかどうかを判定するアルゴリズムが存在することである。すなわち，$M \Rightarrow N$を判定するチューリング機械で必ず停止するようなものが存在する。一方，チューリング機械の停止問題は決定可能ではない，すなわちチューリング機械が停止するかどうかを判定するアルゴリズムは存在しないので，マルチセット書き換えの計算能力はチューリング機械よりも真に小さい，ということができる。

$M \Rightarrow N$が決定可能ということだけでなく，マルチセット書き換えの計算能力はより詳細に分析されている。その一つとして，マルチセット書き換え系に自然数上の関数を計算させようとしたとき，どのような関数が計算できるのか，という分析がある。

ここで新たな記法を導入する。自然数xと要素aに対して，$x\{a\}$という式で，x個のaから成る（要素はaのみでその多重度がxである）マルチセットを表す。同様にしてより複雑だが，$x_1\{a_1\}+\cdots+x_d\{a_d\}$という式は，$x_1$個の$a_1$より$x_d$個の$a_d$までから成るマルチセットを表す。

では，マルチセット書き換え系を1つ想定する。その要素の集合として$A=\{a_1, \cdots, a_d\}$と$B=\{b_1, \cdots, b_e\}$を指定する。Aは入力要素の集合，Bは出力要素の集合という役割を担う。fを$\mathbb{N}^d$から$\mathbb{N}^e$への関数とする。$\mathbb{N}^d$はd個の自然数のベクトル（$x_1, \cdots, x_d$）の全体，$\mathbb{N}^e$はe個の自然数のベクトル（$y_1, \cdots, y_e$）の全体を表す。やや複雑であるが，以下の条件が成り立つとき，関数fはこのマルチセット書き換え系によって計算可能であるという。

> $f(x_1, \cdots, x_d)=(y_1, \cdots, y_e)$ ならば，$M=x_1\{a_1\}+\cdots+x_d\{a_d\}\Rightarrow N$である任意の$N$に対して（$M=N$であることもあり得る）以下のような$L$が存在する。
>
> - $N\Rightarrow L$
> - $L=y_1\{b_1\}+\cdots+y_e\{b_e\}+K$と表され$K$には出力要素は含まれない。
> - $L\Rightarrow L'$ならば$L'=y_1\{b_1\}+\cdots+y_e\{b_e\}+K'$と表され$K'$には出力要素は含まれない。

非決定性に対処するために少々分かりにくい定義となっている。KとK'は関数の出力には関係のないゴミのようなものである。

すると，マルチセット書き換え系によって計算可能な関数は，そのグラフが$\mathbb{N}^{d+e}$の部分集合として半線形集合になることが知られている。ここで，関数のグラフとは，第3章の状態遷移図や6.1.3節のペトリネットや6.2.3節のインタラクショングラフのようなグラフではなく，数学的なグラフのことである。すなわち，$\mathbb{N}^d$から$\mathbb{N}^e$への関数fのグラフは，$\{(x, y) \mid f(x)=y,\ x\in\mathbb{N}^d,\ y\in\mathbb{N}^e\}$と定義され，$\mathbb{N}^d\times\mathbb{N}^e=\mathbb{N}^{d+e}$の部分集合である。

半線形集合（semilinear set）とは，有限個の線形集合の合併として表せる集合のことで，線形集合（linear set）とは，$\{\boldsymbol{b}+k_1\boldsymbol{a}_1+\cdots+k_m\boldsymbol{a}_m \mid k_i \in \mathbb{N}\}$ と表せる集合のことである。ここで $\boldsymbol{b}, \boldsymbol{a}_i$ は $\mathbb{N}^{d+e}$ のベクトルである。

逆に，$f(\mathbf{0})=\mathbf{0}$ を満たしそのグラフが半線形集合であるような関数 f は，（何らかの）マルチセット書き換え系によって計算できることが知られている。ここで $\mathbf{0}$ はゼロベクトルを表す。

グラフが半線形集合となってしまうことは，相当に強い制限である。例えば掛け算は $\mathbb{N}^2$ から $\mathbb{N}^1$ への関数であるが，そのグラフは半線形集合ではないので，掛け算は（上の意味では）マルチセット書き換え系によって計算できない。一方，言うまでもなく，チューリング機械では掛け算を計算することができる。したがって，計算能力の観点で，マルチセット書き換え系は，チューリング機械よりも真に劣っている。

6.1.3　ペトリネット

ペトリネット（Petri net）は，1962年にペトリ（Carl Adam Petri）が発表した計算モデルであり，いわゆる離散事象システムをモデル化することを目的としている。ペトリネットの構造は有向二部グラフである。有向二部グラフとは，エッジ（辺）に向きが付いたグラフであり，ノード（節）は2種類に分類され，エッジは一方の種類のノードからもう一方の種類のノードにのみ向かう。ペトリネットの場合，一方の種類のノードはプレース（place）と呼ばれ円で示される。もう一方の種類のノードはトランジション（transition）と呼ばれ，太い棒で示される。プレースはトークン（token）が置かれる場所であり，トランジションはトークンの遷移を指定する。

図6－1はペトリネットの具体例で，6個のプレースと4個のトランジションから成り立っている。このペトリネットは，生産者によって生産された品物が，バッファを介して，消費者によって消費される模様をモデル化している。左上のプレースの中のトークンは生産者によって生産された品物を表している。図6－1では1つのトークン（黒丸で示さ

れている）が置かれているので，品物が１つ生産されたことを意味する。左下のプレースは，品物を作るための装置を表しており，図6－1では1つのトークンが置かれているので，品物を１つ生産できる装置が用意されていることを意味する。Deliverと示された横棒はトランジションの１つである。左上のプレースと真ん中上のプレースからこのトランジションにエッジが向かっている。真ん中上のプレースはバッファの空きを表しており，図6－1では2つのトークンが置かれているので，バッファには２つの品物を入れるスペースがある。また，Deliverのトランジションから左下のプレースと真ん中下のプレースにエッジが向かっている。

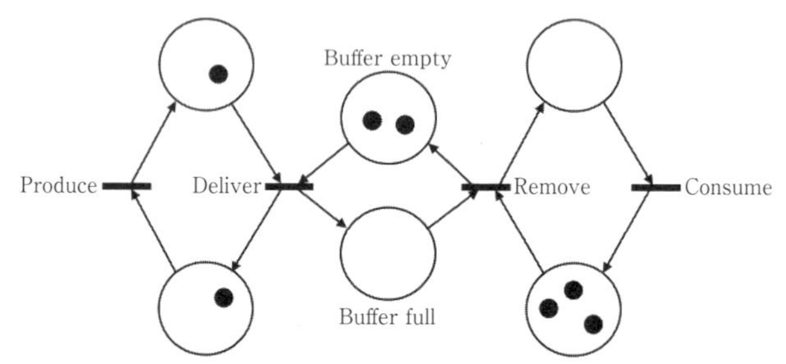

図６－１　生産者と消費者のペトリネット

ペトリネットではトランジションが発火（fire）することによってトークンが消滅したり生成したりする。図６－１のペトリネットのDeliverトランジションが発火すると，そこに向かうエッジごとに，その元のプレースのトークンが１つ消滅し，そこから出ているエッジごとに，その先のプレースにトークンが１つ生成する。具体的には図６－２のようになる。

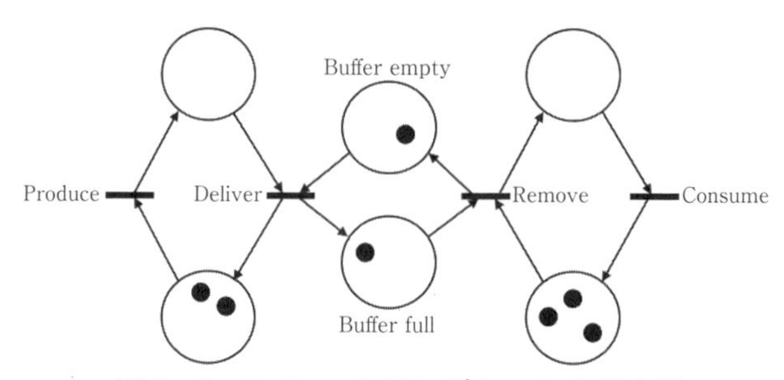

図６－２　Deliverトランジションの発火後

トークンの置かれている状況，すなわち，各プレースにトークンが何個置かれているかの情報は，マーキング（marking）と呼ばれる。本章のここまで，状態という言葉を用いていなかったが，マーキングはペトリネット全体の状態（状相ともいう）に他ならない。そして，トランジションは状態の遷移を引き起こす。

各プレースに置かれているトークンの数を，そのプレースの多重度と見なすと，マーキングはプレースを要素とする多重集合に対応する。そして，トランジションはプレースの多重度を変化させる規則，すなわち，マルチセット書き換え規則に対応する。例えば，本章の冒頭にあった水分子の分解と（その逆である）合成の例をペトリネットによって表すと図6-3のようになる。プレースには対応する要素，トランジションには対応するマルチセット書き換え規則を付している。

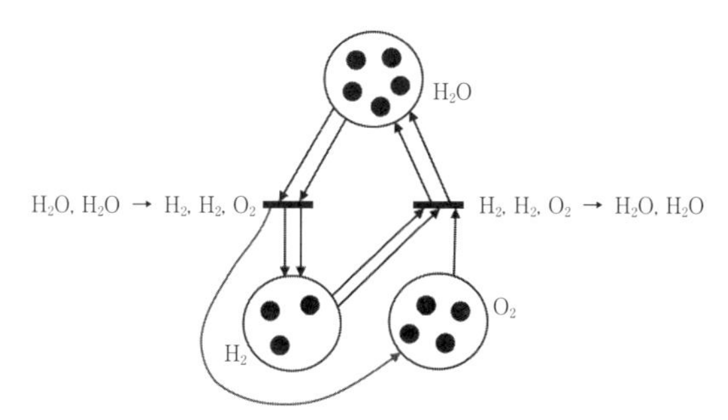

図6-3　水分子の分解と合成のペトリネット

トランジションが発火するためには，そこに向かうエッジごとに，その元のプレースにトークンが含まれていなくてはならない。図6-3のように，プレースからトランジションに多重のエッジがある場合は，エッジの数だけトークンがなくてはならない。これはマルチセット書き換え規則が適用される条件に他ならない。

マーキングがペトリネットの状態を表していたので，一般的にマルチセットを状態と見なせば，マルチセット書き換え規則は，状態としてのマルチセットを遷移させる規則と自然に捉えられる。

6.1.4 確率的マルチセット書き換え系

次に，反応速度も考慮した化学反応の計算モデルについて紹介する。これは，マルチセット書き換え系の規則のそれぞれに正の実数を反応速度として付与したものである。例えば，$H_2O, H_2O \to H_2, H_2, O_2$ という規則に c という反応速度が与えられているとしよう。6.1.1 節の冒頭のマルチセットには H_2O が5個あった。→の左辺は H_2O が2個であるので，この規則を適用するには5個の中から2個を選ぶ必要がある。この選び方は，組合せの数を用いて $\binom{5}{2}=10$ である。この数と反応速度 c の積 $\binom{5}{2}c$ は，この規則の傾向（propensity）と呼ばれ，単位時間にこの規則が用いられる強さを表している。マルチセットに複数の規則が適用可能な場合は，それぞれの傾向に比例した確率で規則が選ばれる。なお，逆向きの規則 $H_2, H_2, O_2 \to H_2O, H_2O$ があって d という反応速度が与えられていたとすると，冒頭のマルチセットには H_2 が3個，O_2 が4個なので傾向は $\binom{3}{2}\binom{4}{1}d$ となる。

以上のように，規則に反応速度が付与され，マルチセットが確率的に書き換えられる計算モデルは，確率的マルチセット書き換え系（stochastic multiset rewriting system）もしくは確率的化学反応ネットワーク（stochastic chemical reaction network）と呼ばれる。こちらを単に化学反応ネットワーク（chemical reaction network）と呼ぶこともある。反応速度が付与されたマルチセット書き換え規則は確率的マルチセット書き換え規則（stochastic multiset rewriting rule）と呼ばれる。形式的には，確率的マルチセット書き換え系は確率的マルチセット書き換え規則の有限集合である。

確率が入った計算モデルでは，確率概念を含む計算可能性をさまざまに定義することができる。ここでは，エラーの確率をいくらでも小さくできるならば計算可能である，という定義を想定する。この定義のもとでは，確率的マルチセット書き換えによってチューリング機械をシミュレートすることが可能である。以下では，ソロベイチク（David Soloveichik）たちによる，チューリング機械をシミュレートできるカウンタマシンを確率的マルチセット書き換えによってシミュレートする方法を紹介する。

カウンタマシン（counter machine）もしくはミンスキーのレジスタマシン（Minsky's register machine）は，チューリング機械のように有限個の状態を持つ計算機械である。特別な状態として start と halt が含まれる（命令が設定されていない状態を halt と考えてもよい）。カウンタマシンは，チューリング機械のテープの代わりに有限個のレジスタ（番号で参照される）を持っている。各レジスタは自然数を保持しカウンタとして用いられる。状態の遷移は命令によって行われる。命令は２種類ある。$inc(i, r, j)$ という形の命令があると，マシンが状態 i にあるとき，レジスタ r の内容を１増やし状態 j に遷移する。$dec(i, r, j, k)$ という命令があると，マシンが状態 i にあるとき，レジスタ r の内容が正ならばレジスタ r の内容を１減らして状態 j に遷移し，レジスタ r の内容がゼロならば状態 k に遷移する。レジスタが２つあれば，カウンタマシンはチューリング完全となる。すなわち，任意のチューリング機械に対して，それをシミュレートするカウンタマシンが存在する。

各状態 i に対して S_i という要素，各レジスタ r に対して M_r という要素を用意する。これらの他に A，A^*，C，C_1，C_2，C_3 という要素を用意する。マルチセットによってマシン全体の状態（状相ともいう）を表す。マシンの状相を表すマルチセットにおいて，マシンが状態 i にあるときは要素 S_i の多重度は１で，その他の要素 S_j の多重度は０とする（$j \neq i$）。すなわち，状態が i であるときのみマルチセットの中に要素 S_i が１つ存在する。レジスタ r の内容は要素 M_r の多重度で表す。すなわち，マルチセットの中の要素 M_r の個数がレジスタ r の値を表す。

命令はマルチセット書き換え規則で実現する。$inc(i, r, j)$ という命令は，

$$C, S_i \rightarrow S_j, M_r, C$$

という規則で実現される。両辺に C があるのは計算ステップの分析を簡単にするためで，この規則は $S_i \rightarrow S_j, M_r$ と本質的に変わらない。$dec(i, r, j, k)$ の方はもう少しややこしくて，

$$S_i, M_r \rightarrow S_j$$
$$C_1, S_i \rightarrow S_k, C_3$$

の2つの規則で実現される。前者は先の $S_i \rightarrow S_j, M_r$ の逆になっているので分かりやすい。後者は本質的に $S_i \rightarrow S_k$ と変わらない。これは要するに無条件で状態 i から状態 k に遷移することを意味している。レジスタ r の内容がゼロでないとき，これはエラーに他ならない。この確率を制御するために左辺に C_1，右辺に C_3 が置かれている。C_3 はやがて C_1 に変化する。このために以下の規則を用意する。

$$C_3, A^* \rightarrow C_2, A^*$$
$$C_2, A \rightarrow C_3, A$$
$$C_2, A^* \rightarrow C_1, A^*$$
$$C_1, A \rightarrow C_2, A$$

C_3 は C_2 を経て C_1 に変化するのだが，A の多重度が A^* よりも大きいと，C_1 は逆に C_2 を経て C_3 に戻ってしまう。A^* の多重度を1として，A の多重度をより大きくとることにより，C_3 が C_1 に変化しにくくして，エラーが起こる確率を小さくすることができる。

以上の規則により，以下の意味で任意のカウンタマシンを確率的マルチセット書き換え系によってシミュレートすることができる。

> 任意のカウンタマシンに対して，確率的マルチセット書き換え系が存在して，任意の（エラー確率）$\delta>0$ とカウンタマシンの計算ステップ数の上限 $t>0$ に対して，
>
> > 要素 A の適切な個数のもと，確率的マルチセット書き換え系はカウンタマシンの計算を，累積エラー確率 δ 以下，平均時間 $O\left(\frac{t^2}{\delta}\right)$ でシミュレートする[1]。

1) $O\left(\frac{t^2}{\delta}\right)$ は $\frac{t^2}{\delta}$ に比例する，もしくはそれ以下であることを意味する。

6.2　ポピュレーションプロトコル

ポピュレーションプロトコルはマルチセット書き換え系の特殊な場合であり，2つのエージェントが出合って情報交換をして（すなわち通信をして）状態を遷移させるモデルと捉えることができる。センサネットワーク，ソーシャルネットワーク，限定された化学反応などの分散計算のモデル化に用いられている。

6.2.1　ポピュレーションプロトコルと分散計算

ポピュレーションプロトコル（population protocol）は，書き換え規則の左辺と右辺どちらも要素数が2に限定されたマルチセット書き換え系である。すなわち，ポピュレーションプロトコルのマルチセット書き換え規則は

$$a, b \rightarrow c, d$$

という形に限定される（a, b, c, d の中には互いに等しい要素があるかもしれない）。冒頭で述べたように，a, b, c, d はエージェントの状態を表していると考えることができる。エージェント（agent）とは，独立して状態遷移や通信を行う計算単位のことである。左辺の a, b は，2つのエージェントがいて，それぞれ a と b という状態にあることを意味している。右辺の c, d は，それらのエージェントが通信をして，c と d という状態に遷移することを意味している。なお，マルチセットでは要素の順番は問わないので，a という状態のエージェントが c という状態に遷移したのか，d という状態に遷移したのかは分からない。同様に，b という状態のエージェントが d という状態に遷移したのか，c という状態に遷移したのかは分からない。

以下は，L の状態のエージェントの数が，F の状態のエージェントの数より大きいかどうかを判定するアルゴリズムを，ポピュレーションプロトコルとして表したものである。L は Leader を表しており，F は Follower を表している。ダンスの練習で参加者は Leader か Follower

のどちらかであり，参加者がエージェントとして情報を交換しながら両者の数を比較する，という状況を思い浮かべてほしい。

L, F → 0, 0

L, 0 → L, 1

F, 1 → F, 0

0, 1 → 0, 0

最初の規則で，LとFが出合うと両方0に変化するので，LとFがどんどん打ち消し合っていく。最後にLが1つ以上残った場合は，2番目の規則によって，LはLのままで0がどんどん1に変わっていく。最後にFが1つ以上残った場合は，3番目の規則によって，FはFのままで1がどんどん0に変わっていく。結局，Lの方が多ければLと1のみになるし,Fの方が多ければFと0のみになる。LとFの数が同じならば，最後に規則により0のみになる。

以上のアルゴリズムは，エージェントとエージェントが局所的に通信をすることによって実現される。コンピュータネットワークのもとでコンピュータ同士が通信をする状況をモデル化する場合，コンピュータやコンピュータの中で動くプログラムがエージェントとなる。このように，ネットワークや空間に分散したエージェントが，局所的な通信によって状態を変化させながら実現される計算が分散計算（distributed computation）であり，分散計算によって実行されるアルゴリズムが分散アルゴルズム（distributed algorithm）である。

6.2.2 公平性

分散計算では公平性（fairness）を仮定することが一般的である。公平性は，特定のエージェントばかりが実行されたり，特定のエージェントが特定のエージェントとのみ通信したりすることを禁止する条件である。ポピュレーションプロトコルにおける公平性を定式化すると以下のようになる。あるマルチセット書き換え規則を適用してマルチセットMがマルチセットNに$M \Rightarrow N$と書き換えることが可能であるときに，

$$\cdots \Rightarrow M \Rightarrow \cdots \Rightarrow M \Rightarrow \cdots \Rightarrow M \Rightarrow \cdots \Rightarrow M \Rightarrow \cdots$$

というように，書き換えの無限の系列の中でマルチセット M が無限に現れるならば，どこかで $M \Rightarrow N$ が適用されなければならない。すなわち，$M \Rightarrow N$ という書き換えが適用されずに M が無限に現れることはない。以上のような意味で公平性が成り立つとすると，N も無限に現れるはずである。なぜなら，N が有限回しか現れないとすると，N が現れなくなった先の無限の系列を考えると公平性に反するからである。

ポピュレーションプロトコルでは書き換えの前後でマルチセットの大きさが変わらない。したがって，同じ数のマルチセットがずっと続くことになる。エージェントの状態が有限である場合，すなわち，マルチセットに登場可能な要素の集合が有限である場合（規則が有限個ならば必ずそうである），特定の大きさのマルチセットの可能性は有限である。したがって，ポピュレーションプロトコルの書き換えの無限の系列があれば，その中に無限に現れるマルチセット M が存在するはずである。このとき $M \Rightarrow N$ という書き換えが可能ならば N も無限に現れるはずである。さらに，$N \Rightarrow L$ という書き換えが可能ならば L も無限に現れるはずである。したがって，M から到達できるようなマルチセットは必ず無限に現れる。このように，公平性はかなり強い仮定であるが，多くの分散アルゴリズムがこの仮定を前提としている。

6.2.3　インタラクショングラフ

ここまでに述べたポピュレーションプロトコルは，いわゆる基本モデルであり，これにさらにさまざまな制限を加えることによって多様なモデルを得ることができる。例えば，通信を一方向に限定するには，マルチセット書き換え規則において，片方のエージェントしか変化しないとすればよい。すなわち，マルチセット書き換え規則を

$$\mathrm{a, b} \rightarrow \mathrm{a, c}$$

という形に制限すればよい。

また，エージェントの通信の可能性を限定することが考えられる。こ

のためには，通信が可能なエージェント同士をエッジで結ぶことにより，エージェントをノードとする有向グラフを定義すればよい。このようなグラフはインタラクショングラフ（interaction graph）と呼ばれる。図6−4にインタラクショングラフの例を示す。

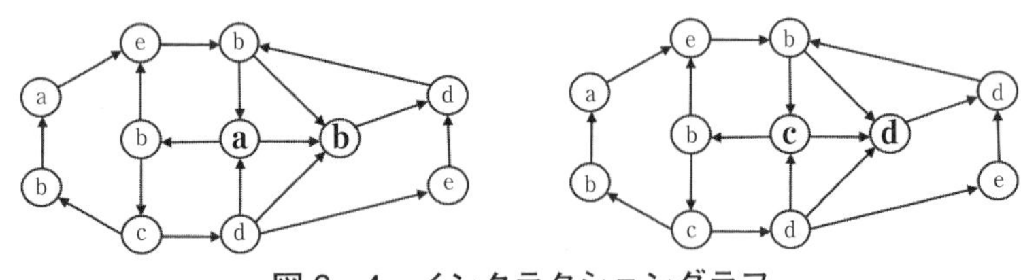

図6−4　インタラクショングラフ

グラフのノードにエージェントの状態がラベルとして付記されている。例えば，

a, b → c, d

という書き換え規則を左のグラフの太字で書かれたエージェントの状態に適用すると，右のグラフが得られる。この場合，書き換え規則の左辺と右辺の要素の順序には意味があるので，状態のマルチセットではなく，状態の順序対と見なさなくてはならない。

インタラクションに制限のないポピュレーションプロトコルは，インタラクショングラフにおいて，すべてのエージェントがエッジで互いに結ばれている場合に相当する。また，格子状のインタラクショングラフを考えると，ある種のセルオートマトンを実現することも可能である。エージェントはセルに相当し，書き換え規則によって，隣り合う2つのセルの状態が同時に変化する。このようなセルオートマトンは，すべてのセルが同期して状態を変えるわけではないので，非同期のセルオートマトンの一種となる。以上のように，インタラクショングラフを適切に設定することにより，様々な計算モデルをこの枠組みの中で表現することができる。

インタラクショングラフ自体が変化するような計算モデルも提案されている。特に，グラフが書き換え規則によって変化する計算モデルは，グラフ書き換え系（graph rewriting system）と呼ばれている。さらに，第 15 章で触れるように，グラフを一般化したハイパーグラフの書き換え系も提案されている。このような計算モデルにおいては，グラフは空間を定義していると考えられる。したがって，グラフが変化することは，空間が変化することに相当する。

研究課題

6.1　図6−1のペトリネットをマルチセット書き換え系として定式化せよ。

6.2　6.1.4節で，$inc(i, r, j)$ という命令が $C, S_i \rightarrow S_j, M_r, C$ というマルチセット書き換え規則によって実現されることを説明せよ。

参考文献

専門書：鈴木泰博：自然計算の基礎 ナチュラルコンピューティング・シリーズ 第7巻，近代科学社，2023.

7 反応拡散による計算

鈴木泰博

《**概要**》あくびは生理現象である。私たちの体内で，さまざまな生化学反応が生じ，その結果としてあくびをしている。誰かがあくびをすると，自分もあくびをしてしまい，再び誰かのあくびを誘う。つまり，誰かの生化学反応が自分の生化学反応を引き起こし，他の誰かの生化学反応を誘発させる。このように反応が伝搬していく現象は反応拡散現象と呼ばれており，実は私たちの身の周りに多くある。本章ではこの反応拡散を用いた計算を紹介する。

7.1 あくび

誰かがあくびをしているのを見ると，ついあくびをしそうになる。このような反応拡散現象（reaction-diffusion phenomenon）は心理学では行動伝染（behavioral contagion）と呼ばれている。誰かのあくびが拡散して，他の誰かのあくびを誘発する。このような，モノコトを活性化する因子は活性因子（activator）と呼ばれる。

その一方，会議などで誰かがあくびをして，思わずつられてあくびをしそうになっても，ここであくびをしてはならない……と，あくびしないようにこらえることもある。このように，行動や反応を抑制するモノコトは抑制因子（inhibitor）と呼ばれる。

あくびの行動伝染を活性因子と抑制因子によって記述してみよう。まず誰かがあくびをしていると，行動伝染して自分もあくびをしたくなる。つまり，誰かのあくびが活性因子となってあくびがしたくなる。あくびが行動伝染してあくびを誘発するので，これを「あくび $\to^{+}$ あくび」と表記する。ここで $\to^{+}$ は活性因子の反応（あくびの行動伝染を活性化する反応）であることを示している。

一方，誰かがあくびをしていると，つられないように我慢する反応も生じる。この反応では，まずあくびがあくびをこらえる抑制因子を活性化する。これを「あくび $\rightarrow^{+}$ あくびをこらえる」と表記する。あくびをこらえる抑制因子が活性化されると，あくびを抑制することになるので，これを「あくびをこらえる $\rightarrow^{-}$ あくび」と表記する。この反応の影響が大きければ大きいほど，あくびは抑制されて行動伝染は生じにくくなる。これらの反応を「あくびの行動伝染反応」として，まとめると図7−1となる。黒は活性因子とその反応（$\rightarrow^{+}$），灰色は抑制因子とその反応（$\rightarrow^{-}$）を表す。

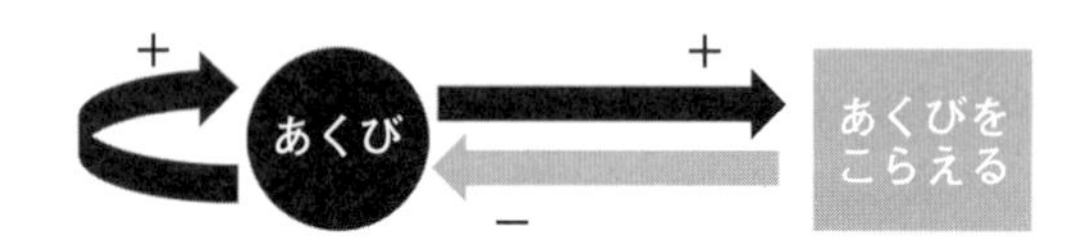

図7−1　あくびの行動伝染反応

7.2　反応拡散のモデル化

あくびの行動伝染のような反応拡散現象で，拡散（diffusion）はどのような意味を持つのだろうか？　自然現象の理解のため，反応拡散現象に注目した先駆者の一人が，実はチューリング（Alan Mathison Turing）なのである。彼は数学者だが化学愛好家でもあり，自宅には化学実験室を持つほどであった。彼が興味を持っていた生化学反応に，生物の形態形成がある。卵子が受精すると，たった1つの受精卵から細胞分裂を繰り返すことで，生物が形づくられていく。これを形態形成（morphogenesis）と呼ぶ。

受精卵の形は最初こそ左右対称の形状をしているが，1週間程度経過して内臓が形成されてくると，内臓の位置や形状は左右非対称になっていく。チューリングは，左右対称の受精卵から，やがて対称性が崩れてさまざまな形状が生じてくることに興味を持った。

彼はこの現象を反応拡散系（reaction-diffusion system）と見なして定式化した。反応だけを考えるのであれば，拡散は関係がない。拡散を議論するとは，この場所からあの場所への拡散のように，空間について議論することである。反応を拡散と組み合わせることで，場所による反応の違いを考察できるようになる。チューリングは対称的な形状をした受精卵から非対称の形状への変化を，反応拡散系を用いて，どの場所でも同じ，つまり対称的な状態から，場所によって状態が異なる非対称の状態への変化として定式化した。これは，あくびの行動伝染の定式化で用いたものと同じである（図7－2）。

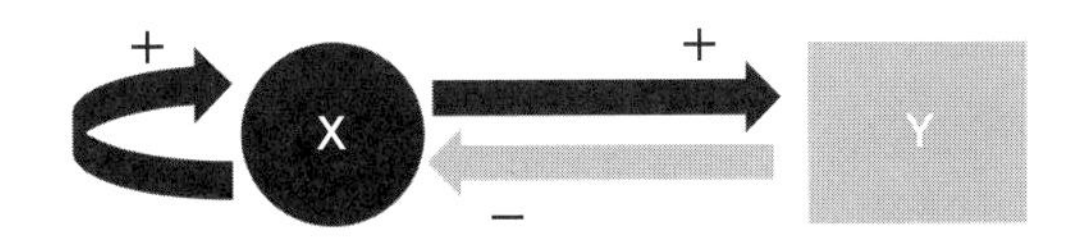

図7－2　化学振動を生じさせる反応系（活性・抑制系）

7.2.1　反応のモデル化

活性・抑制系を反応規則（reaction rule）によってモデル化してみよう。反応規則は，第6章のマルチセット書き換え規則のように，モノコトのマルチセットを→で結んだものである。なお，7.4節で反応規則とマルチセット書き換え規則の関連について述べる。

活性因子 X は自己触媒反応（autocatalytic reaction）によって増える，すなわち，X から X が増えるので，

$$r_1 : X, X \underset{k_1}{\rightarrow} X, X, X$$

とする（$X \rightarrow X, X$ というより簡単な反応を考えることもできるが，ここでは X が増えるにつれてその増え方も大きくなると考えて，2個が3個になるという反応を仮定する）。以下，k_1, k_2, k_3, k_4 は反応係数（reaction coefficient：反応の生じやすさを表す係数）を示す。r_1 が適用されると，X の状態量（X という化学物質の濃度）の変化（増加）は単位時間当たり k_1X^2 となる。微小時間 Δt での変化はこれに Δt を掛けて $k_1X^2\Delta t$ となる。

活性因子の X から抑制因子の Y が生じる反応は，

$$r_2 : X \underset{k_2}{\rightarrow} Y, X$$

とする。左右両辺に X があるのは，この反応で X が減少しないことを

示すためである。r_2 による Y の変化（増加）は k_2X である。Y による X の抑制は，

$$r_3 : X,\ Y \underset{k_3}{\rightarrow} Y$$

とする。この反応では X のみが減少し，Y は減少していないことに留意してほしい。r_3 による X の変化（減少）は $-k_3XY$ である。最後に Y の消滅は，

$$r_4 : Y \underset{k_4}{\rightarrow} \phi$$

とする。ϕ は空集合を表すので，この反応では Y が空集合に書き換えられる，つまり消滅することを表している。r_4 による Y の変化（減少）は $-k_4Y$ である。

以上をまとめると，書き換え系による活性・抑制系は以下のようになる（図 7－3)。本章でのシミュレーションや考察ではこれらの反応規則を並列に適用した場合を扱う。

$$r_1 : X, X \underset{k_1}{\rightarrow} X, X, X$$

$$r_2 : X \underset{k_2}{\rightarrow} Y, X$$

$$r_3 : X, Y \underset{k_3}{\rightarrow} Y$$

$$r_4 : Y \underset{k_4}{\rightarrow} \phi$$

図 7－3　活性・抑制系

7.2.2　拡散のモデル化

上記の系には拡散が含まれていない。したがって，拡散については別途考える必要がある。

拡散はなぜ生じるのだろうか？　きれいな水の上に一滴の墨汁を垂らしてずっと見ていると，水面に広がった墨汁がやがて水に溶け込んでいく。墨汁が溶け込んだ水面をいくら眺め続けても，溶け込んだ墨汁が再び水面に落とされた時の一滴の墨汁に戻ることはない。つまり拡散とはモノコトを均質化させていくプロセスなのである。

隣り合うセル I, J の状態量を X_I, X_J として，これらのセル間で拡散が生じる場合，セル J からセル I に向かって拡散する量は $d = (X_J - X_I) \times D$

と表現できる。D は拡散係数（diffusion coefficient）と呼ばれ，この係数が大きければ拡散の速度は速くなる。例としてセルの並び [2, 3, 1, 2] を考えてみよう（セルの並びは各セルの状態量を [ ] で囲んで示す）。ここで，状態が 1 のセルに注目してほしい。このセルの左隣の状態は 3，右隣の状態は 2 である。

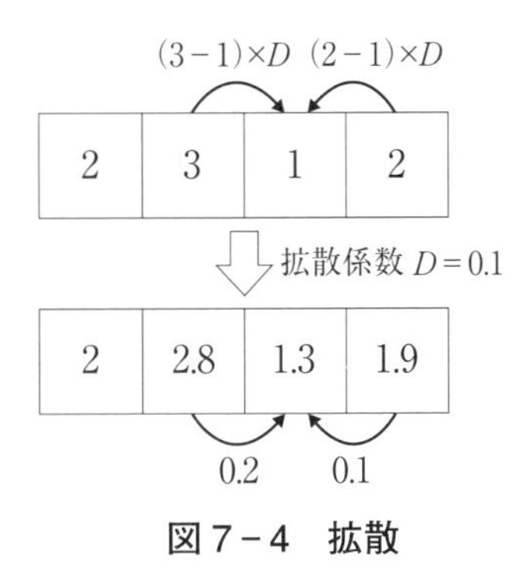

図 7－4　拡散

つまり左右の状態よりも量が少ない。よって，左右のセルからこのセルに流入が生じて状態が変化する。どの程度流入するかは $d=(X_J-X_I)\times D$ が定める。拡散係数 D を 0.1 とすると，左隣からの流入量は $d_{左}=(3-1)\times 0.1=0.2$，右隣からの流入量は $d_{右}=(2-1)\times 0.1=0.1$ となる。よってこの拡散によってセルの並び [2, 3, 1, 2] は [2, 2.8, 1.3, 1.9] となる（ここでは状態が 1 のセルの変化のみを示しているが，実際には他のセルも同様に並列に変化する）。このように拡散によって，おのおののセルの状態が平均化されていくことになる（図 7－4）。なお，微小時間 Δt での流入量を求めるには Δt を掛ければよい。

セルの幅（図では横幅）が変わる場合，状態量の変化はセルの幅の 2 乗に反比例する。例えば，セルを 2 分割すると D は 4 倍になる。（流入量は状態量の空間方向の傾きに比例し，その傾きはセルの幅に反比例する。さらに，流入量が同じでも状態量の変化はセルの幅に反比例するので，全体として状態量の変化はセルの幅の 2 乗に反比例する。）D をセルの幅に依存しない係数として，D をセルの幅の 2 乗で割ってもよい。空間を連続化すると，状態量の変化は状態量の空間方向への 2 階の偏微分に比例する（7.2.2 節参照）。

7.2.3　2変数の系における拡散

先述した活性・抑制系（図7－3）はXとYの2変数から成り立っている。そのため，Xのみのセルの1次元の並びとYのみのセルの1次元の並びを用いることにする（図7－5）。例えば，Xの状態を表すセルの並びを[2, 3, 1, 2]，Yの状態を表すセルの並び[0, 0, 1, 0]とすると，添字2のセル内のXとYの状態は（1, 1）となる（図7－5）（XとYの状態の組はそれらの状態量を（ ）で囲んで示す）。

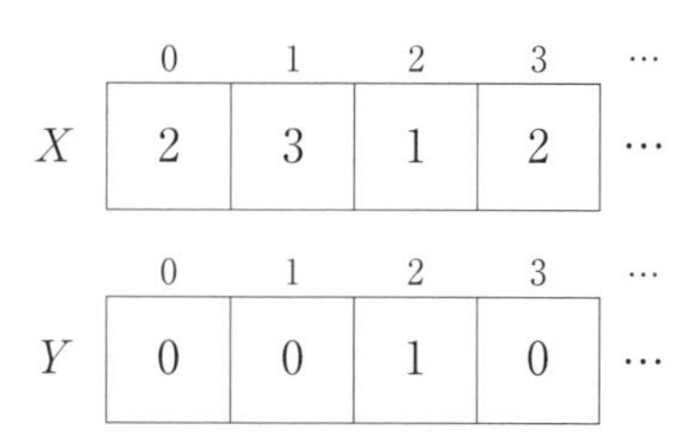

図7－5　反応拡散系の内部状態

Xの拡散係数を0.1，Yの拡散係数を0.3とする場合に，セル（1, 1）で拡散が生じると，セルの状態は図7－6のように変化する（ここでもセル（1, 1）の変化のみを示している）。

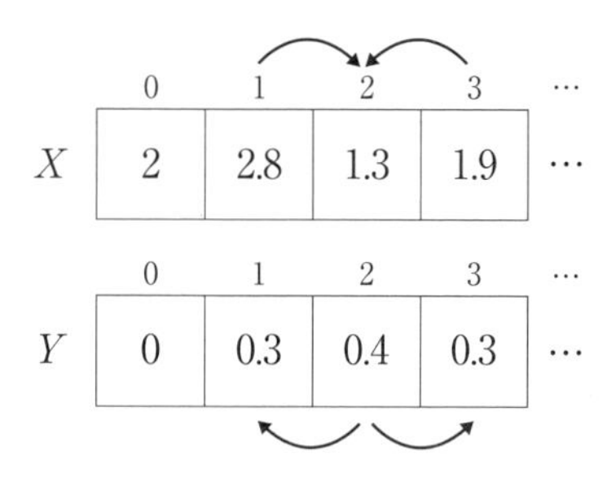

図7－6　XとYで拡散が生じた場合の内部状態の変化

7.2.4 活性・抑制系のシミュレーション

ここでは，10個のセルからなる2変数の系を考える。ただし，一番右のセルの右は，一番左のセルにつながっているとする。すなわち，10個のセルは円状につながっていると考える。そして，XとYの初期状態を，

$$X = [\ 0, 10, 0, 10, 0, 10, 0, 10, 0, 10\ ]$$
$$Y = [\ 0, 10, 0, 10, 0, 10, 0, 10, 0, 10\ ]$$

とする。それぞれのセルの中で7.2.1節の反応規則によって反応が進む。反応係数は$k_1 = k_2 = k_3 = k_4 = 0.01$とする。

シミューレーションでは，まず前節で説明したように拡散を行って状態量を更新する。次に反応規則を並列に適用して状態量を更新する。再び拡散による更新と反応規則による更新を行い，これを繰り返す。

XとYの拡散係数が$D_X = D_Y = 0.0$，つまり拡散がない場合は，初期状態から変化しない。このような状態は平衡状態（equilibrium state）と呼ばれる（平衡とは「釣り合っている」という意味）。次節で詳しく述べるが，この反応系では$X = Y$（Xの状態量とYの状態量が等しい）ならば，Xの状態量もYの状態量も変化しない。したがって，初期状態では各セルにおいて$X = Y$が成り立っているので，拡散がなければ初期状態のままである。

反応が平衡になっている状態（$X = Y$の状態）で拡散を生じさせるとどうなるであろうか？　まず，$D_X = D_Y = 0.1$としてXとYの拡散係数が同じと仮定すると，XとYは変化するが常に$X = Y$のままである。すなわち，反応は常に平衡にある。やがて拡散によりXとYは均質化されて全体が平衡状態に至る。これは拡散係数を$D_X = D_Y = 0.2, 0.3, \cdots$と変えても同じである。

次に$D_X = 0.3$, $D_Y = 0.1$としてXの拡散係数をYよりも大きくすると，XとYは均質化され，ほぼ$X = Y$となって反応は平衡に近づく（図7－7（左））。一方，$D_X = 0.01$, $D_Y = 0.3$としてYの拡散係数をXよりも大きくすると，Yの方は均質化されるが，Xの方には大小のパターン

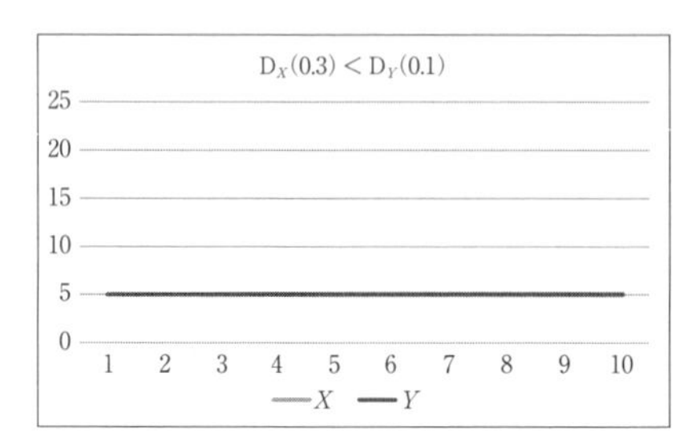

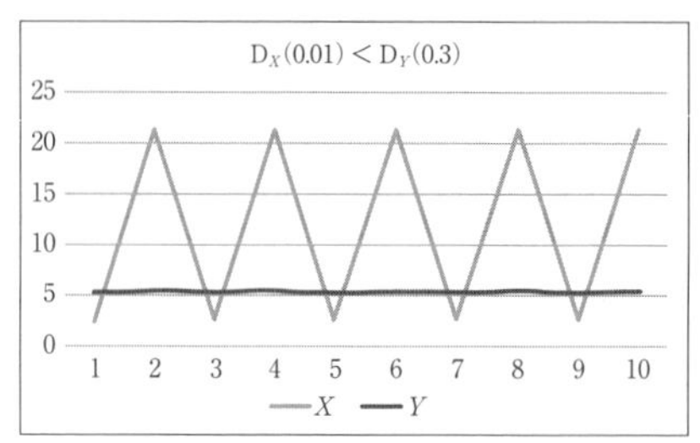

図7－7　$D_X > D_Y$の場合（左），$D_Y > D_X$の場合（右）の シミュレーション結果の例

が現れる図7－7(右)。この場合は$X=Y$とはならず,XとYは変化(増加）し続ける。

7.2.5　活性・抑制系の振る舞い～平衡状態

活性・抑制系のおのおのの反応規則でXとYがどのように変化するか調べてみよう。以下ではXとYの反応規則による状態量の変化をそれぞれΔX, ΔYとし，この2つの変化量を$\Delta\begin{pmatrix} X \\ Y \end{pmatrix} = \begin{pmatrix} \Delta X \\ \Delta Y \end{pmatrix}$というベクトルで表すことにする。

シミュレーションのiステップ目の状態量X_i, Y_iは，ベクトル表記を用いると，以下のように表すことができる。

$$\begin{pmatrix} X_i \\ Y_i \end{pmatrix} = \Delta\begin{pmatrix} X_{i-1} \\ Y_{i-1} \end{pmatrix} + \begin{pmatrix} X_{i-1} \\ Y_{i-1} \end{pmatrix}$$

$$\begin{pmatrix} X_i \\ Y_i \end{pmatrix} = \begin{pmatrix} k_1 X_{i-1}^2 - k_3 X_{i-1} Y_{i-1} \\ k_2 X_{i-1} - k_4 Y_{i-1} \end{pmatrix} + \begin{pmatrix} X_{i-1} \\ Y_{i-1} \end{pmatrix}$$

先述のとおり反応係数は$k_1 = k_2 = k_3 = k_4 = 0.01$とすると，この系で状態が平衡状態にあるとは$\Delta\begin{pmatrix} X \\ Y \end{pmatrix} = \begin{pmatrix} 0 \\ 0 \end{pmatrix}$であることなので,

$$\Delta\begin{pmatrix} X \\ Y \end{pmatrix} = 0.01\begin{pmatrix} X^2 - XY \\ X - Y \end{pmatrix} = 0.01\begin{pmatrix} (X-Y)X \\ X-Y \end{pmatrix} = \begin{pmatrix} 0 \\ 0 \end{pmatrix}$$

を満たすX, Yが平衡状態になる。よって平衡状態は直線$Y=X$上のすべての点となる。

平衡状態付近での振る舞いはどうなるだろう？　もし $Y < X$ ならば，

$\Delta\begin{pmatrix} X \\ Y \end{pmatrix} > 0$ となる。つまり，X と Y は増加する。一方で $Y > X$ では

$\Delta\begin{pmatrix} X \\ Y \end{pmatrix} < 0$ となるので，X と Y は減少することになる。そもそも，X とは活性因子，Y は抑制因子であった。その振る舞いがこの数理モデルで表現されていることが分かる（図7－8）。

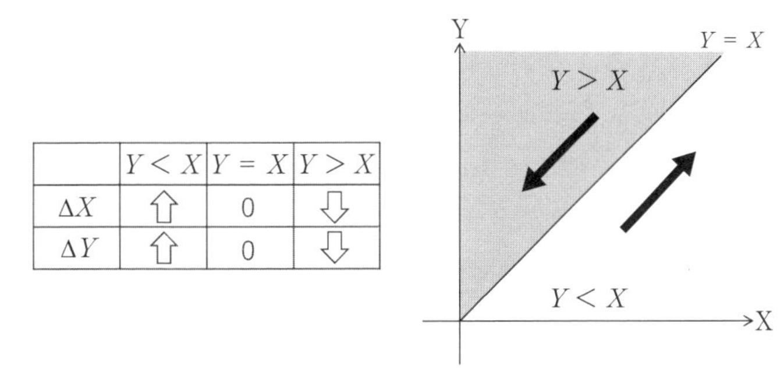

	$Y < X$	$Y = X$	$Y > X$
ΔX	⇧	0	⇩
ΔY	⇧	0	⇩

図7－8　活性・抑制系の振る舞い

7.2.6　活性・抑制系の振る舞い～拡散による外乱

前節までの準備を踏まえると，なぜ平衡状態にある系が拡散により振る舞いが変化するか，具体的に考察できるようになった。

X の拡散係数が Y より大きいと，初期状態が（10, 10）のセルでは $Y > X$ となり X の増加は抑制され，隣接する（0, 0）のセルでは拡散により $Y < X$ なので X が増加する傾向になる。（10, 10）のセルにも増加した X が流入するので，やがてどのセルでも $Y < X$ となり，セルからの状態量の流出がなければ，X は均質な状態を保ちながら増加していく。ただし，Y も均質化して $Y=X$ となると平衡になる。

X の拡散が Y よりも遅い場合，初期状態が（10, 10）のセルでは Y の拡散量が X より多くなるため $Y < X$ となり X が増加する。Y の拡散が速いので隣接したセルでは $Y > X$ となり，X は減少していく。その結果，初期状態が（10, 10）のセルでは X が増加し，隣接するセルの X は抑制されて減少する。その結果，X の状態量が大小のパターンが

形成される。

図7－9　チューリングパターンになっているシマウマの体表面の模様（著者撮影）

このように，比較的単純な反応拡散系でも，拡散の速度を変えることによりパターンが生じる。先述したように，この仕組みを発見し数理的に示したのがチューリングであった。この仕組みにより生じるパターンはチューリングパターン（Turing pattern）と呼ばれる。なお，時間的に安定したパターンをチューリングパターンと呼ぶのが一般的である。上述の単純な反応拡散系では，パターンができても，X と Y は安定せずに増加し続けてしまう。

チューリングパターンの提案からしばらくは，この仕組みは抽象的なものであると考えられていた。だが，近藤滋（Shigeru Kondo）が動物の体表面の模様がチューリングパターンになっていることを示した。

シマウマやキリンのしま模様は体表面に固定されている。だが，体表面の模様の間隔は成長とともに広がっていかない。近藤は「成長とともにしま模様の本数が増えるのではないか？」と考えた。そして，その条件を満たす熱帯魚（タテジマキンチャクダイ）の観察から，しま模様がチューリングパターンになっていることを示した（図7－9）。

7.3　反応拡散系による最短経路探索

本節では，反応拡散系，特にBZ反応および粘菌によって，最短経路を探索させる試みについて紹介する。

7.3.1　BZ反応

前節まで，単純な活性・抑制系を用いて反応拡散について考察した。同様の仕組みは自然の中にたくさんある。その中でもよく知られている化学反応に，ベロウソフ・ジャボチンスキー反応（Belousov-Zhabotinsky reaction），BZ反応（BZ reaction）がある。

私たちは酸素呼吸により体内に酸素を取り込んでエネルギーを得る。このための生化学反応系はクエン酸回路と呼ばれる。この反応系を研究していたベロウソフ（Boris Belousov）は，クエン酸（硫酸酸性クエン酸）を他の化学物質と反応させることで，周期的に溶液の色が変化することを発見する。彼がこの反応を発見した1951年当時，化学反応は平衡状態に向かってのみ進むと考えられていた。したがって平衡状態に達すれば，それ以上は変化しない。よって，周期的に溶液の色が変わることは，当時の常識としては考えられないことであった。彼の発見は，科学的に認められなかったが，その後にジャボチンスキー（Anatol Zhabotinsky）がこの反応を再発見して詳細に研究を行い発表したことで，広く受け入れられるようになった。

$$A \xrightarrow[k_1]{} X$$
$$X, X, Y \xrightarrow[k_2]{} X, X, X$$
$$B, X \xrightarrow[k_3]{} Y, D$$
$$X \xrightarrow[k_4]{} E$$

図7－10　ブラッセレータ

BZ反応は多くの科学者の注目を集め，複数の数理モデルが提案されている。ブラッセレータ（Brusselator）は1997年にノーベル化学賞を受賞したプリゴジン（Ilya Prigogine）により提案されたBZ反応の数理モデルである（図7－10）。

ブラッセレータのうちA, Bは入力（反応容器に加えられる化学物質）であり，D, Eは反応の最終生成物である。ブラッセレータのポイントは$X, X, Y \rightarrow X, X, X$という反応規則である。この反応は，2分子の$X$から3分子の$X$が生じるという，前節でも扱った自己触媒反応となっている。つまりXが活性因子になっている。この反応が生じるためにはYが必要だが，Yは$B, X \rightarrow Y, D$の反応で生成される。つまり，入力Aから生成されるXと，入力Bから生成される中間生成物である。

Yの濃度が低いと自己触媒反応は生じずに，生成されたXは$X \rightarrow E$によって最終生成物となり減少していく。Yの濃度が高いと自己触媒反応によりXが指数的に増加するが，それに伴ないYの濃度は減少するので，いつまでもXが増加し続けることはない。反応系そのものは前節で考察した反応系とは異なるが，基盤となっている仕組みは活性・抑

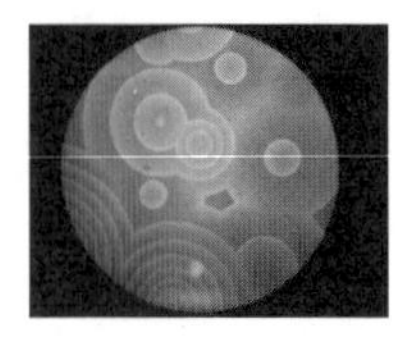
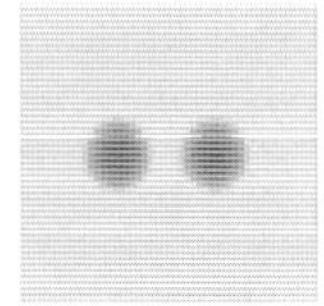
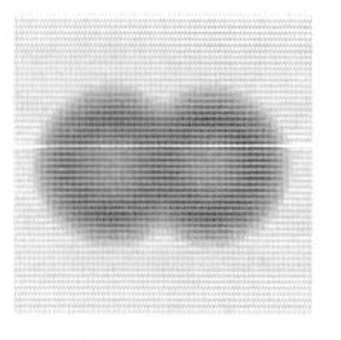

図 7－11　BZ 反応の空間パターン（左）（写真提供：ユニフォトプレス），**書き換え系による BZ 反応の空間パターンのシミュレーション（右）**（著者による）

制系であり，図 7－2 と同様である。ただし，Y が増加すると X も増加し，その結果 Y が減少して X も減少するので，Y は抑制因子として働く。

BZ 反応をシャーレなどで反応させると，美しい反応パターンが現れる（図 7－11（左））。音の波の場合は，2 つの波がぶつかると波の足し合わせが生じる。だが，BZ 反応の反応波の場合は 2 つの波がぶつかると波が消えてしまう。図 7－11（右）は BZ 反応系により 2 次元セルオートマトンを作り，周囲のセルと拡散できるようにした場合のシミュレーションの結果である。2 つの反応波が衝突すると，波が消えていくのを確認できる。

7.3.2　BZ 反応による最短経路探索

BZ 反応の反応波は衝突すると消えるだけではなく，反応槽に廊下のようなものを作ると，その廊下に沿って反応波が進んでいき，曲がり角があると，それに沿って反応波が角を曲がることもできる。ただ，うまく廊下を設計しないと，乱流が生じて反応波が乱されてしまう。

スタインボック（Oliver Steinbock）らは，反応波が乱れないように反応槽で迷路を作り，BZ 反応波で最短経路探索（shortest path search）を行う実験系を構築した。

そして，迷路のスタート地点から空間パターンを生成させ，反応波の進む様子をビデオカメラで撮影し，その記録を分析することで最短経路探索を行った。

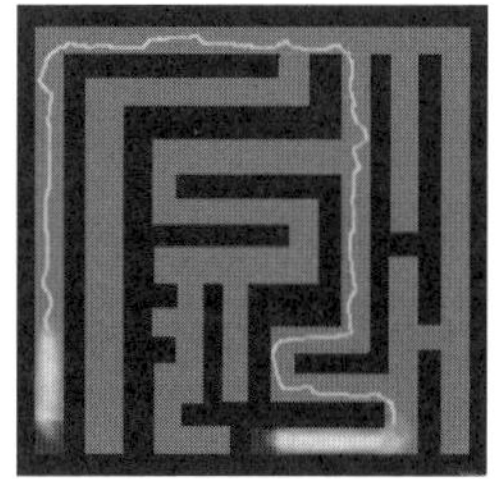

図7－12　粘菌による最短経路探索
（Toshiyuki Nakagaki, Hiroyasu Yamada, Ágota Tóth, Maze-solving by an amoeboid organism, Nature 407:470, 2000, Springer Nature.）

7.3.3　粘菌による最短経路探索

中垣俊之（Toshiyuki Nakagaki）は，スタインボックと同じ形状の迷路を使い，BZ反応ではなく粘菌（slime mold）を用いて最短経路探索を行った（図7－12）。

粘菌は細胞性粘菌と真性粘菌に分けられるが，中垣が用いたのは真性粘菌である。真性粘菌は単細胞生物であるが，香り，煙，光などの外部環境を把握して行動したり，針で刺すなどの物理刺激に応答したりする。

迷路のスタート地点とゴール地点の2点に餌となるオートミールを配し，迷路内の30点に真性粘菌を置いた。真性粘菌が探索行動する場合はまず可能な限り広がる。そして餌を見つけると，今度はその餌を効率よく全身に届くような形状へと変化していく。この場合は餌が2か所に置いてあるので，その2点間を最短経路で結ぶのが最も効率がよい。中垣は実験により，粘菌が実際に最短経路で2つの餌の間を結ぶことを確認した。

この実験は2点間の最短経路探索であったが，中垣は粘菌が多点間の最短経路探索も行えることを示した。粘菌は光を嫌がる性質があるため，関東地方の地形を標高に合わせて光の明るさを変えるなどして作成し，ターミナル駅に相当する複数の場所に餌を配置し粘菌に多点間での最短経路探索を行わせた。その結果，実際のJRの鉄道路線図と同様の最短経路を探索できることを示している。

スタインボックの研究以降は，BZ反応を用いた経路探索や論理回路などが提案されている。また，中垣の研究以降，経路探索のみならず粘菌コンピュータや，また粘菌の探索方法のアルゴリズム化など，粘菌を用いたさまざまな試みが行われている。

7.4 反応拡散系とマルチセット書き換え系

本章の最後に，第6章のマルチセット書き換え系と反応拡散系との関連について述べる。

7.4.1 反応速度と反応係数

6.1.4節で確率的マルチセット書き換え系について紹介した。例えば，$X, X \rightarrow X, X, X$ という反応規則 r_1 を確率的マルチセット書き換え規則と考えて，その反応速度を c_1 とする。X の個数を X 自身で表してしまうと，この規則の傾向は $\binom{X}{2}c_1$ となる。個数 X が十分に大きければ $\binom{X}{2}$ は $\frac{X^2}{2}$ にほぼ等しいので，傾向は X^2 に比例する。したがって，第6章の反応速度 c_1 の代わりに本章の反応係数 k_1 を用いて，傾向を k_1X^2 と表してもよい。他の反応規則も同様に，傾向は k_2X, k_3XY, k_4Y となる。

傾向は，第6章で述べたように，単位時間にそれぞれの規則が用いられる強さを表している。複数の規則が適用可能な場合は，それぞれの傾向に比例した確率で規則が選ばれる。したがって，r_1 から r_4 が適用される確率は，それぞれ $P_{r_1} = \frac{k_1X^2}{R}$，$P_{r_2} = \frac{k_2X}{R}$，$P_{r_3} = \frac{k_3XY}{R}$，$P_{r_4} = \frac{k_4Y}{R}$ と定義することができる。ただし，$R = k_1X^2 + k_2X + k_3XY + k_4Y$ とする。

7.4.2 反応拡散の期待値

例えば，P_{r_2} が0.1であるとしよう。10回に1回ぐらい r_2 が適用されるということである。これはごく一般的な（離散）確率の考え方だが，本章のようにすべての反応規則を並列に適用するとなると，少し厄介なことになる。

r_1 から r_4 の反応規則を確率的に選択するために，1回に選ばれる反応規則は1つになる。選択を確率的に行うので，r_1 から r_4 が1回ずつ選ばれるとは限らない。状態によって選ばれ方に偏りが生じるだろうが，すべての反応規則が選ばれるまで，何度も選択を繰り返すことになる。これは少々面倒なので，毎回 r_1 から r_4 まで並列に適用することにしてしまえばよい。そうすれば，どの反応規則を適用するかを気にしなくて済む。それでは確率を導入した意味がなくなるように思えるのだが，分割払いの考え方を用いれば確率的に解釈できる。

例えば $P_{r_2}=0.1$ であるとは，平均すると10回の試行で r_2 が1回適用され，Y の状態量（個数）が1変化することを意味する。この変化量を，r_2 を毎回適用することにして，10回の分割払いに置き換えてしまう。つまり，r_2 の適用による変化量を $\frac{1}{10}=0.1$ とするわけだ。毎回0.1ずつ Y の状態量が増えていき，10回目の試行で状態の変化量は1となる。この分割方法は確率の値と変化量に依存する。もし確率が0.01で変化量が2ならば，毎回の変化量を $\frac{2}{100}=0.02$ に分割すればよい。これを言い換えると，分割方法は確率値と変化量の掛け算で求められる。この値は確率論では期待値と呼ばれている。

反応だけでなく，拡散の方も確率的に解釈することができる。1つのセルに X がたくさん入っているとする。それぞれの X は単位時間に確率 p で隣のセルに移るとする。そうすると，セル I, J の中の X の個数を X_I, X_J とすれば，セル J からセル I に移動する個数の期待値は $X_J \times p$ で，逆に移動する個数の期待値は $X_I \times p$ なので，差し引きセル J からセル I に移動する個数の期待値は $d=(X_J-X_I)\times p$ となるので，拡散係数は $D=p$ とすればよい。

期待値に基づいて，時間と空間を連続化すると，反応拡散の偏微分方程式が得られる。

$$\frac{\partial X}{\partial t} = k_1X^2 - k_3XY + D_X\frac{\partial^2 X}{\partial z^2}$$

$$\frac{\partial Y}{\partial t} = k_2X^2 - k_4Y + D_Y\frac{\partial^2 Y}{\partial z^2}$$

t は時間，z は空間の変数である。なお，空間の3方向を考える場合，2階の偏微分はラプラシアンになる。この偏微分方程式は，分子の量を連続的な濃度によって捉えた方程式でもある。

研究課題

7.1　拍手はあくびのような行動伝染の反応拡散と見なすことができる。図7－1を参考に，拍手の行動伝染の反応拡散を図式化せよ。また，日常生活や自然現象の中にも同様の現象がある。それらについても同様に図式化してみよ。

7.2　Xの状態が [0, 0, 1, 0]，Yの状態が [0, 0, 1, 0]，Xの拡散係数が0.1，Yの拡散係数が0.3とする。7.2.3節の図7－5のような添字が付いていたとして，添字2のセル（1, 1）で1回拡散が生じると状態がどのように変化するか示せ。

参考文献

入門書：中垣俊之：粘菌 偉大なる単細胞が人類を救う（文春新書），文藝春秋，2014.

専門書：鈴木泰博：自然計算の基礎　ナチュラルコンピューティング・シリーズ第7巻，近代科学社，2023.

8 生物に触発された計算

鈴木泰博・萩谷昌己

《**概要**》遺伝的アルゴリズムや群知能などの「生物に触発された」計算手法とそれらの最適化問題への適用方法について紹介する。さらに，計算によって生物そのものを再構成しようとする人工生命の研究について解説する。

8.1 メタヒューリスティクス

生物は外界に適応して生存に優位になるように行動を最適化させる。また，種としても環境に適応するように遺伝子を最適化して進化を続けている。このように，生物の行動や進化は最適化（optimization）の側面を有しており，それらのメカニズムを最適化の計算手続きとして利用したり，それらに触発された新たな最適化手続きを設計したりする試みが活発に行われてきた。そのような計算手続きは，個別のヒューリスティクスというよりも，最適化のための一般化されたヒューリスティクス，もしくは最適化のヒューリスティクスを設計する手法（ヒューリスティクスの作り方）であり，その意味でメタヒューリスティクス（metaheuristics）と呼ばれる。なお，ヒューリスティクス（heuristics）とは，問題の最適な解を常に確実に求めるアルゴリズムではなく，必ずしも解が得られなかったり，場合によっては何も得られなかったりと，解の出力が保証されていない計算手続きのことである。特に問題に対する最適な解ではなく，最適に近い近似的な解を求める場合が多い。

この節では，生物に触発された種々のメタヒューリスティクスについて紹介するが，その前に，どんな問題に対しても効果的な万能のメタヒューリスティクスが存在しないことを述べる。この主張はノーフリーランチ定理（no free lunch theorem）と呼ばれている。

ノーフリーランチ定理では，探索空間（search space）を X，評価値の空間を Y とする。どちらも巨大な空間だが有限であると仮定する。最適化したい評価関数（evaluation function）は X から Y への関数となる。評価関数の全体は X から Y への関数の全体からなる空間となる。この空間も巨大だが有限である。個々の問題は評価関数によって定まるので，X から Y への関数の空間は，考えうる問題の全体と見なすことができる。

また，問題を解くための計算手続きは，ある時点までに探索した X の要素の有限集合に対して，次に探索すべき X の要素を求める手続きと定式化することができる。次の要素は一意的に定まらなくてもよく，確率的に求まるとする。すると，計算手続き a を m 回繰り返して実行すると X の m 個の要素が確率的に求まる。そのそれぞれに X から Y への関数を適用すると，m 個の評価値の集合が得られる。

評価関数 f と個数 m と m 個の評価値の集合 e と計算手続き a が与えられたとき，a によって f と m から m 個の評価値の集合 e が得られる確率を $P(f, m, e, a)$ とおく。

ノーフリーランチ定理は，$P(f, m, e, a)$ をすべての f に対して足し合わせた総和 $\sum_f P(f, m, e, a)$ が計算手続き a によらずに一定であることを主張する。すなわち，2つの計算手続き a_1 と a_2 があったとき，

$$\sum_f P(f, m, e, a_1) = \sum_f P(f, m, e, a_2)$$

が成り立つ。つまり，求めたい評価値 e（例えば非常に小さい評価値）が得られる確率は，評価関数で足し合わせると計算手続きによらずに一定である。したがって，ある計算手続きがある種の問題に対して優れているならば，その他の問題に対しては劣っていることが分かる。特に，計算手続きがランダムサーチよりもある種の問題に対して優れているならば，その他の問題に対してはランダムサーチよりも劣っているはずである。

したがって，メタヒューリスティクスによって得られた計算手続きがどんな問題に対しても優れているということはあり得ない。

以下では，メタヒューリスティクスの例として，疑似焼きなまし，遺伝的アルゴリズム，粒子スォーム最適化について紹介する。この他にも，例えばアリコロニー最適化など，生物に触発されたさまざまなメタヒューリスティクスが開発され各種の最適化問題に活用されている（8.2.3節参照）。

8.1.1　疑似焼きなまし

焼きなましは，金属を熱した後でゆっくりと冷やすことで，規則的な結晶から成るより低いエネルギーの状態を達成する手法で，生物の現象ではないが自然現象（物理現象）を利用している。疑似焼きなまし（simulated annealing）は，この手法に触発されたメタヒューリスティクスで，疑似的な温度を次第に低くすることで，エネルギーのより低い解を求める。つまり，評価関数の最小値や最大値を求める。

疑似焼きなましの前に単純な山登り法（hill climbing）について説明しよう。山登り法に限らず，メタヒューリスティクスのより詳細な定式化については参考文献を参照してほしい。fを評価関数とする。探索空間Xの要素xで評価関数fの値$f(x)$が最大になるようなxを探すため，まずzに初期解（探索空間の要素）を生成してそれを暫定解とする。zの近傍にある要素yのうちで$f(y)$が最大になるものをyとする。$f(z)>f(y)$ならば暫定解zを出力して終了する。そうでなければyを新たな暫定解zとして探索を繰り返す。

山登り法では探索空間を評価値が大きくなる方向へのみ移動する（だからこそ山登りと呼ばれる）ので，最適解（評価関数が最大となる解）ではなく，局所最適解（近傍よりも評価関数が大きい解）に陥る危険性が高い。疑似焼きなましでは，確率的に評価値が小さい方向へも移動することによって，局所最適解に陥ることを避けようとする。ただし，次第に小さい方向への移動の頻度を少なくすることにより，やがて最適解に落ち着くことが期待される。

以下，正の実数Tは温度，正の整数Rは反復回数と呼ばれるパラメータである。まずzに初期解（探索空間の要素）を生成する。zの近

傍にある要素 y をランダムに選び $\Delta=f(z)-f(y)$ として，$\Delta\leq 0$ または $e^{-\Delta/T}\geq r$ ならば z を y で置き換える。ただし，r は 0 以上 1 未満の一様乱数である。これを R 回繰り返すごとに T と R を更新する。探索はあらかじめ設定した条件（例えば繰り返しの総回数の上限）が成り立ったところで終了する。探索の過程で $f(z)$ が最大となった z を出力する。

z が y で置き換わる割合を受理率という。受理率が 0.5 付近になるように T と R を調節する。問題によっては 0.3 ～ 0.5 とすることもある。探索開始時は 0.5 ～ 0.8 とするのがよい。T は次第に小さくする。具体的に小さくする段取りを冷却スケジュールという。例えば，$0<\alpha<1$ を満たす α を用いて T に α を掛けていけばよい。$\alpha=0.99$ とするのが典型的である。

巡回セールスマン問題（traveling salesman problem）とは，都市をノード，航空路線をエッジとするグラフが与えられたとき，すべての都市をちょうど一度ずつ訪れてもとの都市に戻る巡回路で，航空路線の総距離が最短であるものを求める問題である。距離が定義されていない場合も含めて，グラフのすべてのノードを一度ずつ訪れる巡回路はハミルトン閉路（Hamiltonian cycle）という。ハミルトン閉路を求める問題はハミルトン閉路問題（Hamiltonian cycle problem）という。また，巡回路ではなく指定された始点と終点の間の経路でグラフのノードをすべて一度ずつ訪れる経路はハミルトン経路（Hamiltonian path），ハミルトン経路を求める問題はハミルトン経路問題（Hamiltonian path problem）という。いずれの問題も計算が極めて困難な問題である。

巡回セールスマン問題では，探索空間の要素は巡回路で，評価関数は巡回路の総距離となる。そして，評価関数が最小となる要素を求め

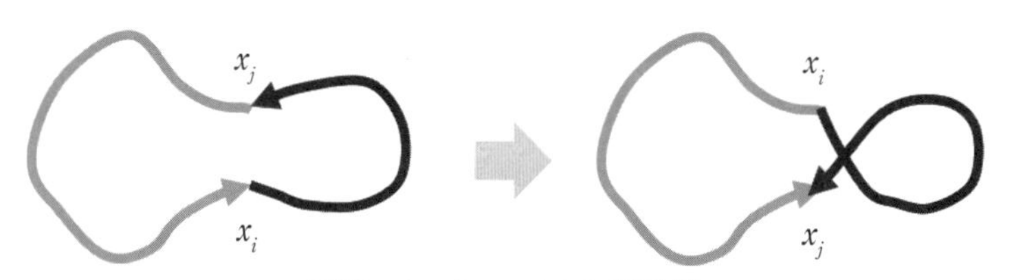

図 8－1　2-opt による近傍

る。巡回路の近傍の定義はさまざまである。例えば，巡回路の2つの都市を入れ換えて得られる巡回路を近傍の要素とすることができる。より効果的な近傍の定義としてツーオプト（2-opt）と呼ばれるものがある。2-opt では，巡回路 $x_1, \cdots, x_n$（各 x_i は都市）に対して，x_i, x_j（$i<j$）を選び，$x_i, x_{i+1}, \cdots, x_j$ の部分を $x_j, \cdots, x_{i+1}, x_i$ で置き換えた結果（図8－1）を近傍の要素とする。

8.1.2　遺伝的アルゴリズム

遺伝的アルゴリズム（genetic algorithm）は，生物の進化（evolution）を模倣したメタヒューリスティクスである。探索空間の要素を個体の染色体に模して，個体群の進化をまねた手続きによって探索を行う。

まず，初期個体群の生成（初期化）を行う。探索空間から有限個の要素を取り出して初期個体群とする。そして，個体の再生と淘汰，および，交差や突然変異などの遺伝オペレータ（genetic operator）の適用を，あらかじめ設定した終了条件を満たすまで，繰り返し行う。

個体の再生と淘汰には種々の方法があるが，ルーレット選択と呼ばれる方法では，個体 j の評価値を f_j としたとき，個体 j を確率 $f_j / \sum_i f_i$ で選択する。なお，ここでは評価関数が最大となる要素を求める想定で $f_i>0$ と仮定している。エリート保存戦略と呼ばれる方法では，集団の中で最も評価関数の大きい個体を次世代に残す。エリート個体の遺伝子が集団内に急速に広がる可能性が高いために，局所最適解に陥る危険性も存在する

巡回セールスマン問題では巡回路が染色体となるが，順序表現と呼ばれる方法では，染色体の交差の定義を容易にするために，巡回路を数列で表す。例えば，グラフが5つの頂点 a, b, c, d, e からなる場合（図8－2），caebd という巡回路（d の次は c に戻る）は，20200 という数列で表される。caebd の最初の c は abcde の（0番目から数えて）2番目，次の a は残りの abde の0番目，e は残りの bde の2番目，b は残りの bd の0番目，d は残りの d の0番目だからである。同様に，cbead という巡回路は 21200 という数列で表される。

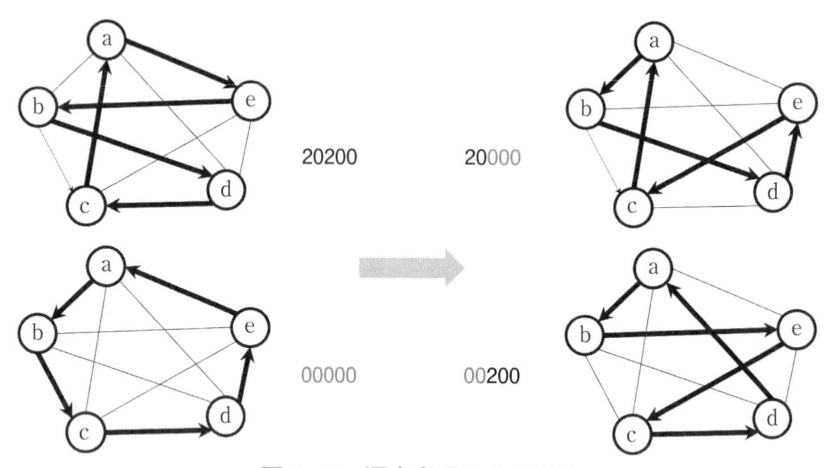

図 8－2　順序表現による交差

20200 と 00000 を（1 番目から数えて）2 番目と 3 番目の数の間で交差させると 20000 と 00200 が得られるが，これは caebd と abcde から cabde と abecd が得られることに対応する（図 8－2）。

突然変異も容易である。20200 の 2 番目の数を変位させて 21200 が得られたならば，これは caebd から cbead が得られることに対応する。

山登り法や疑似焼きなましは，注目している 1 つの要素を次々と更新して探索を行う。このような探索手法は単点探索（single-point search）と呼ばれる。これに対して，遺伝的アルゴリズムでは，要素の集合（個体群）を次々と更新して探索を行う。このような探索手法は多点探索（multi-point search）と呼ばれる。

複数の評価関数を同時に最適化する問題を多目的最適化（multi-objective optimization）という。多目的最適化では，一般に評価関数の間にトレードオフが存在する。すると，どの評価関数に対しても，その値を上げると他のいずれかの評価関数の値が下がってしまう，という（探索空間の）要素が出現する。このような要素をパレート最適（Pareto optimal）と呼ぶ。多目的最適化には遺伝的アルゴリズムのような多点探索が効果的であり，得られたパレート最適な要素の中から適切なものを選択すればよい。

遺伝的アルゴリズムでは，よい評価値を持つ要素の１つもしくは２つから新たな要素を生成する。これに対して，次節の粒子スウォーム最適化では，よい評価値を持つ要素すべてを用いてそれらを乱数とともに組み合わせて新しい要素を生成する。したがって，遺伝的アルゴリズムよりも効率的に最適解に到達する可能性があるが，探索空間が多次元ベクトル空間に限るという制約がある。

8.1.3　粒子スウォーム最適化

粒子スウォーム最適化（particle swarm optimization）は，探索空間が多次元ベクトル空間である場合に適用できるメタヒューリスティクスである。すなわち，多次元ベクトル空間の１点を表す位置ベクトルによって，探索空間の要素が表される。粒子スウォーム最適化では，空間上の粒子のスウォーム（群れ）を移動させることによって最適解を探索する。各粒子は位置ベクトルとともに速度ベクトルを持つ。各粒子の速度ベクトルは，その粒子のこれまでに発見した最良解（これまでに経過した位置ベクトル）と，全粒子がこれまでに発見した最良解を加味して更新される。実数値の最適化に限るが，調整すべきパラメータが比較的少ないので，使いやすいメタヒューリスティクスである。

T を最大反復回数，$x^k(t)$ と $v^k(t)$ をそれぞれ，t 回目の反復における粒子 k の位置ベクトルと速度ベクトルとする。$t+1$ 回目の反復における位置ベクトルは $x^k(t+1)=x^k(t)+v^k(t)$ によって求まる。

評価関数が最大となる要素を求める場合，$t+1$ 回目の反復における速度ベクトル $v^k(t+1)$ は，以下のようにして求まる。粒子 k が $t+1$ 回目までに経過した位置ベクトルの中で評価値を最大とする位置ベクトルを p^k，すべての粒子が $t+1$ 回目までに経過した位置ベクトルの中で評価値を最大とする位置ベクトルを g とする。このとき，$v^k(t+1)$ の第 i 要素 $v_i^k(t+1)$ は以下の数式によって求まる。直感的に説明すると，粒子 k が経過した位置ベクトルの中で評価値が最も高かったところへ向かうベクトルと，粒子 k を含むすべての粒子が経過した位置ベクトルの中で評価値が最も高かったところへ向かうベクトルと，粒子 k の現在の速度ベクトルを，それぞれに適当な係数を掛けてから足し合わせることによって，粒子 k の速度ベクトルを更新する。特にすべての粒子が経過した位置ベクトルを考慮することにより，各粒子自身の経験だけでなく，群れ全体の経験を生かすことができる。

$$wv_i^k(t)+r_{1i}\,c_1(p_i^k-x_i^k(t+1))+r_{2i}\,c_2(g_i-x_i^k(t+1))$$

ただし，w, c_1, c_2 は定数，r_{1i}, r_{2i} は 0 以上 1 未満の一様乱数である。また，$v_i^k(t), p_i^k, x_i^k(t+1), g_i$ はそれぞれのベクトルの第 i 要素を表している。

T 回の反復の後，g が出力される。

8.2　人工生命

8.1 節で述べてきた最適化手法の基盤になる研究分野が人工生命(artificial life)である。

人類は，古来より新しい技術や概念が生まれると，それを「生命を作ること」に応用してきた。最も歴史が古いものとしては，オートマタ(automata) と呼ばれるからくり人形がある（automata は automaton の複数形）。オートマタとはギリシア語の自ら動くものを意味する automatos を語源とする。世界中でさまざまなからくり人形が作られたが，よく知られているものにヴォーカンソン（Jacques de Vaucanson）が 1734 年頃に制作・公開した自動アヒルがある。このからくり人形はアヒルのように行動し，餌を食べ消化し排せつを行うものであった。

からくり人形を作るとは，生物システムを模倣する機械を作ることである。生物システムは主にタンパク質などの有機物で作られ，生化学反応を動作源としているが，からくり人形は木や鉄などの無機物で作られ，バネや電気を動作源としている。

もし，私たちが本当に生命システムの原理を知れば，からくり人形ではなく，いわば「からくり生物～つまり人工生命」を作ることができるはずだ。古来より現在に至るまで，何らかの技術革新が生じるたびに，人類はずっと人工生命を作ろうとしてきた。

8.2.1　サイバネティクス

20 世紀に入り第二次世界大戦を契機として，情報・電子・制御工学が急速に発展した。また，時を同じくして神経科学が発展してきた。戦時中に弾道学の研究に従事していたウィーナー（Norbert Wiener）は，対空高射砲の射撃制御（自動追随）装置開発の研究の中で，装置のフィードバックの感度を高くしすぎると激しい振動に陥ることを発見する。これと同様のことが人体でも生じることを，医師のローゼンブルート（Arturo Rosenblueth Stearns）から聞き，機械と動物の特定の振る舞いを統一的に扱うことを着想・提案する。

その頃，神経科学者のマカロックと数学者のピッツは，神経回路網の数理モデルとして形式ニューロンを発表する（2.2.1 節および 3.1.2 節参照）。形式ニューロンは，神経回路網により AND や OR などの論理演算を行う数理モデルであり，自然の成り立ちや，脳を含む生命現象に深い関心を持ち，また当時電子計算機の開発を行っていたノイマンが興味を持つ。一方，ウィーナーも間接的にではあるが電子計算機開発に関わっており，またノイマンとは旧知の仲であった。

そこで，ウィーナーとノイマン，そしてマカロックとピッツなど，ウィーナーの提案に興味を持つ研究者が集まり，1945 年に目的論学会（The Teleological Society）が開催される。この学会では，ノイマンによるものを含め，特に学際研究の将来を見通すような発表はなされていないが，ウィーナーは脳を計算機と見なすアナロジーを得て，ノイマンに強く示唆している。

こうして，戦時中の自動追従する高射砲の研究で得た着想がふくらんで，当時の理工学の知見を応用した，からくり人形（オートマタ）の構築へと広がっていく。ここで構想されたからくり人形は，これまでのからくり人形に感覚器を持たせ，感覚器と脳（計算機）が情報通信を行い自律的な動作制御を行うものである。

以下，杉本舞（Mai Sugimoto）の『ウィーナーの「サイバネティクス」構想の変遷：1942 年から 1945 年の状況』（科学哲学科学史研究 2008, 2, 17-28）より引用する。

> ウィーナーはオートマトンの明確な定義は行わず「フィードバックに関係しており」「自己制御を行う」ものとだけ説明し，18世紀の時計仕掛け（clockwork）以来の歴史があるとする。しかし，現在我々が用いている新しいオートマトン，すなわち「対空火気制御装置」や「飛行機の制御」のための装置には，古いオートマトンにはない「感覚器官（sense organ）」を持つ特徴があると言う。そして，その感覚器官と中枢とを結ぶのが「通信路（communication channel）」なのだ。

この新しい学際領域研究はサイバネティィクス（cybernetics）と名付けられた。サイバネティィクスは，ギリシア語の（船の）舵をとる者を語源としている。

サイバネティクスは，制御・機械・計算機科学，生物・化学工学などに対して分野横断的に強い影響を与えた。サイバネティクスの概念を1950年代に引き継いだのが，バイオニクス（bionics）である。

バイオニクスはやがて，生体医工学と神経情報工学（ニューラルネットワークなど）へと発展していく。その流れの中で，イカの巨大神経軸索のパルス発生機構の研究をしていた，神経科学者のシュミット（Otto Herbert Schmitt）は，後年シュミットトリガー回路（Schmitt trigger circuit）と呼ばれることになる，ノイズ下で安定的に動作する電子回路を提案する。そして，1950年代に「生物の構造や機能，生産プロセスを観察，分析し，そこから着想を得て新しい技術の開発や物造りに生かす科学技術」としてバイオミメティクス（biomimetics）を提唱する。

バイオミメティクスはその後に大きく発展し，制御・機械・ロボットから製薬を含む化学工学など多岐に及んでいる。例えば，500系新幹線の先頭車両のノーズ部分の形状はカワセミのクチバシの形状を，パンタグラフはフクロウの風切り羽を，それぞれ模して設計されたものである。また第7章反応拡散による計算で紹介したように，粘菌を模したロボットや最適化技術なども研究されている。

バイオミメティクスは広い意味での最適化であり，さまざまな分野で大きな成果を挙げてきている。つまりそれは，自然界での多くのモノコトは無駄がなく最適化されていることを意味している。例えば，陸上生物が誕生したのが4億年前頃であるのに対し，人類が誕生したのは500万年前頃である。陸上生物だけでも人類よりはるか以前に地球上に誕生し，生存をかけて切磋琢磨（せっさたくま）を繰り返してきた。そうして作られてきた自然界のモノコトが高度に最適化されているのは当然のことともいえる。

このようにウィーナーが構想したサイバネティクスは，時代とともに複数の研究領域へと拡散していったが，その考え方は雲散霧消してしまったわけではない。

分子生物学の発展により，生体分子を用いた生物工学が生じ，DNAなどの生体高分子は分子ナノテクノロジー（molecular nanotechnology）で用いられる素材の一つとなる。この後の第12章で取り上げるDNAコンピューティングは，DNA分子を用いた計算についての研究だが，この研究は分子ナノテクノロジーとも親和性が高い。

これらの背景をもとに，いわば生体高分子を使ったからくり人形の構築を目指した研究として，分子ロボティクス（molecular robotics）が日本や米国を中心として立ち上がり，生体高分子や脂質膜などを用いて自律的に動作する分子ロボット（molecular robot）が実装されている。さらに，分子ロボットに知能を持たせる研究も行われている。

東北大学の村田智（Satoshi Murata）の研究プロジェクトである分子サイバネティクス（molecular cybernetics）は，ミクロンサイズの人工の脳（ケミカルAI）を構築して分子ロボットに搭載することを目指したもので，分子デバイス群の実装，記憶や学習の機能を持つ化学反応回路の設計，これらの分子をシステムとしてインテグレーションする技術の開発を行っている。これはウィーナーが構想したサイバネティクスを生体高分子により実装することに相当する。

8.2.2　人工生命のブーム

ウィーナーが人工生命のようなからくり人形（オートマタ）を作ろうと構想していた当時，電子工学は発展していたが，電子計算機は誕生して間もない頃であった。

やがて1963年にIBM社のSYSTEM360を契機として電子計算機が汎用化され，1970年代のパーソナルコンピュータ（PC）の誕生により，電子計算機は身近なものとなっていく。そして，1980年代後半に米国から電子計算機を用いた人工生命のブームが生じる。その契機となったワークショップがArtificial Lifeである。

このワークショップを主催した，8.1.3節で述べたスォームの提案者でもあるラングトン（Christopher Gale Langton）は，このワークショップのテーマであるArtificial Lifeを以下のように定義している。

> In addition to providing new ways to study the biological phenomena associated with life here on Earth, life-as-we-know-it, Artificial Life allows us to extend our studies to the larger domain of the 'bio-logic' of possible life, life-as-it-could-be, whatever it might be made of and wherever it might be found in the universe.
> 私訳：人工生命は，地球上の生命，つまり我々が知っている生命に関連する生物学的現象を研究する新しい方法を提供するだけでなく，宇宙のどこでそれが作られ，どこで発見されようとも，可能性のある生命，つまりありえたかもしれない生命の「生物論理」という，より大きな領域にまで我々の研究を拡張することを可能にしてくれる。

このラングトンの定義付けの中での"life as it could be（ありえたかもしれない生命）"は人工生命研究のスローガンとなり，現在まで引き継がれている。彼は陽にからくり人形（オートマタ）やサイバネティクスについて言及していないが，このワークショップは"An Interdisciplinary Workshop on Synthesis and Simulation of Living systems（生命システムの合成とシミュレーションに関する学際的ワークショップ）"と題されている。

この「ありえたかもしれない生命」を作るとの考え方は，古来より人類が行なってきた，からくり人形作りの伝統を引き継いでいることになる。サイバネティクスでは制御・電子工学を用いたのに対し，人工生命では電子計算機を用いてからくり人形（オートマタ）作りを志向すると見ることもできるだろう。

このように時代を超えて，生命システムをからくり人形（オートマタ）として理解しようとする共通した考え方は，機械論（mechanism）とも呼ばれている。この考え方は古代ギリシア時代に哲学者デモクリトス（Democritus）が言及しており，その後もデカルト（René Descartes）など，時代を超えて引き継がれている。

ラングトンが人工生命のワークショップを立ち上げると，すぐに人工生命は熱狂的なブームとなっていく。その背景の一つには，生物学での分子生物学の著しい発展がある。1953 年ワトソン（James Dewey Watson）とクリック（Francis Harry Compton Crick）により，DNA の二重らせん構造モデルが提案されて以来，分子生物学は急激に発展し，瞬く間に生物学のみならず，関連分野（医学，農学，心理学他）までも席巻してしまった。

「生物を分子レベルから理解する」この分子生物学の勃興に強い影響を与えたのが，量子力学の基礎を築いた物理学者の一人，シュレーディンガー（Erwin Rudolf Josef Alexander Schrödinger）であった。彼は 1944 年に刊行した“What is Life”で物理学の生物学への応用の必要性を説き，特に遺伝子の重要性を指摘している。シュレーディンガーに触発され物理学から生物学へ転向したワトソンとクリックによる DNA の分子構造解明の成功は，生物学を一気に分子レベルからの理解へと向かわせることとなった。このように，モノコトを素粒子のようにそれ以上分けることができないところまで分割し，その成り立ちを解明しようとする方法論は還元論（reductionism）と呼ばれる。

シュレーディンガーの著書は多くの物理学者の興味を生物学へ向けさせ，ワトソンとクリックの成功により生物学者の多くも分子生物学へ興味を持つようになり，生物学では還元論的な考え方が主流となっていく。

この還元論的な分子生物学の隆盛に対して，人工生命，そしてその後のシステム生物学や合成生物学などは，いわばアンチテーゼとして，「ありえたかもしれない生命」を構成することで生物を理解する方法論をとることになる。この方法論は構成的手法（constructive method）や構成アプローチ（constructive approach）と呼ばれ，人工生命研究を特徴付ける代表的な概念となる。

構成的手法は，伝統的なからくり人形作りの系譜の根底にある機械論的な考え方に類似している。だが，一般には還元論の対義語は機械論ではなく，全体論（全体は部分や要素に還元できない独自の原理を持つとの立場）である。そして，構成的手法とは，実は全体論を言い換えた考え方に相当し，人工生命研究での最も重要な概念である創発（emergence）に関連する。

8.2.3　創発

電子計算機を用いる人工生命研究では，歯車を組み合わせてからくり人形を作成するように，アルゴリズムを作成する。生命システムのように動作するアルゴリズムを作るためには，生命システムを一点の曇りもなくすべての動作を把握できる部分に分割して，それらを組み合わせていかねばならない。この作業だけを見ると，やっていることは還元論そのものである。

だが，人工生命の研究で発見され注目されたことは，還元論的にモノコトを可能な限り単純な要素に分割しても，その要素を再合成すると，それら要素の単純な足し合わせとしては予見できない現象が生じることである。そのような現象を創発と名付け，創発の理解と工学的な応用は人工生命での主要な研究テーマとなっていく。

創発とはつまり，全体を還元論的に部分に分割して理解しようとしても，その部分を組み合わせると予想もしないことが生じてしまうとの考え方なので，「全体は部分や要素に還元できない独自の原理を持つ」との全体論である。人工生命研究ではこの独自の原理のことを創発と言い換えたことになる。

第2章で扱ったライフゲームや，第5章のセルオートマトンなどは創発の例である。いずれも，システムの要素はそれ以上分割できない自明なものであるし，要素間の相互作用も遷移規則としてすべて明確によく分かっている。だが，それらが合成されていくと，人智が及ばない宇宙のような空間が創発してくる。

より身近な創発の例として流行がある。一人の趣味趣向を流行とは呼ばない。本来は異なった趣味趣向を持つ個人が多数集まり，その人々が同じような趣味趣向を持つようになるとそれは流行と呼ばれる。流行はまるで生き物のように成長し，変化していく。本来は自律的であるはずの個人が，いったん流行の中にのみ込まれると，何も強制されていないのに，画一的な行動をとるようになる。つまり，流行とは個人が多数集合することで，新たに超越的な個人が生まれてくるような現象である。

このような創発現象は自然界では多く見られる。例えば，私たちの身体は多くの細胞で構成されている。おのおのの細胞は本質的には自律的に動いているが，多数の細胞が集まると脳や胃腸など，特定の働きをする細胞集団が生じてくる。これらの細胞集団がさらに多数集まって私たちを作っているわけだが，おのおのの細胞・細胞集団は私たち（システム全体）に服従しているわけではない。何らかのきっかけで，部分的な細胞集団がシステムを崩壊させる動きを始めることがある。それを私たちは病気と呼び，システム全体が崩壊しないように治療を試みることになる。

アリやミツバチは，1匹でも高い能力を持つが，それらが集団となると高度に分業化された社会が創発的に生じる。アリの社会についてはウィルソン（Edward Osborne Wilson）がアリ学（myrmecology）を発展させ，1974年に刊行した著書“The Insect Societies”で社会生物学（sociobiology）を提唱した。この社会生物学に影響を受けシーリー（Thomas Dyer Seeley）はミツバチの社会の研究を展開した（シーリーの博士論文の指導教員はウィルソン）。

こうした社会性昆虫の生態は工学へ応用されている。研究の枠組みからすると，これらの研究は先述したバイオミメティクスの計算系への応用に位置付けられる。バイオミメティクスの特徴である最適化がそのまま生かされ，社会性昆虫の生体を模した計算系は，アリコロニー最適化（ant colony optimization），ミツバチコロニー最適化（honeybee colony optimization）など8.1節で述べたメタヒューリスティクスとなる。バイオミメティクスによるメタヒューリスティクスとしては，これ以外にも人工免疫システム（artificial immune system），カッコウ探索（cuckoo search），ホタルアルゴリズム（firefly algorithm）他さまざまな方法が提案されてきた。

8.2.4　ボイド・複雑相互作用系

創発の概念は，それまでのシステム・制御・最適化工学他に大きな影響を与えた。工学で重要なことは広い意味での制御である。よって，完全に予測・制御可能なモノコトを扱うことに重点が置かれる。それに対して，創発は予測していなかったことが生じることに意味がある。だが，生じさせてみないとどうなるか分からない現象は理解することが困難である。

そこで，創発の理解と制御についての研究が生じてくる。その方向での研究に視座を与えたのが，レイノルズ（Craig W. Reynolds）が1986年に行なった，鳥の群れの創発的なコンピュータグラフィック（CG）作品ボイド（Boids）である（図8−3）。ボイドは鳥の群れのCGで，障害物などを避けつつ群れを崩さずに自由に飛び回る。その動きは，あらかじめ動きが定められたアニメーション動画ではなく，創発計算のシミュレーションの動画である。その動きは実際の鳥の群れそのもので，多くの研究分野に大きな衝撃を与えた。ボイドは以下の3つの単純なルールで構成されている。

- 分離（separation）：鳥オブジェクトが他の鳥オブジェクトとぶつからないように距離をとる。
- 整列（alignment）：鳥オブジェクトが他の鳥オブジェクトとおおむね同じ方向に飛ぶように速度と方向を合わせる。

• 結合（cohesion）：鳥オブジェクトが他の鳥オブジェクトが集まっている群れの中心方向へ向かうように方向を変える。

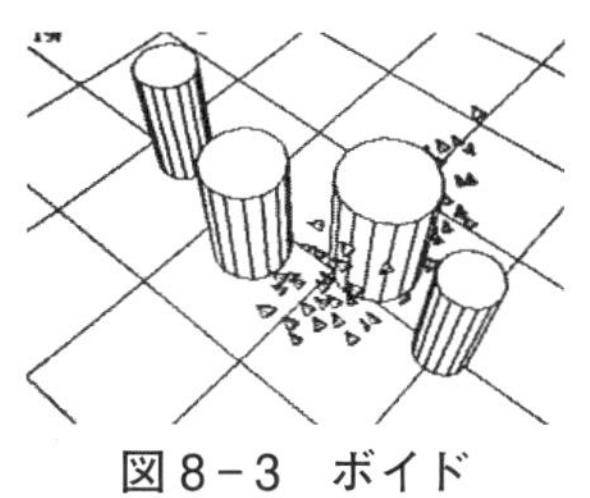

図8-3　ボイド
(image by Craig Reynolds 1986)

この3つの単純なルールで，障害物を回避する群れを創発させることが期待される。ボイドの場合は群れが創発することが予見され，予見した通り群れが創発する。

群れに関しては，特に魚群や群衆（交差点での人の動きなど）が人工生命で研究されているが，群れの理解については1970年代頃より生物物理学で研究されていた。また，8.1.3節で扱った粒子スウォーム最適化は，このボイドが発展し最適化に応用されたものである。

ボイドはCGアニメーションだが，一般的なアニメーションのように1コマずつの原画からなるアニメーションとは異なり，群れを創発させる規則によりアニメーションを作成する。よって，全く同じ振る舞いが繰り返されるとは限らないが，障害物を避ける群れは何度でも再現できるし，障害物の配置を変えても群れは創発する。

このように少数の規則から構造が出現してくるモノコトは多い。例えば，第2章のライフゲームや第5章のセルオートマトンでは少数の規則から構造が創発してきた。また第6章のマルチセットで扱ったさまざまな計算モデルも同様である。本書で扱っていること以外にも，日本語や英語をはじめとする自然言語，音楽，絵画などで，有限で少数の規則から複雑な構造が創発する場合は多い。このような系を以下では複雑相互作用系（complex interacting system）と呼ぶことにする。

創発とは「予想もしないモノコトが生じる」ことだが，創発現象を制御できないと工学応用が行えない。そのため，複雑相互作用系については創発の制御の観点からの研究も多く行われてきた。例えば，5.2.2 節で述べたウルフラムによるクラス分類や，魚群，渋滞，人流，牧羊を始めとする群れの研究など，実際の創発現象を制御する研究も行われている。第 9 章の触覚による計算では，このような研究を触覚による生体状態の制御に応用した例を示す。

8.2.5　一般システム理論／オートポイエーシス

一方 8.1.2 節で扱った遺伝的アルゴリズムは，バイオミメティクスにもボイドの系譜にも含まれず，一般システム理論の枠組みから生まれたものである。一般システム理論（general system theory）とは，ウィーナーがサイバネティクスを提案した頃に，理論生物学者のベルタランフィ（Ludwig von Bertalanffy）が提案した枠組みである。還元論的な方法に対して，一般システム理論はモノコトをシステムとして見なし，それらシステムに共通する構造の抽出を目指したものである。

この枠組みは分野横断的に広く受け入れられ，例えば経済学者のサイモン（Herbert Alexander Simon）（1978 年ノーベル経済学賞）は，1968 年に刊行した“The Sciences of the Artificial（システムの科学）”の中で，人工物の科学としてシステムの科学を位置付け，今後は人工知能が重要な役割を果たすと述べている。

生物学者のホランド（John Henry Holland）は，進化を一般システム理論の枠組みで捉え，その後に遺伝的アルゴリズムへと発展する源となる計算論的な進化の枠組みを，著書“Adaptation in Natural and Artificial Systems”として 1975 年に刊行した。

人工生命研究では，遺伝的アルゴリズムはシステムに進化をもたらすエンジンのように多用され発展していく。遺伝的アルゴリズムはバイオミメティクスに類するものとはいえないが，生命進化の持つ最適性が反映されており，理論生物学や人工生命から離れ工学的な最適化手法として確立されていくことになる。

システムとしてモノコトを捉えるためには，システムの内部と外部を定める境界を引かねばならない。境界を定義できて初めて，システムへの入力や出力が定義できる。

生命システムを一般システム理論により考察する場合，境界の定義が困難となる。例えば，西洋医学で肝臓といえば臓器を指すが，東洋医学での五臓六腑の肝とは血液浄化などの機能を表す。実際，肝臓は他の臓器と密接に相互作用することで機能している。

21世紀の初頭に，EUで単体としての肝臓のシミュレーションの大型プロジェクトが試みられた。これは1960年にノーブル（Denis Noble）らが成功し，その後発展してきた心臓のシミュレーションのように，肝臓単体のシミュレーションを目指したものであった。だが，心臓は心筋細胞と呼ばれる自発的に振動する細胞をバネと見なして多数結合することでモデル化ができたが，肝臓は他の臓器との相互作用により機能するので，単体で機能できる心臓のようなわけにはいかず，上記プロジェクトでは肝細胞のシミュレーションへと計画が変更されていった。このように，生命システムでは明確な境界を定義することが難しい。

生命システムのような一般的なシステムの考え方では扱いにくいモノコトを扱うシステム理論として，1970年代に生物学者のマトゥラーナ（Humberto Maturana Romesín）とバレーラ（Francisco Javier Varela García）により提案されたシステム理論がオートポイエーシス（autopoiesis）である。

オートポイエーシスでは「システムは明確な境界を持たない」と定義する。境界が明確でなければシステムへの入出力も曖昧になる。これを「システムは入力も出力も持たない」と表現した。定義として「境界を持たない」とすることはできるが，実際の生命システムでは，曖昧とはいっても，何らかの境界は存在する。そこで「システムは自分の構成要素を再生産し続けることによってのみ存在する」とした。つまり境界とは，そのシステムを観測する主体が勝手に決めるもので，システムはただ構成要素を再生産し続けるとした。これでほぼ境界の定義の問題を乗り越えた。

もし，金魚を飼うために水槽が必要なように，システムが存在できる空間を「誰かが準備する必要」があるなら，そのシステムは自律的とはいえない。そこで以上に加えて，「システムは自ら存在する空間を自分で作る」とした。以上が，オートポイエーシスのおおまかな枠組みである。

本章では，からくり人形（オートマタ）からの理工学の発展についてウィーナーを中心に述べたが，サイバネティクスとは別に，生命の起源の考察のため，生命システムを再構成する研究が行われてきた。1950年代には生物学者のガンティ（Tibor Gánti）によるケモトン（chemoton）や，米国の生物学者ローゼン（Robert Rosen）によるMetabolic-Repair systemなど，代謝機能を中心とした生命システムの基本モデルが提案され，その後の人工生命や遺伝子工学に影響を与えた。また，生化学者のルイジ（Pier Luigi Luisi）とワルデ（Peter Johann Walde）によるミセルや巨大ベシクルの研究や，ルイジとバレーラによるオートポイエーシスの化学実装についての提案は，その後の分子ロボティクス／サイバネティクスの先駆けとなるものである。

8.2.6 複雑系

創発の原理解明はいまだ研究課題の一つである。人工生命研究での代表的な創発現象の一つであるボイドや，第5章で扱ったセルオートマトンでは，単純な要素が多数集まることで創発が生じることが確認されてきた。それらの結果から，システムの要素が多数になると，質的な変化が生じることが予見されるようになった。

このような創発現象は，微視的（ミクロ）な相互作用が多数集まることで生じる巨視的（マクロ）な現象の理解を目指す，統計力学の考え方となじみやすい。統計力学では，要素が多数集まることで，個々の要素の性質からでは直接予測できない現象が生じることが示されてきた。その方法論は，個々の相互作用を考察しつつ，創発的に生じる新しい性質を解明していくもので，還元論と全体論が融合された方法論となっている。この方法論は人工生命が目指していた方法論と一致する。

人工生命のブームは1995年頃を頂点として沈静化していくが，人工生命に内在していた非平衡を含む統計力学，カオス・非線形力学系，などの方法論を明確化し，研究のスコープを生命現象から自然・社会現象へと拡大化させていくことで，人工生命は複雑系と呼ばれる研究分野に移行していく。例えば，セルオートマトン（第5章），ニューラルネットワーク（第10章），先述したボイドなどの複雑・巨大化の試みがさまざまに行われたが，計算資源の限界などもあり，顕著な結果は得られなかった。

1997年に第1回の複雑系の国際会議が開催され，ノーベル賞受賞者を含む，当時の複雑系・人工生命の主要な研究者がほぼ全員参加していた。この会議では，それまでに提案されてきた重要な概念をレビューするにとどまり，新たな方向性を見いだすまでには至らなかった。

ちょうどその頃，インターネットのページリンク，人間関係，食物連鎖，タンパク質間ネットワーク構造が調べられ，その多くでネットワークの次数（ノードに隣接するエッジの数）がベキ分布（power distribution）を示すことが発見されていった。ベキ分布とは，事象xの生じる確率がxのベキ乗に反比例する分布で，$f(x) = Cx^{-a}$と表される。それまでベキ分布は，ひび割れの大きさ，大きな地震の頻度，株価，資産などの多くの自然・社会現象で見られており，統計力学の重要な課題である相転移（phase transition）でも見られる分布である。なお，第13章で扱うイジングマシンとは，統計力学の最も基本的なモデルであり，相転移を特徴とするイジングモデル（Ising model）を物理的に実装したものである。

それまでのネットワークの構造に関する研究ではエルデシュ（Paul Erdős）とレイニー（Alfréd Rényi）によるランダムネットワーク（random network）が最もよく知られていたが，ランダムネットワークでは次数がポワソン分布（Poisson distribution）となる。一方で，要素数が多数の自然・社会のネットワークの次数がベキ分布を示したことは，従来の統計力学での知見もあり，複雑系の研究者のみならず，分野横断的に大きな注目を集め，複雑ネットワークと呼ばれる一大研究分野に発展していった。

研究課題

8.1　以下の巡回路の 2-opt 近傍の要素を 1 つ示せ。

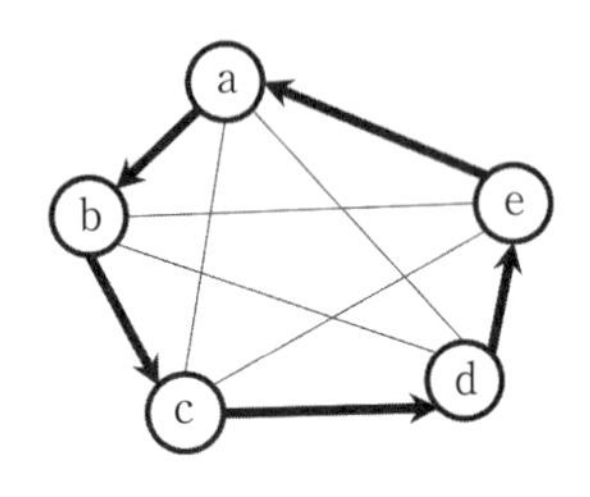

8.2　身の回りにある，生物に触発された計算・工学により作られた製品を探し，その仕組みを調べよ。

参考文献

教科書：古川正志，川上敬，渡辺美知子，木下正博，山本雅人，鈴木育男：メタヒューリスティクスとナチュラルコンピューティング，コロナ社，2012.

専門書：有田隆也：人工生命，医学出版，2002.

専門書：岡瑞起：ALIFE｜人工生命――より生命的な AI へ，BNN，2022.

専門書：杉本舞：「人工知能」前夜，青土社，2018.

入門書：M. ミッチェル・ワールドロップ著，田中三彦，遠山峻征訳：複雑系 科学革命の震源地・サンタフェ研究所の天才たち，新潮文庫，2000.

9 触覚による計算

鈴木泰博

《**概要**》触覚は自然界で広く使われている相互作用である。そこで，アルゴリズム・計算の概念を応用して触覚相互作用をアルゴリズム化し，自然を計算系化する触覚による計算について述べる。

9.1 複雑相互作用系の制御

第8章で述べた複雑相互作用系（complex interacting system）とは，有限で少数の規則から複雑な構造が創発する系であった。複雑相互作用系では，使用される規則により創発してくる構造が変化するため，セルオートマトンや群れの研究のように，規則の性質や適用方法と創発との関係が研究されてきた。

例えば，第2章のライフゲームなどのセルオートマトンの場合は，いつ・どの規則が・どの部分に適用されるのか，系の局所的変化の未来の予測は完璧に行うことができる。だが，大局的変化の未来の予測は極めて困難なため，計算機でシミュレーションを実際に行ってみることになる。原理的には微細な動きのすべてを私たちは完璧に把握できるわけだが，創発してくる現象は宇宙のように人智が及ばないほど複雑になってしまう。

その一方で魚群・人流，そして牧羊の場合，もし，これらの現象を8.2.5節のボイドのような計算機シミュレーションで考察すれば，セルオートマトンと同様のことになる。だが，これらの現象を実際の自然系を用いて考察する場合は，いつ・どの規則が・どの部分に適用されるのかを完璧に予測することは不可能に近い。例えば，もし牧羊犬にかかとをかまれそうになった羊が回避行動をとった場合，その行動が群れ全体にどのように伝搬していくのかは，その時点の群れを構成するおのおのの羊の感情や性格によるため不確定である。羊の近傍（数）もセルオートマトンのように斉一ではなく，時間的に変化していく。だが牧羊犬・羊飼いによる羊の群れなどの制御では，群れの大局的変化の大まかな未来予測を行いながら制御を行っている。もし，突然の雷鳴に羊がパニックになるなど予想外の変化が生じれば，その突然の変化に牧羊犬や羊飼いは追従して，適切に群れを制御していく。

セルオートマトンのような複雑相互作用系では，局所的変化の予測は完璧に行えるが，大局的変化の予測が極めて困難である。一方，上にあげたような群れの場合は，局所的変化の予測は極めて困難であるが，おおまかな大局的変化の予測を行うことができる。予測精度はセルオートマトンのような完璧な予測に比べると高くはないが，状態変化を見ながら制御していくので，群れそのものを制御することができる。

9.1.1 相互誘導系

セルオートマトンの場合，規則の作用は状態と近傍から生まれる。規則を作用させることによってのみ，セルの状態は変化する。その場合におのおののセルの感情や性格などの内部状態が変化に影響することはなく，加えた作用によってのみ状態が変化する。そして，セルの状態変化に応じて新たな作用が生じる。

一方，羊の群れの制御の場合，羊飼い（制御主）は群れの状態をこのように変化させようと，理想的な少し先の未来の状態を想定して群れに作用を加える。だが，羊たちは制御主の思いに関係なく，彼らの都合で行動し，結果として群れの状態が変化する。その変化を理想とする変化に近づけるために，制御主は新たな作用を加えていく。

ここまで，羊飼いを制御主として述べてきたが，この議論は制御主を羊たちとしても成立する。羊たちにとって，羊飼いの「威嚇行為」は不快なのであろう。もし，威嚇を不快と思わずに行動を変化させなかったり，鶏のように散り散りになったりするなら，牧羊犬を育種してまで威嚇により羊の群れの制御を行うことはしないだろう。

羊たちは威嚇してくる牧羊犬や羊飼いから離れようとする。この行動は羊飼いたちの行動を変化させることになるので，羊たちを制御主とすれば，威嚇からの回避行動は，羊飼いたちの行動を変化させる「作用」に相当する。制御主としての羊たちにとって理想の未来の状態とは，威嚇行為がない安寧な状態なので，その状態に近づけるために群れの状態を変化させて，新たな作用を羊飼いたちに加えていく。

このように，複数の複雑相互作用系が共通の媒体（メディア）を介して，相互作用する系を相互誘導系（inter-induced system）と呼ぶことにする。ここでの共通の媒体とは，日本語話者にとっての日本語のように，複数の自律系で相互作用可能な媒体を指す。

自然系は多様で自律的な生物系で構成されている。おのおのの系は，相互作用対象の内部状態を知ることはほとんどできないし，学習や記憶の機能を有さない系も多い。そのような場合でも，相互誘導により制御を行うことができる。

例えば，生物種横断的に行われている共生・寄生などは，相互誘導的な相互作用である。アリ植物と呼ばれる，アリと共生するように進化した植物は，アリが生活しやすいように空洞を作ったり，アリが好む蜜を生成したりするなどしてアリに作用し，アリがその植物で生活するように促す。アリはその植物を加害する動昆虫を排除して植物に作用することで，植物がそのアリが生活しやすい環境を作るよう促す。このようにして，アリと植物は相互誘導系を構成している。

9.1.2　相互誘導系の制御

私たちの身体系は，約60兆個の細胞で構成されている。おのおのの細胞は高機能で自律的であり，その細胞間での相互作用により系が構成されている。60兆個も細胞があれば故障する細胞もあるだろう。航空機の部品は，1時間当たり10億個のうち1つの故障しか許容されない（これは1FIT（failure in time）と呼ばれる）。もし，私たちの細胞の故障率が航空機部品ぐらいだとしても，1時間当たり60,000個の細胞が故障してしまうことになる。

細胞や臓器の故障により身体系に障害が生じることを，私たちは病気と呼んでいる。故障を治す行為が医療や投薬であるが，もし故障と認識した部品を取り除いたり何かと入れ替えたりすると，その部位の相互作用も変化するため，系として正常に機能するか予見できない場合も多い。

治療とは，医師の医療行為による患者への作用である。この作用に対して患者の身体系に変化が生じる。その変化は，患者から医師への作用に相当し，医師からの新たな作用（医療行為）を誘発する。治療とは相互誘導系による患者の状態の制御と見なすことができる。医療行為ができることは患者の身体系を外部から健康な状態へ誘導・制御することだけで，実際に病気から健康へ状態を変化させることは患者にしかできない。これは羊の群れの制御でも同様で，羊飼いができることは群れを目的の方向に誘導・制御することだけで，実際にその移動を実現するのは羊たちである。

このように相互誘導系の制御は，自動車や飛行機などの機械の制御のように機械そのものの動きを制御するのではなく，制御対象の自律系を外部から誘導・制御するものである。このような制御法はこれまで，牧羊犬制御・シェパーディング（shepherding）やハーネス（harness）とも呼ばれてきた。

9.1.3　相互誘導計算系

牧羊での相互誘導は，場当たり的な威嚇による群れの制御であるが，より高度な相互作用による相互誘導もある。例えば教育の場合，カリキュラムと呼ばれる順序に沿って指導を行っていく場合がある。あるカリキュラムによる作用により，どの程度学生の理解が変化したかは，テストの成績などが示す。テストの成績は指導者に対する作用となり，カリキュラムの変更を促す。こうして，指導者と学生はカリキュラムを介して相互誘導を行っていく。

この場合のカリキュラムとはつまり，指導による作用の順序のことである。1.2.1 節で定義したように，アルゴリズムとは「モノコトの状態を遷移させる順序」のことであった。よって，この作用の順序とはアルゴリズムとなる。このように，アルゴリズムで設計した作用による相互誘導系を，以下では相互誘導計算系（inter-induced computational system）と呼ぶことにする。

9.1.4　媒体としての触覚

自然界での共通の媒体の一つは触覚（tactile sense）である。多くの相互作用を触覚が媒介している。例えば，巣の外でアリ同士が出合った場合，触角で相手の体表タンパクに触り，同種か異種かを判断して回避したり戦ったりする。アリの体表面は体表炭化水素を主成分とするクチクラワックスと呼ばれる油で覆われており，同種ならば必ず同一の触り心地がある。

この体表炭化水素は昆虫の触覚 ID であり，種が異なると組成が異なる。地球上には 300 万種以上の昆虫が存在するとされているので，昆虫の世界では 300 万種以上の触覚 ID が使われていることになる。昆虫の世界では，触覚は重要な情報媒体となっている。

また，植物は光合成を行うため，日が当たらない方向へ成長してしまうことは生存の危機に瀕することになる。そのため植物には光感受性（私たちの目のレンズ機能のように像は結ばないが，光と陰を判断できる）がある。また，他の植物や障害物とぶつかった場合，そのぶつかった触覚をもとに，成長を止めたり方向を変化させたりしている。空き地や庭の草木を少しゆっくり眺めてみると，相手構わず枝葉を伸ばしていないことが見て取れるだろう。もし野放図に枝葉を伸ばすと，日が当たらず光合成できない部分が生じてしまうので生存に不利になる。

自然界での共通の媒体が触覚なので，触覚を媒体として用いれば私たち人間も，自然界と相互作用することができることになる。だが，自然界での触覚相互作用は，人類の歴史に比べると途方もなく長い進化によって成立してきたものである。

人間も何万年も進化を重ねていくと，やがて他の生物種と触覚相互作用を行うようになるのかもしれないが，現在のところ，どのように他の生物系と触覚相互作用を行ったらよいのか分からない。

その手掛かりになるかもしれないのが，触覚を媒体とした相互誘導計算系である。触覚を媒体とすれば，自然系に何らかの作用を与えることはできるだろう。問題はどのような触覚を与えたらよいのか？である。この問題の解決方法の一つは，触覚をアルゴリズムとして記述することである。もしアルゴリズムとして記述すれば，何度でも同じ触覚を生成することができる。また，触覚をアルゴリズム化できれば，8.1.2 節の遺伝的アルゴリズムのような最適化手法を用いることもできるだろう。

9.2　触譜～触覚のアルゴリズム化

触覚は皮膚にある触覚受容器（tactile receptor）と呼ばれるセンサーで感知される。触覚受容器は2種類の神経で中枢神経とつながっている。その2種類の違いとは，情報の伝達速度が速いか遅いかである。

例えば，熱したフライパンに触れそうになったら，すぐに手を引っ込めないとやけどしてしまう。痛みや熱などの，すぐに反応しないと危険な触覚は，伝達速度が速い神経とつながっている触覚受容器が対応する。そのような触覚受容器は，速順応ユニット（rapidly adapting unit; RA）と呼ばれている。一方，ハグや握手など，じんわりと感情を動かす触覚は，伝達速度が遅い神経とつながっている触覚受容器が対応する。それらは遅順応ユニット（slowly adapting unit; SA）と呼ばれている。

危うく熱したフライパンに触れそうになったような場合，伝達速度が速いRAからの情報により，とっさに危険回避を行うことになる。こうした危険回避の場合は，触り方のようなものはあまり関係ないだろう。一方で，ハグや握手などで触れ合っている時間が長いと，遅順応的なSAからの情報により感情が動かされる場合が生じてくる。接触の時間が長くなると，触覚の時間変化に応じて感情が変化する場合がある。たとえば握手するときに，相手が最初はやさしく，次第にしっかりと力を込める場合と最初から思いっきり力を込める場合では，相手に対しての印象が異なるだろう。

このように触覚が時間変化する場合は，アルゴリズムとして記述することに意味が出てくる。例えば最初はやさしく，次第にしっかりと力を込めるであれば，例えば0.0秒から0.8秒までは0.2秒刻みで2kgずつ増加，0.8秒から1.6秒までは0.4秒刻みで4kgずつ増加のように記述できる。

この触覚の時間変化をアルゴリズムとして記述してみよう。そのためにまず，この時間変化を絶対値から相対値へと変換する。それは，触覚のような感覚量は，相対的な大きさが意味を持つためである。

例えば，赤ちゃんに100gで指を握られているとしよう。もし赤ちゃんが強さを150gに変えると強くなったと感じるし，50gに変えると弱くなったと感じる。赤ちゃんに150gで握られて強いと感じたとしても，もし大人に30kgで指を握られていてそれが15kgになったら，弱くなったと感じる。

このように，感覚の変化は相対的なものである。これは触覚に限らず他の感覚でも同様である。先述の例では，0kgから16kgまで握手の強さが変化した。よってこの場合は8kgが平均の強さとなる。8kgを基準に相対的に，それより小さければ弱い，大きければ強いとなる。

楽譜は音楽の音の高さの時間変化を記述する方法である。音の高さを握手の強さとしても，同様に時間変化を記述できる。このように触覚を強さなどの時間変化として記述する方法は触譜（tactile score）と呼ばれる（図9－1）。

触譜では，五線譜の真ん中の第3線を基準の強さとして，上行が弱い，下行が強い強さを表す。それら強さの時間変化，つまりリズムは音符を用いて表す。以下ではそれらを触符と呼ぶことにする。例えば，♩（四分触符）を0.2秒とすると，八分触符（♪）は0.1秒となる。

図9－1　例：「握手」の触譜

そもそも触譜は美容家・触覚デザイナーの鈴木理絵子（Rieko Suzuki）が，新たなマッサージ方法を探求する中で，マッサージを記述しておくために作られたものである。これまで触覚以外の感覚は，楽譜，レシピなど何らかの記述の方法を発達させてきた。だが触覚では一般的な記述の方法がない。そのため鈴木（理）は独自にマッサージを記号化し（図 9－2），新たなマッサージ法を試行錯誤する中で，垂直方向の圧力の時間変化のみで，再現性が高いマッサージの記述が可能であることを経験的に見いだした。この発見をもとに，名古屋大学の鈴木泰博（Yasuhiro Suzuki）は初期の楽譜が音の高さを表す記号であったことから圧力の時間変化の譜面化を着想し，鈴木（理）とともに任意のマッサージを譜面として記述できる触譜の提案に至った。触譜で第 3 線から上行を弱い，下行を強いとしているのは，マッサージで上から下に押すことをイメージしているためである。したがって，これを反転させても構わない。

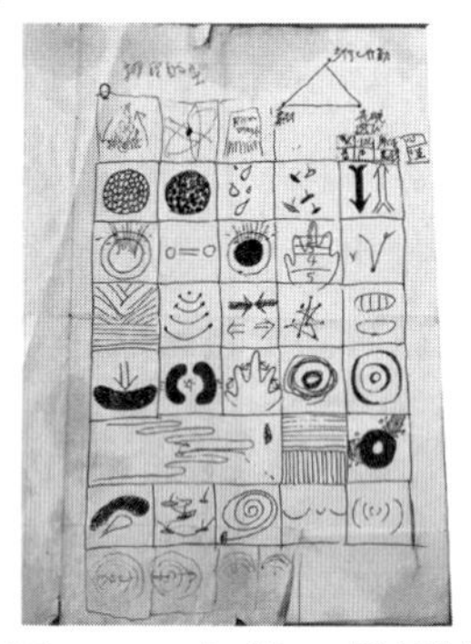

図 9－2　初期の「触譜」

9.2.1　データ記述法としての触譜

触譜は，さまざまな種類のデータの時間的変化を統一的に記述できる手法でもある。任意の時系列データを最大値と最小値の間で N 等分し，平均値を基準の強さとすることで相対的な時間変化が記述できる。触譜化することで，異なる種類のデータを同じ尺度で比較可能となる。触覚刺激の強度変化は，例えば音量の変化や株価の変動など多様なデータに適用できる（9.2.3 節，9.2.4 節参照）。さらに，触譜は時系列データだけでなく，特定の空間データにも適用可能である。例えば，地形の起伏を距離に沿った１次元の空間系列データと見なすことで，触符に変換できる。

9.2.2　触覚生成のアルゴリズム

カメラのシャッターを切ると，心地よい感触を感じる。その心地よい感触はシャッターの機構が生み出した触覚である。この触覚はシャッターボタンを押すと，その指をシャッターの機構が押し返すことで生じる。

私たちが触覚を感じるためには，触れた相手側が自分を触り返してくる必要がある。もし，シャッターボタンを押して指に全く押し返しの抵抗を感じなかったとしたら，シャッターボタンを触覚で感じることはできない。

触覚を持つ自律系間の触覚相互作用（tactile interaction）では，相手に触れる出力を行うと同時に相手からの触れ返しにより入力を受けることになる。もし，相手からの触れ返しがなければ，相手に触れたと感じないので，触覚相互作用が成立しなくなってしまう。つまり，自律系間の触覚相互作用は本質的に相互誘導系である。

触覚の「文法」：日本語や英語などの自然言語は，文法から創発した複雑相互作用系と見なすことができる。では触覚相互作用はどうなのだろうか。そこには文法のようなものが存在するのだろうか？　鈴木(理)は，古来より地域を越えて利用されてきた触覚による相互誘導系であるマッサージに着目した。そして，20 年間以上にわたり年間一万回以上行われてきたマッサージを触譜に採譜して分析した（図 9－3）。以下ではこのマッサージを標準マッサージと呼ぶ。

マッサージを記述するため，先述した触譜（図 9－1）に特殊記号を加える。使用する手の部位には①から⑥まで番号を振り，マッサージのストロークを A から Z で，おのおののストロークを小さくしたものを a-z で記号表記する。そして，A_5 のようにストロークの記号に使用する手の部位の番号を添字とする。また，１つのストロークにかかる時間は音符（触符）で示す。

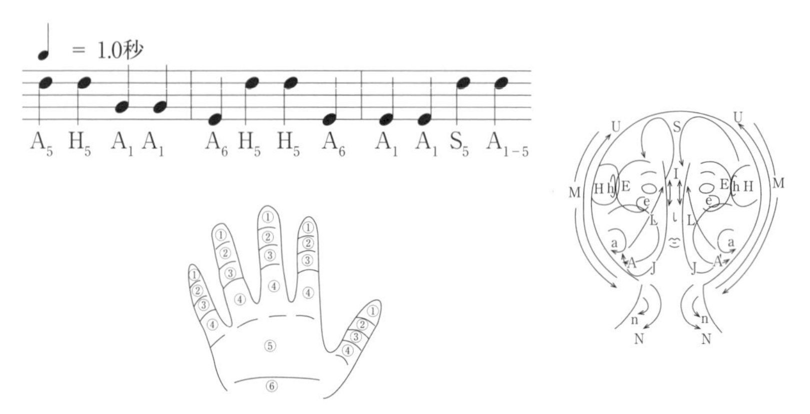

図 9－3　マッサージの触譜（左），手の使用部位（左下），ストローク（右）

そして採譜した触譜をもとに，すべてのストロークで共通して使われているマッサージでの手の動きを，基本手技として抽出した。基本手技は言語でのアルファベットに相当し，基本手技を組み合わせると，どのようなマッサージでも構成可能である。基本手技への分割には時間を要したが，結果として 42 種類の基本手技が得られた（図 9－4）。

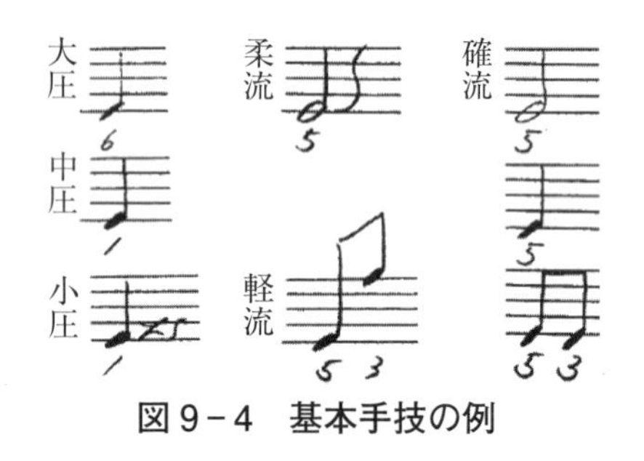

図 9－4　基本手技の例

得られた基本手技を，心理学で用いられている印象分析の方法の SD 法（semantic differential method）により，印象別に分類した。SD 法では，基本手技が与える印象が「硬い－柔らかい」や「粗い－滑らか」などの複数の対立する形容詞の対のどちらに近いかを，5 段階また 7 段階の尺度で回答させる。

通常，SD 法は数十名の被験者を用いて行うが，ここで行う SD 法では，熟練したマッサージ技術者のスキル（暗黙知）を基本手技として形式化した理由を客観的に分析するため，鈴木（理）1人によりSD法による基本手技の印象分析を行った。その結果を主成分分析（principal component analysis; PCA）したところ42種類の基本手技は6つのグループに分類された。以下ではこれらのグループを「基本手技群」と呼ぶ。

基本手技群はストロークの種類に関する「確流・軽流・柔流」と，圧力の強さを表す「大圧・中圧・小圧」に分かれた。得られた基本手技群を用いて，標準マッサージの触譜を基本手技群の列に変換した。そして基本手技群間の遷移を調べた（図9－5（左））。以下ではこれを基本手技遷移図と呼ぶ。

基本手技遷移図によると，小圧・中圧・大圧間には直接遷移がない。たとば大圧から中圧に遷移するためには，いったん確流や軽流を経由する必要がある。しかし，一般的なマッサージでは小圧・中圧・大圧を直接遷移する場合がある。

触覚の基本関係式：基本手技遷移図は，圧力，手の接触部位の面積，そして，接触部位の移動距離（ストロークの距離）が記述されている。例えばAは頬の上の丸く大きなストローク，aは頬の上の丸く小さなストロークをそれぞれ意味する。触譜では先述したように，おのおののストロークに用いる時間は触符で規定される。例えば四分触符（♩）の長

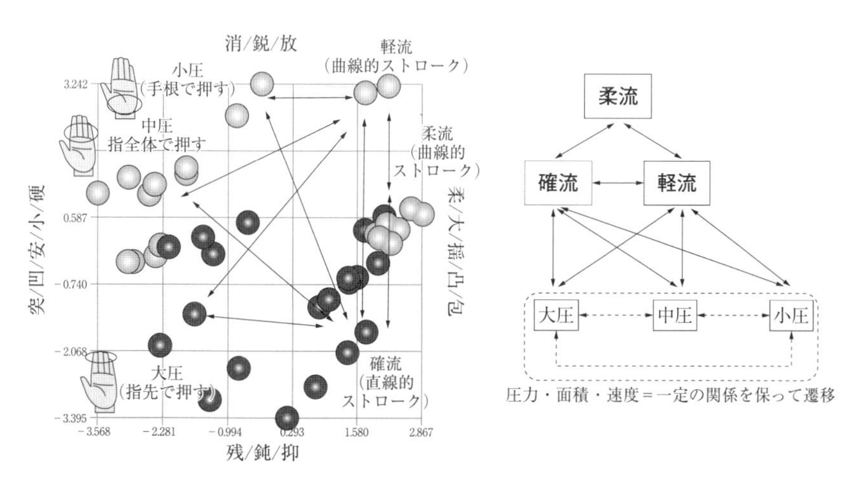

図9－5　基本手技遷移図（左），マッサージの基本規則（右）

さを1秒と設定した場合に，Aとaに八分触符（♪）がそれぞれ付されていたら，この2つのストロークを0.5秒で行うことになる。aに比べてAは移動距離が長いので，aよりもAのほうが手を動かす速度は速くなる。そのため触譜でのストロークの表記は，ストロークの距離÷時間＝速度から，手を動かす速度とも解釈できる。

鈴木（理）氏は触譜を提案するとともに，効果的なマッサージを行うための経験則として，

$$P \times S \times V = Const.$$

を見いだし提案している。ここでP，S，Vはそれぞれ圧力，面積，速度を示す。以下ではこの関係式を触覚の基本関係式と呼ぶ。この関係式を用いると$P = \frac{Const.}{S \times V}$となるため，圧力は面積と速度で記述できる。よって基本手技遷移図のどの圧力にも，手の使用部位の面積やストロークの速度を変化させれば，「小圧・中圧・大圧」間を直接遷移することができる。異なる圧力間の直接遷移を可能にした遷移図を，マッサージの基本規則と呼ぶ（図9－5（右））。

物理学では力は面積と圧力の積で表されるため，力をFと表記することで，基本関係式は$P \times S \times V = F \times V = Const.$となる。ストロークの距離を用いると，速度（$V$）＝ストロークの距離（$L$）÷触符（時間，$T$）となる。これを用いると，$\frac{F \times L}{T} = \frac{W}{T}$となる。力（$F$）と距離（$L$）の積は仕事（$W$）と呼ばれ，仕事を時間で割ると仕事率となる。よって触覚の基本関係式とは，物理学的には仕事率一定に相当する（この議論での力Fは垂直力に対する摩擦力となることに注意）。

以下では触覚の基本関係式を満たすように組み合わせて作成したアルゴリズム（触譜）を調和的触譜，それ以外を非調和的触譜と呼ぶ。

触覚のみならず，感覚刺激は変化を感受する。感覚刺激の変化がないと，その刺激を感じなくなっていく（順応）。例えば，服を着る時は触覚が刺激され服の素材感を感じるが，やがて順応して服から受ける触覚を感じなくなっていく。触覚に順応を生じさせるような，変化のほとんどない触譜も非調和的触譜と呼ぶ。

9.2.3　触譜の触覚としての評価～触質

楽譜は，実際に演奏しなくても音楽として評価できる。音楽大学の作曲科の入学試験では試験科目に作曲があるが，音楽理論や作曲法をもとに楽譜のみから音楽としての優劣を評価できる。

触覚の質は触質と呼ばれ，これまでの研究から触質の重要な性質は順に，硬軟，粗さ，そして温度であることが確認されてきた。触譜の硬軟と粗さの触質を，実際に触覚に変換せずに評価する方法を紹介する。

触譜の硬軟：バネを思い浮かべてほしい。私たちはバネが押し返す力から，このバネは硬い・柔らかいと感じる。このバネが押し返す力を触譜で記述してみよう。硬いバネは変形が小さい。これはバネからすると，バネが私たちに与える力の変化が少ないことになる。一方，柔らかいバネでは変形が大きく，与える力の変化が大きいことになる。これを触譜で解釈すると，変化が小さい触譜は硬い，変化が大きい触譜は柔らかいと評価されることになる。

例えば，事務的で単調な口調を硬い言い方と言ったり，抑揚のない朗読を棒読みと言ったりするが，それらの言い方は音量変化（強さ）が小さい。一方，泣いている子供をあやすときなどは，柔らかい言い方をするが，棒読みの場合と比べると音量変化は大きい。

触譜の粗さ：よく手入れされた芝生を歩いたり，きれいに舗装された道路を運転したりすると滑らかと感じる。一方で荒れた芝生を歩いたり，パッチワークのように舗装された道路を運転したりすると粗いと感じる。つまり足裏やタイヤに伝わる硬軟が均質の場合に滑らかと感じ，硬軟が不均質になると粗いと感じる。これを触譜で解釈すると，硬軟が均質な触譜は滑らか，硬軟が不均質な触譜は粗いと評価されることになる。

触譜の触質の検証：以上で定義した触譜の触質は，きちんと機能するのだろうか？　それを検証するためには，私たちが感性的に違うと感じていることが，触譜の触質の違いとして表れているかを調べればよいだろう。そのため，鈴木（泰）はピアノの演奏に注目した。ピアノは，鍵盤へのタッチがそのまま音になってしまうとても触覚的な楽器である。演奏の違いとは触覚（タッチ）の違いであり，ピアニストは楽譜を触覚の違いで表現する。

同じ曲の2名のピアニストによる演奏音を触譜に変換し，得られた触譜を用いて，演奏音の触質を抽出してみる。以下では，ルービンシュタイン（Arthur Rubinstein）とブーニン（Stanislav Stanislavovich Bunin）によるショパン（Fryderyk Franciszek Chopin）の「英雄ポロネーズ」（ポロネーズ第6番変イ長調 作品53）の演奏を触譜化した場合の触質分析の結果を紹介する。

演奏音の触譜への変換では，まず演奏音を0.1秒ごとに切った。そして，0.1秒間の音量変化を触譜に変換し，その触譜の硬軟と粗さを抽出した。硬軟は隣り合う0.1秒間の平均音量の差の（適当な区間における）平均値，粗さは標準偏差とする。これにより演奏音から硬軟と粗さの2次元データが得られるので，粗さを横軸，硬軟を縦軸として2次元空間にプロットしていくと，演奏音の触質が2次元のパターンに変換できる。

ルービンシュタインは名人と呼ばれた，20世紀を代表する伝説的なピアニストである。一方，ブーニンは，革新的な演奏スタイルで世界を驚かせたピアニストである。評価実験で使用した「英雄ポロネーズ」の演奏を聴き比べてみると，演奏のスタイルはかなり異なっている印象を受ける。演奏音の触質のプロットを比較してみると，両者はかなり異なった触質を持つことが示された（図9-6）。

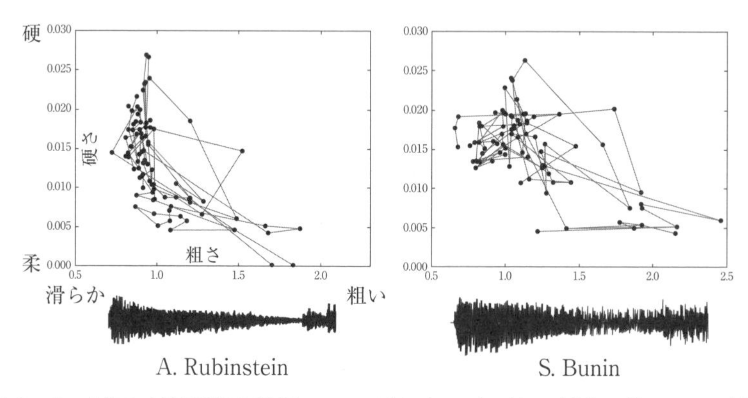

図9-6　ピアノ演奏音の触質　ルービンシュタイン（左），ブーニン（右）

（下段はそれぞれ演奏音の冒頭部の波形）

9.2.4　触譜・触質の応用

9.2.1 節で述べたように，任意の時系列データは触譜に変換することができる。株価などはもちろんのこと，自然言語や人の動きのようなモノコトの時系列も触譜に変換することができる。

まず，時系列データの例として，ニューヨーク証券取引所のリーマンショック前後の株価の触質を調べた例を示す（図９−７）。この例では硬軟は１年間分の株価の終値での前日との差の平均値，粗さは前日との差の標準偏差として分析すると，リーマンショックの直前で硬軟と粗さの両方が大きくなっている。

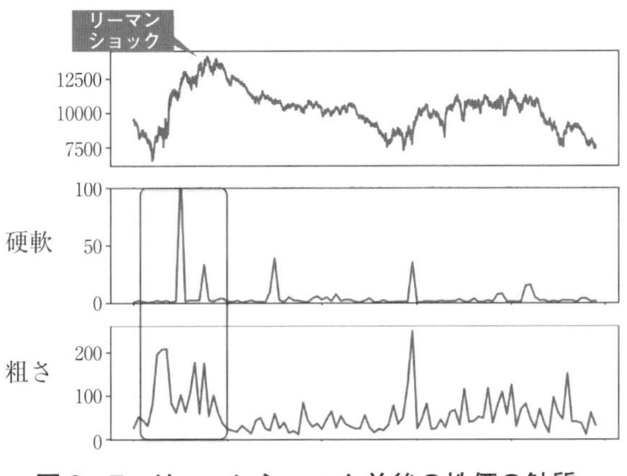

図９−７　リーマンショック前後の株価の触質

株価のような時系列データではない場合は，触譜での強さに相当する量が明確ではないので，対象とするモノコトの強さに相当するものに着目することになる。

例えば自然言語の場合，もし音声であれば音量を強さとして触譜化することは容易であるが，文字データの場合はどうであろうか？ 文字データのことばとしての強弱として，音数に着目した例を紹介する。

感情的な言葉で叱られたり危険を知らされたりする場合，その言葉の音数は少ない傾向にある。「こら！」，「そこ，あぶない！」，「なぜ遅刻した！」のように，感情的な言葉は音量が大きく音数が少ない。その一方で，言い訳をしたり謝ったりする場合は，音量は小さく音数は多くなる傾向にある。そこで，まず文章を形態素分析の結果などを参考にして部品に分割する。次に，部品を構成している言葉の母音数を調べる。それぞれの母音数を長さとして，母音数の逆数を強さとする。平家物語の冒頭部の触譜を例にすると，まず「祇園精舎の鐘の声，諸行無常の響きあり」を「祇園精舎の／鐘の／声　諸行無常の／響き／あり」と部品に分割する。そしておのおのの部品の母音数を調べると「7／3／2　7／3／2」となる。これらの逆数を強さとするので「0.14／0.33／0.5　0.14／0.33／0.5」となる。これから強さの平均値は0.32となる（図9－8）。

図9－8　平家物語 冒頭部の触譜

9.3　触覚による相互誘導計算

触覚による相互誘導計算系では，アルゴリズム（触譜）により生成した触覚を媒体として相手の系に作用を与える。以下では身体系を相手の系とした場合について述べる。

9.3.1　触譜から振動触覚への変換

触質によりアルゴリズムの評価を行うことができるようになった。だが，触譜から触覚を生成するには，マッサージの触譜をもとに手などによるマッサージを行う必要がある。マッサージによる触覚刺激は，熟練した技術者であっても必ず斉一になるとは限らない。また，1人のマッサージ技術者が同時に複数人に全く同じ触覚刺激を与えることは不可能である。

触譜は触覚刺激の大きさの時間変化の記述であった。そこで，触譜に基づいて振動波の振幅を変化させ（振幅変調），触譜を波（振動波）に変換する（図9－9）。振動波とは，電車や自動車の揺れ，太鼓，地震など触覚で感じる周波数の低い波のことである。波の周波数が高くなって

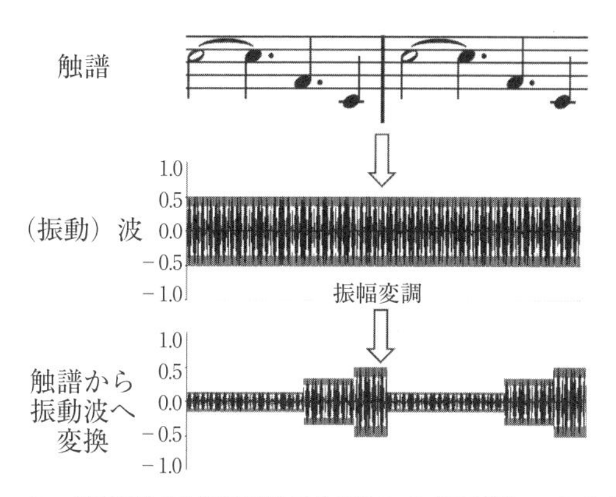

図9−9 平家物語 冒頭部の触譜から振動波への変換

いくと，音波として聴覚で感じるようになる。なお，ここでは図9－3(左)のような，ストロークと手の使用部位を加えた触譜を想定している。これらから得られる圧力が音波の振幅，面積が音波の周波数（広い面積は低い周波数，狭い面積は高い周波数）に対応する。

音波も振動波も周波数こそ異なるが，どちらも電子的には音信号である。よって触譜を振動波に変換すれば，電子的には音楽と同じ音信号データになり，日常的に使われている音楽ファイル（mp3やWAVなど）として，触覚をインターネットで配信することなどができるようになる。

この方法で，調和的触譜を振動波に変換したものを調和的振動触覚，非調和的触譜を振動派に変換したものを非調和的振動触覚と呼ぶ。これにより触譜（アルゴリズム）でデザインした触覚を相手の系に作用させることができるようになった。

また，生成した振動触覚を再生・呈示するためのデバイス（顔型，汎用型）を開発した。このデバイスは，音信号の低周波成分を振動に変換するトランスデューサー（transducer）を用いて，触譜から変換された音信号を振動に変換して出力するデバイスである。顔型デバイスは，鈴木（理）が実測した顔の3次元データをもとに3Dプリンターで試作を重ね，顔全体がくまなく振動する形状を作成した。鈴木（泰）は，音響技術者と共同しながら振動を呈示する仕組みを開発し，音声信号を処理する回路を独自に設計した（図9−10（左））。また，汎用型は顔以外の部位に振動を与えるため，形状や大きさについて試行錯誤を重ねて開発した（図9－10（右））。このデバイスにより，触覚による相互誘導計算系の基本系が構築された。

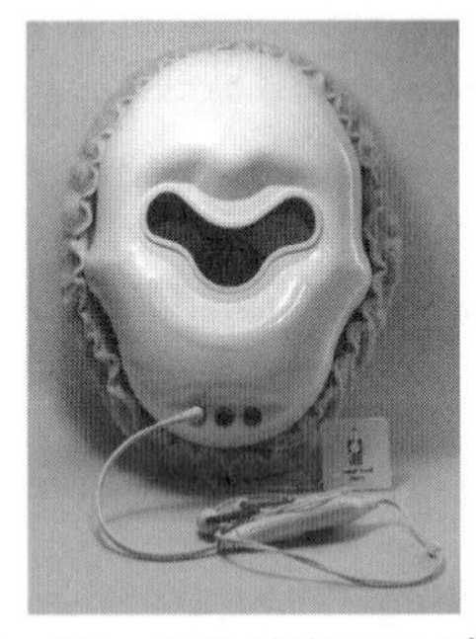

図9－10　振動触覚呈示デバイス（左は顔型，右は汎用型）

9.3.2　振動触覚の生体応答

調和的／非調和的振動触覚を作用させると，身体系はどのように変化するのかを調査した。そのため，上述のデバイスにより手のひらの中央部（たなごころ）を刺激し，近赤外分光法（near infrared spectroscopy; NIRS）により脳活動の計測を行った。

近赤外分光法とは，血液中のヘモグロビンが酸素と結合し酸素化ヘモグロビンになると，結合前と吸光のされかた（スペクトル）が変化する性質を用いた神経活動の測定法である。近赤外線を頭皮に照射し，透過してきた光の性質を分析することで，神経活動の変化を計測する。

測定実験では「無音→非調和的振動触覚→無音→調和的振動触覚→無音」の順番で非調和的／調和的振動触覚を繰り返し10回与え，無音部を含めそれぞれの酸素化ヘモグロビン量の平均を計測した。被験者数は20代の男女20名で，非調和的振動触覚は正弦波40Hzを用いた。

一般に近赤外線分光法の計測では個人差が大きいことが知られている。この実験でも，被験者によってデータの大きさにバラツキがあった。そこで，Zスコア（Z score）化によりデータの正規化を行った。その上で非調和的振動触覚，および，調和的振動触覚で刺激した場合の脳活動の変化を統計的に検定したところ，有意な結果が得られた（P値は

0.001 以下。Z スコア化しない場合でも同様の結果を確認した（図 9－11（左））。

また，この 2 つの振動触覚の印象評価を SD 法により行った。その結果，この 2 つの振動触覚に対し大きく異なった印象を感じていることが示された。調和的振動触覚の印象は軽い・鈍いの形容詞で，非調和的振動触覚の印象は大きいと特徴付けられた（図 9－11（右））[1)]。

このように，触覚をデザインするアルゴリズムの違いにより，生体応答（脳活動）や印象が異なることが示されている。だが，振動触覚に対する生体応答は個人差が大きいため，触譜を使わずに自然音の低周波成分を用いて生成した振動触覚による生体応答計測の実験も行っている。

パイプオルガン，読経，太鼓（三三七拍子），潮騒の低周波成分を振動触覚として用いて行った実験では，生体応答の計測のために唾液中のアミラーゼ濃度を用いたストレスの計測を行った。唾液中のアミラーゼはストレスを受けると濃度が高まるため，ストレスの度合いを計測するバイオマーカーとして使われている。

その結果，コントロール（触覚刺激なし）と比較して，パイプオルガンはストレスが軽減する傾向，太鼓（三三七拍子）はストレスが上昇す

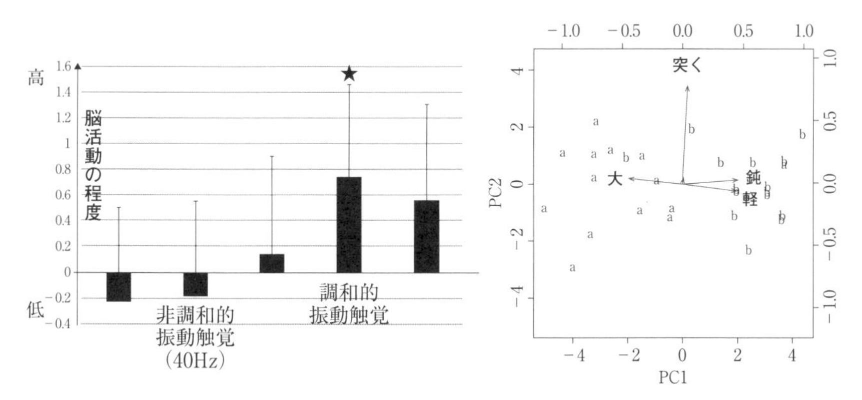

図 9－11　振動触覚の生体応答（NIRS）による脳活動の計測（左），調和的振動触覚（a）と非調和的振動触覚の SD 法による印象評価（右）

1）実験は臼沢綾さん（名古屋大学 情報文化学部，当時）により行われた。故 齋藤洋典先生（同大学・学部）には NIRS の貸与と指導をいただいた。

る傾向が示されたが，読経と潮騒についてはコントロールとの違いが見られなかった。また，個人差も大きく，男性と女性では応答が大きく異なること（性差）が確認されている[2)]（図 9－12）。

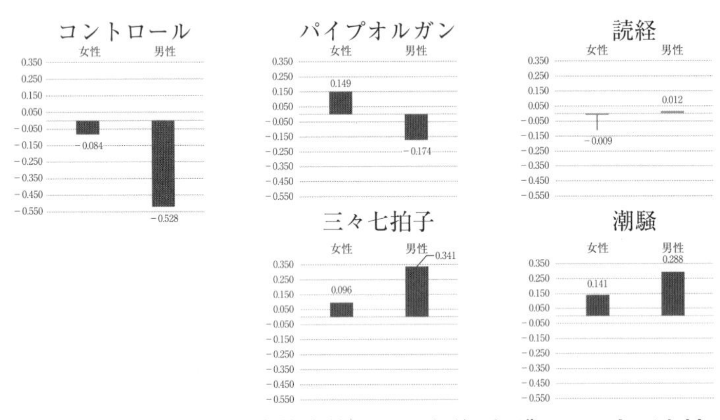

図 9－12　振動触覚の生体応答での男女差；各グラフで左が女性，右が男性（唾液アミラーゼ濃度の Z スコア）

9.3.3　振動触覚による相互誘導計算系へ

振動触覚の生体応答の実験では，個人差が大きいことが示された。触覚を媒体とした相互誘導計算系を実装するためには，個人の生体応答特性に合わせた振動触覚により作用を行う必要がある。

そのため，名古屋大学の鈴木（泰）研究室では個人ごとのユーザーの振動触覚の生体応答の変化を学習し，その結果を触譜生成のアルゴリズムにフィードバックさせることで，個人の振動触覚への応答特性に合わせて，振動触覚を生成する人工知能系を構築している。この系は人間と人工知能系が触覚と生体情報のデータを媒体として相互誘導を行う計算系であり，触覚を用いた相互誘導計算系となっている（図 9－13）。

2) この実験は名古屋大学 Global Science Campus（2022）に参加した，櫻井あんりさん（静岡高校 2 年，当時）と山本芽以さん（刈谷高校 2 年，当時）が行った。

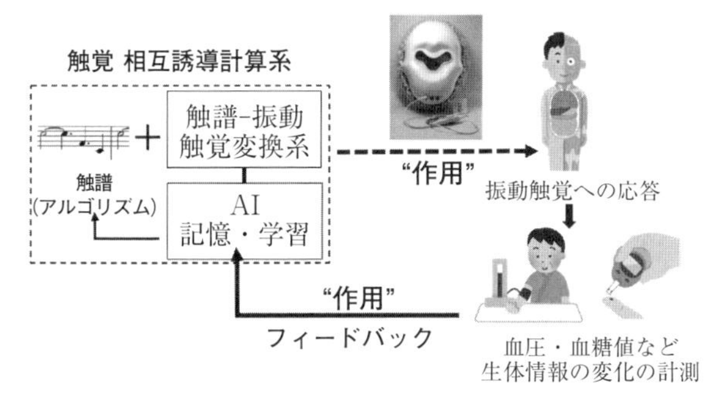

図9-13　触覚とデータを媒体とする相互誘導計算系

鈴木（泰）研究室では協力企業・研究機関と共同して，振動触覚による相互誘導計算系を構築しヘルスケアへの応用を進めている。これまでに，肌の状態変化（コラーゲンの凝集），血圧や血糖値の正常化，緑内障などの眼病の改善（眼圧の低下），中耳炎の改善（耳漏の解消）など多くの症例を確認しており，症例データ収集と分析を進めている。またこれらの機序を解明するための生物・物理学実験を行っている。

振動触覚はこれまでも医療で使われてきた。その歴史は古く，起源前400年頃のギリシアの記録にすでにある。近年では全身振動療法（whole body vibration; WBV）や音響振動療法（vibro-acoustic therapy; VAT）として北欧や北米の病院で使われている。

研究課題

9.1　身近なものを触譜で記述してみよ。そのため，まず記述する対象での「強さ」に相当する量を決め，その強さの時間変化を記述することで触譜とせよ。

9.2　9.1 で作成した触譜の触質（硬軟と粗さ）を調べよ。

参考文献

専門書：鈴木泰博：自然計算の基礎　ナチュラルコンピューティング・シリーズ第 7 巻，近代科学社，2023.

10 自然脳と人工脳

萩谷昌己

《**概要**》脳科学による脳の理解について俯瞰（ふかん）した後，人工ニューラルネットワークの技術に関して，特に脳との比較の観点より概観する。また，リザバー計算についても触れる。

10.1 自然脳

まず自然脳について述べる。自然脳とは，人間も含めた生物の脳のことである。

10.1.1 ニューロン

生物の脳は，ニューロン（neuron）とも呼ばれるが，神経細胞という特殊な細胞からできている。神経細胞は普通の細胞と違って，枝がたくさん伸びている。このような枝は樹状突起(dendrite)と呼ばれている。また，一番長いケーブルのような部分は軸索（axon）と呼ばれている。神経細胞とは，このような枝がたくさん出ている細胞で，その枝によってネットワークを構成している。大まかに述べると，樹状突起と呼ばれる部分に他の神経細胞からの入力が来ている。

10.1.2 電気パルス

神経細胞への入力の大きさがある閾値（しきいち）を超えると，活動電位（action potential）と呼ばれる電気パルスを生み出す。これは，興奮性（excitability）と呼ばれる，神経細胞のもう一つの重要な性質である。この電気パルスが軸索というケーブルを通って，他の神経細胞の近くまで運ばれ，そこの末端まで行くとシナプス（synapse）という構造があって，そこから次の神経細胞へ化学伝達物質を通して情報を受け渡す。このように神経細胞は電気信号を使っているという意味で，現在のコンピュータとは共通点がある。ただし，ニューロンが使っている電気パルスのパルス幅は大体0.5ミリ秒くらいで，高さが100ミリボルト，その繰り返し周波数は高々数百ヘルツである。したがって現在のコンピュータが使っているようなパルスと比べて非常に遅い。つまり自然脳は非常に遅い素子を使ってできている。

しかし，生き物は生存競争に勝たなければならない。したがって，できるだけ早く情報処理をしたいわけで，そのために発達したのが並列分散処理である。一個一個の素子が遅いので，並列分散的に高速で高機能の情報処理を行うという能力が自然脳では発達したと考えられている。

10.2　ニューロンの数理モデル

そのような通常のコンピュータとは違う自然脳の原理を何とか数理的に抜き出して，それをもとに人工脳ができないかという，そのような研究が20世紀前半から長く行われてきている。具体的には，ニューロンの数理モデルを構築しようとする研究が行われてきた。

10.2.1　マカロック・ピッツモデル

その中で特に重要なモデルがマカロック・ピッツニューロンモデル（McCulloch-Pitts neuron model）というモデルである。これは1943年に提案されている。このニューロンモデルは論理回路のようなモデルで，まず値は1か0となっている。先ほどの活動電位が出ている状態が1である。出ていない状態は静止状態と呼ばれるが，これは0で表される。時間も離散時間で刻まれる。時間が離散で状態も離散という，非常に論理回路に近いようなモデルである。たくさんの入力がニューロンに来ている。実際の生物のニューロンだと，1つのニューロンに対して大体1000から，多ければ20万といった，たくさんの入力が来ている。

そういうたくさんの入力のおのおののシナプスの部分の影響度を，結合係数（coupling coefficient）と呼ばれる重み係数で表す。それによっておのおのの入力の影響の大小が定まる。通常の興奮性ニューロン（excitatory neuron）の正の結合係数に対して，抑制性ニューロン（inhibitory neuron）では結合係数が負の値をとる。

このマカロック・ピッツニューロンモデルは，形式ニューロンモデルとも呼ばれるが，入力の総和が閾値（しきいち）以上だと値1を出し，閾値を超えないと0を出すという，非常に単純な素子である。単純ではあるが，これを使って色々な論理関数を作ることができて，さらに十分にたくさんのマカロック・ピッツニューロンがあれば，任意の論理関数を生成することができる。その意味でこのニューラルネットワークモデルは，論理関数系として万能性を持っている。

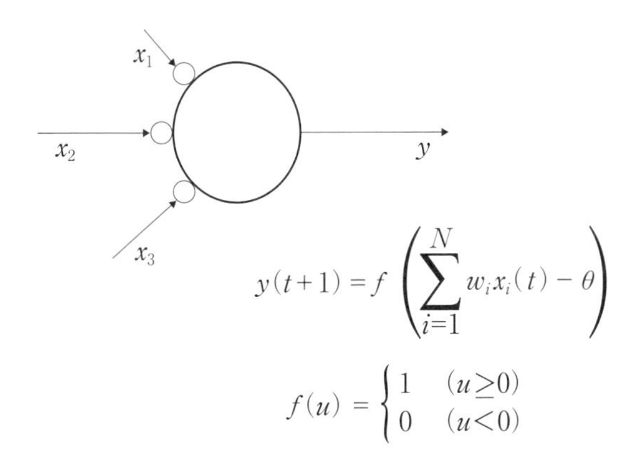

図10-1　マカロック・ピッツニューロンモデル

図10-1はマカロック・ピッツニューロンモデルの模式図を示している。他のニューロンiから入力x_iが入って来ている。時刻tにおける入力を$x_i(t)$で示す。すると，このニューロンの時刻$t+1$における出力$y(t+1)$は図10-1のように関数fを用いて定まる。なお，この図では$N=3$である。$x_i(t)$に重みw_iが掛けられて総和が求まりそこから閾値θが引かれる。関数fは図のように，引数が0以上ならば1，0より小さければ0を返す。

10.2.2　フィードフォワードニューラルネットワーク

以上のような人工ニューラルネットワークは，前世紀の後半から多くの人が興味を持って研究してきている。人工ニューラルネットワークの構造は大きく2種類に分けられる。一つはフィードフォワードニューラルネットワーク（feedforward neural network）である。この種類のネットワークでは，まず入力を受けるニューロンがたくさん並んでいて，次の層にまたたくさんのニューロンが並んでいて，さらにその先に（複数の）層があり，最終的に出力のニューロンがたくさん並んでいる。つまり入力から出力に向かって信号が一方向に流れる。これをフィードフォワードニューラルネットワークという（図10－2）。

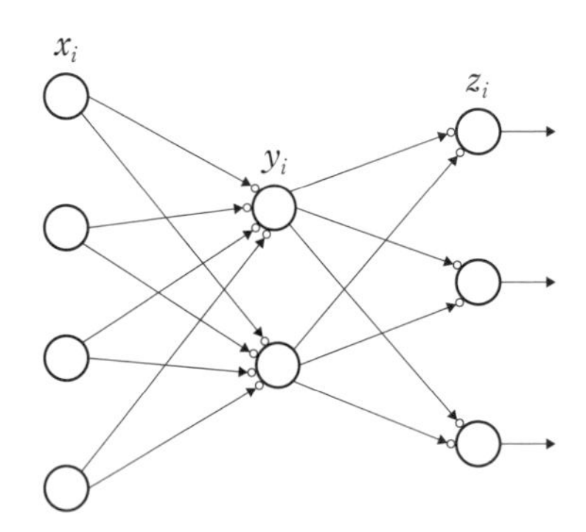

図10－2　フィードフォワードニューラルネットワーク

現在AIで広く使われている深層ニューラルネットワーク（deep neural network），また生成AI（generative AI）のもとになっているネットワークも，基本的にこのフィードフォワード型のニューラルネットワークになっている。なぜこの種類のネットワークが広く使われているかというと，以下に述べるように，優れた学習能力を持っている学習則が利用できるからである。

この誤差逆伝播（でんぱ）学習（backpropagation）の基本原理は，東京大学の甘利俊一（Shun'ichi Amari）によって1967年に提案されていて，それが1980年代に学習則としてアルゴリズム化されて広く使われるようになった。これが現在の深層学習（deep learning）でも使われているわけである。そういう意味で，よい学習則があるので現在のような優れたAIができているということができる。実際の自然脳でも，このようなフィードフォワードの結合が存在する。典型的に見られるのは脳の中の小脳と呼ばれる部位である。

10.2.3　フィードバックニューラルネットワーク

フィードフォワードがあれば，当然それに対してフィードバック構造というものがある。これがもう一つの典型的なネットワーク構造である。フィードバックニューラルネットワーク（feedback neural network）では，たくさんのニューロンがあって，そこからの出力があるが，その出力がフィードバックされて各ニューロンに結合している（図10－3）。見方を変えると，各ニューロンが相互に結合されている。実際の脳の中でもこのようなフィードバック結合が広く見られる。典型的なのは脳の海馬と呼ばれる，記憶と深い関連がある部位であって，海馬のCA3と呼ばれる部位ではこのフィードバック結合が見られる。なお，フィードバック結合はリカレント結合とも呼ばれ，フィードバックニューラルネットワークはリカレントニューラルネットワーク（recurrent neural network）とも呼ばれる。

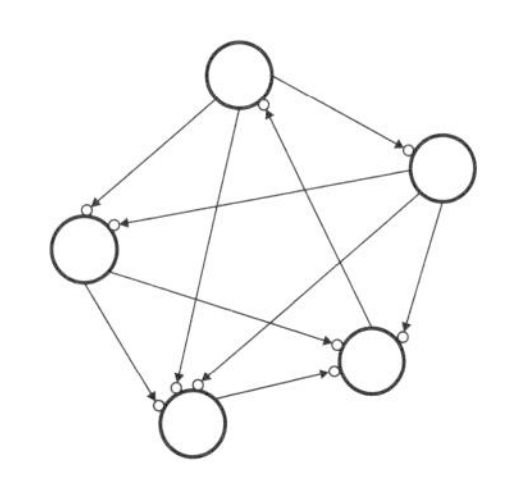

図10－3　フィードバックニューラルネットワーク

このフィードバックニューラルネットワークの性質は，1980年代にホップフィールド（John Joseph Hopfield）が詳しく研究している[1)]。特に，フィードバックニューラルネットワークに対して計算エネルギーと

1）ホップフィールドはボルツマンマシンを提案し深層学習を創始したヒントン（Geoffrey Everest Hinton）とともに2024年のノーベル物理学賞を受賞した。

いう，一種のエネルギー関数（energy function）を定義して，ネットワークの振る舞いがエネルギーを減らすように動作するということを数学的に証明している。すると，各ニューロンの状態を表す非常に高次元の空間を考えたときに，そこに計算エネルギーが定義される。空間上の計算エネルギーの様子はエネルギーランドスケープ（energy landscape）と呼ばれるが，一般にでこぼこしている。ニューラルネットワークはエネルギーを減らすように動いていくので，でこぼこの窪地に収束するという性質を持っている。その窪地を記憶内容と対応させると連想記憶が実現できる。不完全な記憶内容を与えると，その近くの窪地に対応する記憶内容にニューラルネットワークは収束するが，これは不完全な記憶内容から完全な記憶内容を連想する過程と捉えられる。

ホップフィールドのネットワークに関してもう少し詳しく説明しよう。i 番目のニューロンから j 番目のニューロンへの結合の重みを w_{ij} とする。ホップフィールドのネットワークでは，$w_{ij}=w_{ji}$ が成り立つと仮定する。また，$w_{ii}=0$ として，ニューロンから自分自身への結合はないとする。ニューロンの入出力は 0 もしくは 1 とするが，連続値を持つモデルを考えることもある。i 番目のニューロンの出力を x_i で表す。ここでは，$x_i=0$ もしくは $x_i=1$ とする。

すると，ネットワークの計算エネルギー E は次のように定義される。

$$E=-\frac{1}{2}\sum_{i=1}^{i=N}\sum_{j=1}^{j=N}w_{ij}\,x_i\,x_j+\sum_{i=1}^{i=N}\theta_i\,x_i$$

θ_i は i 番目のニューロンの閾値に対応する定数である。

以下は，ネットワークのニューロンの出力を更新する規則である。

- ランダムにニューロン i を選ぶ
- ニューロン i への入力より $y_i=\sum_{j=1}^{N}w_{ji}\,x_j-\theta_i$ を計算する
- $y_i<0$ ならば，ニューロン i の出力 x_i は 0 とする
- $y_i>0$ ならば，ニューロン i の出力 x_i は 1 とする
- $y_i=0$ ならば，ニューロン i の出力 x_i は変化させない
- 以上を繰り返す

するとEは，ネットワークが更新されると減少する（増加しない）ことが分かる。なぜならば，$x_i=0$の場合を基準にとると，$x_i=1$の場合のエネルギーは，ちょうど$y_i=\sum_{j=1}^{N} w_{ji}\,x_j-\theta_i$だけ小さいからである。したがって，ネットワークの更新を繰り返すと，Eは極小値に到達する。

10.2.4　リザバー計算

近年，リザバー計算（reservoir computing）という計算原理に，前述のフィードバックニューラルネットワーク（リカレントニューラルネットワーク）が使われている。リザバーとは本来は水を溜める容器や池のことであるが，ここでは，色々な情報を蓄えることのできるフィードバックニューラルネットワークを意味する。そこに入力を蓄えることによって，例えば時系列信号の識別や予測といった計算に関して高い能力を発揮する。

リザバー計算にはもう一つ重要な性質がある。リザバーというフィードバックニューラルネットワークに入力が与えられると，その入力を受けてリザバーが活動し，その結果を読み出すのがリードアウトニューロンである（図10－4）。リードアウトニューロンによって出力が求まるのだが，通常のリザバー計算で学習によって変化するのは，リザバーからリードアウトニューロンへの結合の部分だけである。

したがって，リザバー計算では学習負荷が非常に低い。現在のディープラーニングでは，一般にたくさんのデータを使って，非常に膨大な計

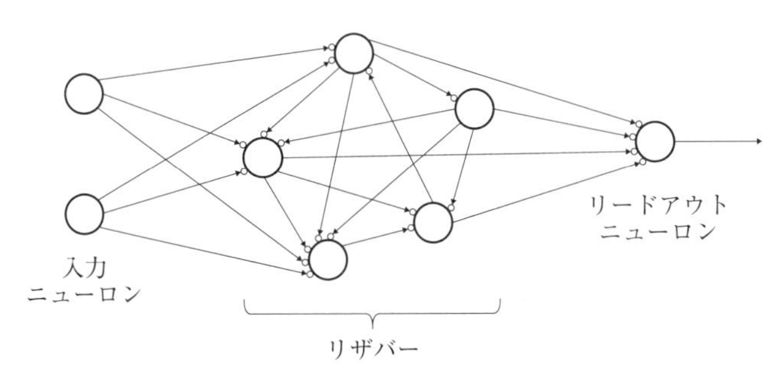

図10－4　リザバー計算

算を行って学習をするが，それに対してリザバー計算は，学習する部分がリードアウトニューロンへの結合だけなので，学習が比較的に容易である。センサなどの末端に近い側での計算は一般にエッジ計算（edge computing）と呼ばれているが，ニューラルネットワークをエッジ計算で扱う場合はあまり電力を使用できない。したがって，リザバー計算は特にエッジ計算で有効だと考えられている。

10.2.5　物理リザバー

前節で述べたようにリザバー計算の学習では，リザバーからリードアウトニューロンへの結合だけが変更され，リザバー内の結合は変更されない。そこで，リザバーのフィードバックニューラルネットワークを，同様の性質を持つ「モノ」で代替することが可能になる。ここで，モノとしては，リザバーのフィードバックニューラルネットワークと同様の性質を持っていれば何でもよい。以下で紹介するように，水槽に張った水やたこの足（を模擬したロボット）をリザバーとして用いることができる。このような，リザバーのフィードバックニューラルネットワークの代わりとなる「モノ」は，物理リザバー（physical reservoir）と呼ばれている（図 10－5）。もしくは，風変わりなリザバー（exotic reservoir）と呼ばれる。

ここで，物理リザバーが持っているべき性質を簡単に述べると，与えられた入力の情報が，互いに複雑に関連し合いながらある程度の時間，

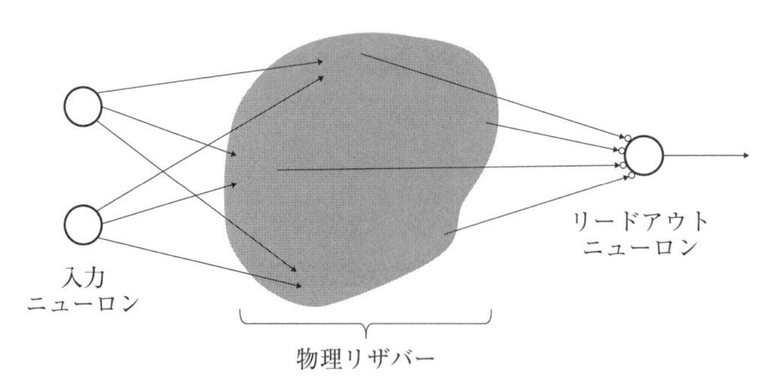

図 10－5　物理リザバー

リザバーの中に保持されていることと，そうは言っても，長い時間が経てば，入力の情報は失われる（忘れられる）ことである。

実際の物理リザバーとして2003年に発表されたのは水槽に張った水で，液体脳（The Liquid Brain）と呼ばれた。具体的には，OHP（overhead projector）の上に水槽が置かれていて，その水面にはコンピュータ制御のモーターが左右に4つずつ配置され8つの波の中心となる。これらのモーターは入力によって駆動される。モーターによって起こされた波が互いに干渉することにより，水面には複雑な波紋が生じる。この波紋の画像は，OHPにより投影されてカメラに入力される。具体的には，320×240ピクセル，毎秒5フレームの動画が得られる。撮影した画像に対してエッジ検出とノイズ除去が施された後，32×24のグリッド値が生成される。このグリッド値が物理リザバーからの出力になる。リザバーからの出力はリードアウトニューロンに与えられ，この際の結合が学習によって変更される。

この研究では，“Zero”と“One”の音声を20個ずつフーリエ変換し，8つの帯域と8つのタイムスライスの値をリザバーに与える実験が行われた。その結果，リザバーが“Zero”と“One”を聞き分けられるようになることに成功した。

東京大学の中嶋浩平（Kohei Nakajima）は，2015年にたこの足を模したロボットによる物理リザバーの研究を発表し注目された。たこの足には湾曲を感知するセンサが10個付いている。これらのセンサがリザバーからの出力を与える。たこの足の上部の取り付けれたモーターがたこの足を揺さぶる。これがリザバーへの入力となる。この研究は，たこの足のような生物の（脳ではない）体が，物理リザバーとして知能を有していることを示した点で，非常に興味深い（図10−6）。

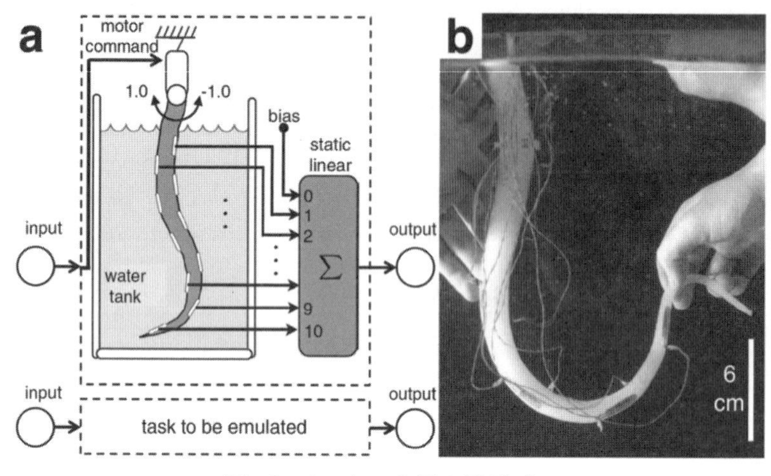

図 10－6　たこの足のリザバー

（Nakajima, K. et al. Information processing via physical soft body. Sci. Rep. 5, 10487; doi: 10.1038/srep10487（2015）.）

10.3　AI とニューラルネットワークと脳神経科学

本章の最後に，歴史的な流れも振り返りながら，AI とニューラルネットワークと脳神経科学の関連について考察する。

10.3.1　第 3 次 AI ブーム

AI の研究とニューラルネットワークの研究には，よく知られているように過去に第 1 次と第 2 次のブームがあって，その間が冬の時代と呼ばれている。一方，現在のディープラーニング，さらに生成 AI に関する研究は第 3 次 AI ブームに含まれており，第 3 次 AI ブームがこれまでの AI ブームと違うのは，AI が人工ニューラルネットワークを使っていることである。したがって第 3 次 AI ブームは同時に第 3 次のニューラルネットワークブームにもなっている。そういう意味で人工ニューラルネットワークを使いながら AI を作っていくという非常に面白い流れが展開されている。

10.3.2　脳神経科学

ただしもう一つ重要なことは，AI のお手本が脳であることである。人工ニューラルネットワークも脳の数理モデルなので，AI とニューラルネットワークに加えて，脳科学，神経科学の実験的な研究も非常に重要である。つまり歴史的な流れを見るときには，脳神経科学の研究の流れとニューラルネットワークの研究の流れ，それから AI の研究の流れ，これらの 3 つの流れを同時に見ていくことが非常に重要である。特に実際の神経や脳の研究が現在もリアルタイムで大きく進んでいるので，そこをきちんと見ておくことが重要になる。

10.3.3　スパイキングニューラルネットワーク

脳神経科学との関係で注目すべきことは，最近のニューラルネットワークや AI の数理モデルの流れとして，スパイキングニューラルネットワークの研究が非常に活発になってきていることである。本章の冒頭で説明されているように，ニューロンは活動電位と呼ばれる電気パルスを出す。その電気パルスを生成するようなニューラルネットワークモデル，すなわちスパインキングニューラルネットワークモデル（spiking neural network model）を作ろうとする研究の歴史は古くて，最初のモデルは 1907 年に提案されている。リーキインテグレートアンドファイアモデル（leaky integrate and fire model）という。

このモデルでは，以下のような微分方程式によってニューロンの膜電位 V が変化する。

$$\tau \frac{dV}{dt} = -V + V_r + I(t)$$

入力の電流 $I(t)$ が十分に大きければ V は次第に大きくなり，閾値(しきいち) θ に達したとき，すなわち時刻 t^* で $V(t^*) = \theta$ となったとき，スパイクが発生して，膜電位は瞬時に静止電位にリセットされ $V(t^*) = V_r$ となる。

このモデルは今でもよく使われている。それ以降，スパイクすなわち神経細胞の活動電位と呼ばれる電気パルスを生み出すからくりを，数学的に記述しようとする研究が活発に行われてきている。

その中で非常に重要な成功例が，ホジキン・ハクスリー方程式（Hodgkin-Huxley equations）というスパイキングニューロンのモデルである。ホジキン（Alan Lloyd Hodgkin）とハクスリー（Andrew Fielding Huxley）はイギリスのケンブリッジ大学の生理学教室にいた研究者である。彼らは1952年に，ヤリイカの神経（非常に太く巨大神経と呼ばれている）の実験データを説明する微分方程式を提案し，その研究の成果で1963年のノーベル生理学医学賞を受賞した。ノーベル生理学医学賞は実験研究に与えられるのが普通なのだが，彼らは実際の神経の活動を説明する微分方程式を作って，その成果でノーベル生理学医学賞を受賞した。これは非常に珍しいことであるが素晴らしいことである。（以下では指数が複雑なので $\exp(x)=e^x$ を用いる。）

$$\frac{dV}{dt} = I - 120.0m^3h(V-115.0) - 40.0n^4(V+12.0) - 0.24(V-10.613)$$

$$\frac{dm}{dt} = \frac{0.1(25-V)}{\exp\left(\frac{25-V}{10}\right)-1}(1-m) - 4\exp\left(\frac{-V}{18}\right)m$$

$$\frac{dh}{dt} = 0.07\exp\left(\frac{-V}{20}\right)(1-h) - \frac{1}{\exp\left(\frac{30-V}{10}\right)+1}h$$

$$\frac{dn}{dt} = \frac{0.01(10-V)}{\exp\left(\frac{10-V}{10}\right)-1}(1-n) - 0.125\exp\left(\frac{-V}{80}\right)n$$

ただし，この微分方程式は4変数の非常に複雑な微分方程式で数学的な研究が難しい。そこで，アメリカのフィッツフュー（Richard FitzHugh）と日本の東京大学の南雲仁一（Jinichi Nagumo）によって，これを単純化したスパイキングニューラルネットワークモデルが提案された。フィッツフュー・ナグモ方程式（FitzHugh-Nagumo equations）と呼ばれている。変数は2つだけの非常に単純な常微分方程式で，非線形性は3次の項があるだけで残りは線形である。そのために数学的な研究が比較的容易であり，現在でも広く研究されている。

$$\frac{dV}{dt} = V - \frac{V^3}{3} - W + I$$

$$\frac{dW}{dt} = \varepsilon(V + a - bW)$$

Vは膜電位，Iは外部からの刺激電流，Wは不活性化を表す変数である。

10.3.4　スパイキングニューラルネットワークのハードウェア

南雲たちはもう一つ重要な貢献として，このニューロンモデルの電気回路モデルを作っている。その際何が難しかったかというと，先ほどの3次の項である。それ以外は線形なので，電気回路としては抵抗とコンデンサーとコイルと電池があれば作れる。3次の項が問題だったが，幸いなことに南雲たちの論文が出た1962年の5年前，1957年に江崎玲於奈(Leo Esaki)によって江崎ダイオードが発明されている。このダイオードはトンネル効果を持っていて，横軸電圧，縦軸電流の特性をとると一旦上がって次に下がる。下がる部分が負性抵抗に対応する。その後はまた上がる。つまり上がって下がって上がるという3次関数的な変化をする。そこで南雲たちは直ちにこのトンネルダイオードを使って電気回路モデルを作って，実際にそれが動くことを確認している。これは歴史的に重要な回路なので，東京大学の駒場にある博物館に収蔵されている。

スパイキングニューラルネットワークのハードウェアを作る研究は現在でも行われていて，例えば東京大学の生産技術研究所の河野崇(Takashi Kohno) はアナログの集積回路を使って，非常に低消費電力のスパイキングニューラルネットモデルを作っている。彼の回路では1つのニューロンが大体3ナノワットぐらいで動く。人の脳は約1000億のニューロンから成ると考えられているが，1つのニューロンが3ナノワットで動くとすると，1000億で300ワット，すなわち電球数個のエネルギーで動くということである。このような回路は，リザバー計算のところで述べたように，大きな電力を使えないエッジ計算のような場面で，電力を余り使わずに高次のニューラルネットワークの処理をしたいときには非常に役に立つと期待されている。

10.3.5 脳に学ぶ

ただし，実際の脳は20ワットで動いている。したがって現在最先端の回路が300ワット程度であるので，まだ一桁以上届いていない。やはり自然脳は，非常に高度な能力を非常に少ない電力で実現している。

脳の中には高次機能を担っている，大脳皮質と呼ばれる部分があるが，ここのニューラルネットワーク構造は最近かなり深く分かってきている。これまでフィードフォワード型のニューラルネットワークとフィードバック型のニューラルネットワークについて説明したが，この両方のネットワーク構造をミックスしたネットワーク構造が見つかってきている。したがって，これからそのような構造に関する研究が行われていくと考えられる。

自然脳と人工脳を両方考えてみたとき，自然脳はニューロンからできており，現在のAIもニューロンのモデルから作られており，どちらもニューロンを使っているという共通点がある。もちろん，人工脳で使っているニューロンのモデルは非常に単純化されたものだが，自然脳と人工脳には共通するニューロン原理があると考えることができる。東京大学のニューロインテリジェンス国際研究機構で合原一幸（Kazuyuki Aihara）たちはその共通の原理を探る研究を進めている。

その一方で，自然脳と人工脳はそれぞれの特質を持っている。現在の人工脳によるAIは非常に高い能力を持っていて，例えば囲碁や将棋では人間はもう勝てなくなっている。それ以外にも人間の脳を超えるような能力を持っている。他方で自然脳は人工脳に完全に負けているわけではない。創造性など，今の人工脳でもまだまだ実現できていない能力を自然脳は持っている。また，現在の人工脳は容易にだますことができる。敵対的ノイズというものを加えるとAIを間違えさせることができる。例えば画像の認識で間違ってしまうが，AIが間違った画像を人間は決して間違わない。人工脳は間違うけれども自然脳は間違わないような情報処理もあるので，今後はおそらく自然脳と人工脳がどのように共同していくかという研究も重要になる。自然脳と人工脳の共同によって，より高度な情報処理系が構築できるのではないかと考えられる。

研究課題

10.1　f を ReLU 関数 $f(x) = \max(x, 0)$ としたときに，$f(w_1 x_1 + w_2 x_2 + \theta)$ が x_1 と x_2 の NOR 関数になるように w_1 と w_2 と θ を定めよ。NOR 関数は，x_1 と x_2 が 0 または 1 であるときに，以下のように定まる。

$$\mathrm{NOR}(x_1, x_2) = \begin{cases} 1 & (x_1 = x_2 = 0) \\ 0 & \text{その他} \end{cases}$$

10.2　深層学習や生成 AI について調べてみよ。

10.3　脳の大統一理論といわれるフリストン（Karl John Friston）の自由エネルギー原理（free energy principle）について調べてみよ。

参考文献

教科書：合原一幸，神崎亮平：理工学系からの脳科学入門，東京大学出版会，2017.

教科書：岡谷貴之：深層学習 改訂第 2 版（機械学習プロフェッショナルシリーズ），講談社，2022.

教科書：岡野原大輔：ディープラーニングを支える技術〈1～3〉，技術評論社，2022～.

入門書：酒井邦嘉，合原一幸他：脳と AI–言語と思考へのアプローチ（中公選書 125），中央公論新社，2022.

入門書：岡野原大輔：大規模言語モデルは新たな知能か ―― ChatGPT が変えた世界（岩波科学ライブラリー），岩波書店，2023.

入門書：乾敏郎，阪口豊：脳の大統一理論 ―― 自由エネルギー原理とはなにか（岩波科学ライブラリー 299），岩波書店，2020.

11 意識の計算

萩谷昌己

《**概要**》意識がどのようにして形成されるかは，万人を魅了する研究テーマであり続けている。中でも，統合情報理論など，意識を情報と計算の観点から捉えようとする試みが活発になってきている。

11.1 意識のハードプロブレム

本章では，11.2 節で統合情報理論について詳しく解説するが，その前に意識のハードプロブレム（hard problem of consciousness）について簡単に説明する。この問題は，1995 年にオーストラリアの哲学者チャーマーズ（David John Chalmers）が，"Facing up to the problem of consciousness" という論文において，意識のイージープロブレム（easy problem of consciousness）と対比しつつ提案した問題である。

本節では上記論文の内容を簡単に紹介するが，その中でのチャーマーズの議論と 11.1 節の統合情報理論とを是非比較してほしい。

11.1.1 意識のイージープロブレム

チャーマーズによれば，意識のイージープロブレムとは，以下のような現象を説明することである。

- ✓ 外部からの刺激を認識・分別して反応する能力
- ✓ 認知系による情報の統合
- ✓ 心的状態の報告
- ✓ 自身の内的状態にアクセスすることのできる系
- ✓ 注意の集中
- ✓ 振る舞いの意識的な制御

✓　覚醒と睡眠の違い

チャーマーズによれば，我々はこれらの問題を完全に説明することはまだできていないが，これらの問題を説明するとはどのようなことであるかについては明確に理解している。例えば，内的状態のアクセスと報告について説明するには，内的状態に関する情報を検索して言語化するメカニズムを解明すればよい。

11.1.2　Something it is like to be a conscious organism

以上のような意識のイージープロブレムに対して，意識のハードプロブレムとは，体験（experience）の問題である，とチャーマーズは主張する。チャーマーズは，米国の哲学者ネーゲル（Thomas Nagel）の論文のタイトル「コウモリであるとはどのようなことか（What is it like to be a bat?)」を参照して，“something it is like to be a conscious organism” という主観的側面こそが体験であると主張する。この英語のフレーズは少し分かりにくいのであるが，ネーゲルのフレーズ What is it like to be a bat? と比較すると分かりやすい。ここでitはto be a bat(こうもりであること）を指していると考えられる。like も込めて少し意訳すると「コウモリである感じとは何か」と言い換えられるだろうか。すると，“something it is like to be a conscious organism” は「意識を持つ生命体である感じ」と訳せるだろう。例えば我々が物を見るとき，赤い色，暗さもしくは明るさ，視覚野における深さ，といった視覚的な感覚が生じるが，このような感覚を主観的に味わうことこそが体験である。

人間を含む一部の生命体が体験の主体であることは誰も否定できないだろう。しかし，これらの系がどのようにして体験の主体になるかという問いは謎である，とチャーマーズは述べる。我々の認知系が視覚もしくは聴覚の情報処理を行うとき，我々は視覚もしくは聴覚の体験を有するが，なぜ我々が心的なイメージや感情を味わえるのかを，どのようにすれば説明できるのだろうか。もちろん，体験が物理的な基盤の上で生じることは広く受け入れられているが，物理的な過程からいかにして体験が生じるかについては，十分な説明は存在していない，とチャーマーズは主張する。11.2.2 節でも再度触れるが，これが意識のハードプロブレムである。

11.1.3 非還元的説明

チャーマーズは，物理学のように対象を要素に分解して，要素に関する理解から対象を説明するという，還元的なアプローチで意識を説明することはできない，と主張する。一方，還元的なアプローチをとる物理学であっても，対象によっては基本的な要素であると考えて，それ以上は分解して捉えることはしない。そのような基本的な要素については，それがいかにして世界の他の対象と関係するかを記述することによって説明する。例えば，電磁的な現象は力学のみによっては説明することができないので，電荷や磁力といった基本要素とそれらに関する法則を追加することにより，電磁気学という新たな物理学の体系が構築された。

同様に，意識の理論においても体験を基本要素とすべき，とチャーマーズは主張する。既存の物理的な理論は，意識の概念がなくとも成立するものであるから，意識の理論を構築するためには，全く新しい非物理的な基本要素を追加して，その新しい要素から体験を導出できるようにすべきである，という主張である。さらに，体験そのものを基本要素とすることもできるだろう，とチャーマーズは述べる。すなわち，体験を基本要素とする体験の理論を構築しようという試みである。

そして 1995 年の論文でチャーマーズは，意識の非還元論的理論は物理的な過程の性質と体験の性質を関連付ける原則から成ると考え，そのような原則を精神物理原則（psychophysical principle）と呼ぶとともに，具体的に 3 つの原則を示した。以下，これらの 3 つの原則について簡単に紹介しよう。

11.1.4 構造一致の原則

consciousness と awareness という英単語はどちらも日本語では意識と訳されるが，チャーマーズはこれらを使い分けている。本章では意識という日本語の単語はすべて consciousness の方を意味している。これに対して，awarenessの方は「意識的に…する」というときに使う「意識」に近いかもしれない。awarenessは「気付き」や「自覚」とも訳される。チャーマーズはawarenessをdirect availability for global controlと定義している。global controlとは，言語活動のような大局的な振る舞いを制御することを意味しているので，awarenessはglobal controlを直接的に行う能力と定義できるだろう。したがって，awarenessは情報処理に関する概念であると考えられる。このことは，awarenessが神経活動のような物理的な過程によって説明可能であることを意味している。

consciousnessとawarenessを区別した上で，構造一致（structural coherence）の原則とは，consciousnessとawarenessがそれらの構造も含めて対応していることを意味する。例えば，視覚のawarenessが有する情報構造に対応して，視覚の体験も構造を有していて，それらの構造が一致している，という原則である。

そしてチャーマーズは，体験の構造のすべてがawarenessの構造に対応しているわけではないと認めつつも，構造一致の原則によって，awarenessの構造を解明することによって体験を説明できる可能性を主張している。

なお，この原則と次の原則は体験を直接的に扱うものではないが，体験の有り様を制約する原則にはなっている。その意味でチャーマーズはこれらの原則を非基礎原則と位置付けている。

11.1.5　構成不変の原則

構成不変（organizational invariance）の原則とは，2つの系が細部に至るまで同じ機能を有する部分系・要素から構成されるならば，2つの系に生じる体験は定性的に同一である，というものである。この原則を導く思考実験は非常に有名なので少し詳しく述べよう。

背理法の仮定として，脳の神経系Aと細部に至るまでAと同じ機能を有するように構成されたシリコン回路Bを考え，それらに異なる体験（例えば赤の体験と青の体験）が生じると仮定する。AとBの構成は同一なので，Aのニューロンを1つずつ同一の機能を有するシリコンチップに置き換えることが可能である。すると，AとBの間のどこかで体験が変化するはずである。その境界にある2つの系の差異をスイッチで切り替えられるようにしておけば，スイッチを切り替えることによって系の体験は変化する（赤の体験から青の体験に切り替わる）。しかしながら両者は機能的に同一であるから，スイッチが切り替わっても系自身はそれに気付くことはできない。もし気付くとすれば，機能的に異なることになってしまうからである。なお，スイッチによって体験が変化する様子は，11.2.1節で紹介されるクオリアという言葉を用いて，ダンスするクオリアと呼ばれている。結局，以上のような矛盾が生じるので，AとBで異なる体験が生じるという仮定は否定される。

11.1.6　情報の二相理論

3つ目の原則は情報の二相理論（double-aspect theory）である。チャーマーズは，最初の2つの原則が非基礎原則であったのに対して，この3つ目の原則は意識の基礎理論の一端を構成する基礎原則であると述べている。その意味で原則ではなく理論と呼んだのであろう。

この原則の中心にあるのは，シャノン（Claude Elwood Shannon）の情報理論の意味での情報である。チャーマーズは情報の状態から成る情報空間を想定する。そして，物理的に実現される情報空間と体験の情報空間の間に同型写像が存在すると主張する。別の言い方をすると，同一の抽象的な情報空間が，物理的な過程に埋め込まれるとともに，意識的な体験の中にも埋め込まれる。

この原則により，物理的な変化が体験の変化に対応するのは，抽象的な状態の空間において情報が変化するためであると説明することができる。また，構成不変の原則が成り立つならば，構成に関する何らかの性質と体験とを関係付ける必要があるが，情報こそが構成に関する性質に他ならない。一方，この原則によって，情報空間が有する構造を用いて構造一致の原則を説明できる可能性がある。

以上のようにこの原則の意図するところは大きい。認知的な情報処理に関する物理的な説明であっても，そこに埋め込まれた情報の状態を中心的に扱うならば，体験の解明に通じるものと考えられる。

11.2　統合情報理論

統合情報理論と呼ばれる意識の理論に関して解説する。統合情報理論（integrated information theory; IIT）は，英語ではIITと略されるので，以下でもIITという略語を使う。IITとは，トノーニ（Giulio Tononi）というウィスコンシン大学の精神医学者によって提唱された理論であった。この理論は，意識を数学で定量的に理解することを目指している。

11.2.1　意識とは何か

そもそも意識とは何かというところから始めたい。意識には現代でもはっきりとした定義はないので，ここでは単に主観的体験のことを意識と呼びたい（11.1.2節の「体験」を参照）。主観的体験（subjective experience）とは，例えば赤いリンゴを見たときに，赤いリンゴを見たという，人それぞれの中で主観的に感じているその中身すべてのことを指している。その主観的体験の中にも2つの要素がある。1つは赤いリンゴを見たときの赤いリンゴの質感そのものである。それを意識の質といい，クオリア（qualia）などと呼ばれるものである。もう1つは意識の量的な概念で，寝ているときに意識がなくなったように見え，逆にまた起きると意識体験が復活する。これらの中間がいわゆる眠いときで，眠いときは，完全に覚醒しているときよりは意識がはっきりしていないが，完全に寝てしまっているときよりは意識がある。そのような状態を指して意識の量が変化すると捉える。意識の質と量のそれぞれに対して数理的に理解することを目指したものがIITである。

11.2.2　現象論と公理

IITの理論は，いわゆる意識のハードプロブレムを真っ向から解決するものではない。意識のハードプロブレム（hard problem of consciousness）とは以下のような問題である（11.1.2も参照）。我々の主観的な体験は脳から生じていると考えられているが，例えば赤いリンゴという視覚刺激が入ったときに，脳の中でどのようなことが起こっているかを全て詳細に理解できたとしても，「じゃあその脳のメカニズムの中でなぜ意識が生じるのだろう」ということはいつまでたっても分からない。脳の中で起こっている神経細胞の電気的な活動から，主観的体験にはどうやってもつながらないように考えられる。これが意識のハードプロブレムである。IIT は意識のハードプロブレムを真っ向から解決するのではなく，以下のようにその論理の方向を逆転させている。

すなわち，意識というものは現実に存在するという前提から出発して，意識そのものを観察する。これを現象論（phenomenology）と呼ぶが，IIT ではこの現象論から理論の構築を始め，意識そのものの観察から意識にまつわる仮説を立てて，その仮説を脳などの実際の系を用いてテストする。このような流れで IIT の理論は構築されているが，ここで重要なポイントは，仮説が数式で書かれていることである。IIT 以前の意識に関する研究では数式を用いることがあまりなかったので，初めて数学を用いて意識の定量的な理解を目指したのは IIT のユニークな点である。

ここで改めて IIT が対象とする３つの問題を挙げる。１つは前述した意識の質の問題である。つまり，赤を見たときになぜ赤のように感じられるのか，あるいは視覚的な体験と聴覚的な体験というのはなぜこんなに違うように感じられるのか，といった問題である。もう１つは，これも前述した意識の量の問題で，なぜ寝ているときや麻酔のときに意識がなくなって，起きるとまた復活するのか，そのような量の変化の問題である。最後に意識の境界という問題がある。脳の中で意識が生じているという前提のもとで，具体的に脳のどこが意識を担っているのかという問題である。例えば，脳は左脳と右脳がつながっている構造を持っているが，この左脳と右脳の全体で意識が生じているのか，それとも左脳と右脳のそれぞれに意識が生じているのか。すなわち，脳のどこに意識が生じているのかという問題が，境界の問題である。この３つの問題を統一的な枠組みで理解することが，IIT が目指しているところである。

IIT では，現象論すなわち意識の観察から意識に関する仮説を導くが，そのためには，まず意識の観察をしたときに自明に気づくことを公理として挙げる。ここではIITの公理を2つ紹介する。1つ目は，意識の中身は情報を含んでいるということである。我々が何かを体験したとき，例えば赤いリンゴというものを体験したとき，その背後では黄色いバナナではないとか，あるいは犬ではないとか，そのようないろいろな可能性がある中で，これは赤いリンゴだと認識している。意識の中身が情報を含んでいるとは，このように主観的に体験できる他とは違った体験があることを意味している。

もう1つの公理は，意識は統合されているということである。つまり，赤いリンゴという体験があったときに，赤という体験もしており，リンゴに対しての体験もあるが，これらはそれぞれ独立に体験されているのではなく，あくまで赤いリンゴという総体としての体験が生まれており，この体験は分割できない。意識が統合されているとは，このような現象を意味している。

すると，2つの公理から次のような仮説を導くことができる。意識の質は統合された情報に対応する。より詳しく述べると，後に扱う情報の構造が意識の質だとするのがIITの仮説である。また，意識の量には統合された情報の量が対応するという仮説が導かれる。

さらに以上の仮説からは，意識を生み出すのに必要な条件が理論的に導かれる。1つ目の必要な条件は，物理系の中に情報があるということである。もう1つはその物理系の中で情報が統合されているということである。

11.2.3　因果と統合情報

既に何度も情報という言葉を使っているが，ここでIITにおける情報とは何かを定義する必要がある。IITでは情報に対して通常とは異なる定義を与えている。通常の意味の情報は，いわゆるシャノンの情報量あるいはエントロピーによって定義されるが，IITにおける情報は因果（causation）を指している。

IITの情報に関する感覚をつかむために，具体例で少し考えてみよう。

IIT は脳とか生物を対象とした理論でもある一方で，人工物を含む一般の物理系に対する理論になっているので，ここでは単純なフォトダイオードを考える。フォトダイオードは具体的には，光が入ってきたときに何らかの電気信号を流し，その結果，例えばビーという音が鳴るものだと仮定する。このフォトダイオードが意識を持つかという命題を考えるには，フォトダイオードの情報とは何かを知る必要がある。古典的な情報量を用いた議論では，これは多様なパターンを生み出し得るか，ということに他ならない。フォトダイオードの状態はオンかオフだけだと仮定すると，2 状態しかないので，極めてプアな情報しか生み出さないことになる。

では，フォトダイオードをたくさん集めたデジタルカメラのようなものを考えるとどうなるか。古典的な情報量を用いた議論では豊富な情報を持っていることになる。一方，IIT の観点からは，パターンはたくさん生み出せるが情報が統合されていないことになる。具体的にデジタルカメラの中に 100 万のフォトダイオードがあったとする。これらのフォトダイオードの間で情報のやり取りがない，すなわち結合がないとすると，それぞれのフォトダイオードは，他のフォトダイオードとは無関係に独立に活動する。このような系では，情報が統合されていないので，パターンは豊富ではあるが統合情報はない。したがって意識は生じ得ない。

因果についてさらに説明する。情報は因果だと述べたが，より具体的には，ある神経細胞が活動したときに，別の神経細胞に影響をもたらすことが因果であり，IIT ではこの影響のことを情報と呼んでいる。そして，統合情報量もしくは統合情報（integrated information）は，ある系の内部の因果関係を測ったものとして数学的に定義される。

例を用いて統合情報量の定義について説明する。図 11－1 (a) の系は極めて簡単なもので，2 つの素子 A，B があり，この A と B はそれぞれに自分と他の要素に対して入力を与える AND ゲートであり，A ∧ B（もしくは AB）という演算を行う。この素子には少しノイズが含まれているので，例えば 00 が入ってきても，本来はノイズがなければ 0 を出力するが，いくらかの確率で 1 になることもあるという。この系の遷移確率行列を示したのが図 11－1 (b) である。

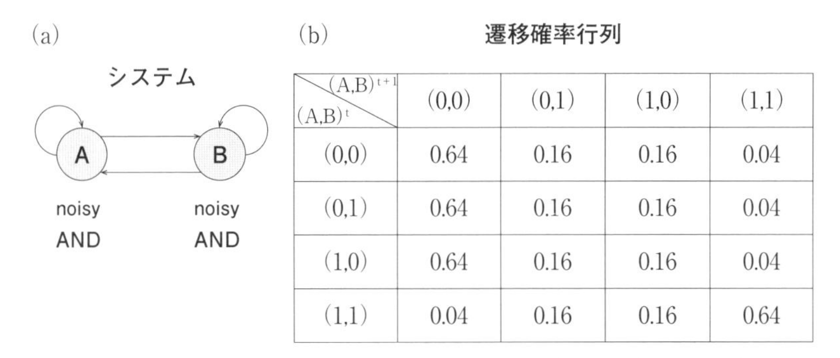

$(A,B)^{t+1}$ ＼ $(A,B)^{t}$	(0,0)	(0,1)	(1,0)	(1,1)
(0,0)	0.64	0.16	0.16	0.04
(0,1)	0.64	0.16	0.16	0.04
(1,0)	0.64	0.16	0.16	0.04
(1,1)	0.04	0.16	0.16	0.64

図 11－1　2 つの AND ゲートからなる系とその遷移確率行列

（出典：人工知能学会誌 33 巻 4 号 P.462）

図 11－2 は，この系に対して因果をどう測るかを示している。まず現在の状態の例として，A と B が 11 であると仮定する。この例において，どのような因果関係が計算できるかを考えよう。

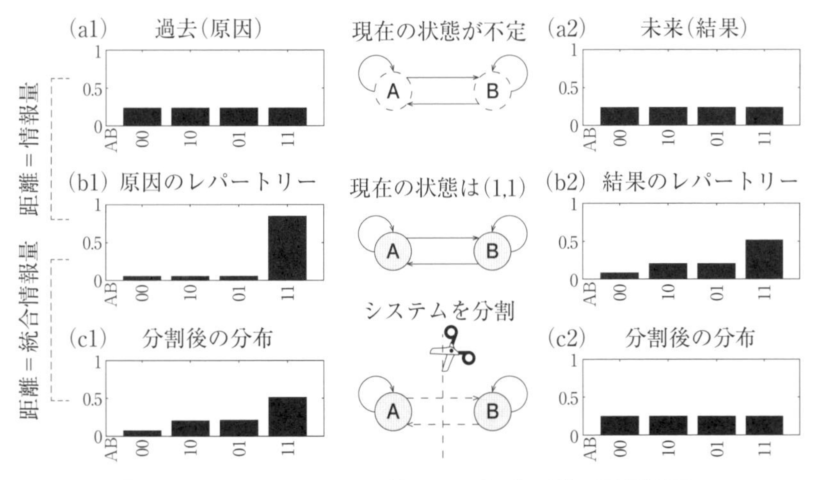

図 11－2　二つのアンドゲートから成る系の因果関係

（出典：人工知能学会誌 33 巻 4 号 P.463）

まず 1 つ目が，過去どのような原因で 11 が生じたかという計算である。その前に，現在の状態が何も定まっていないときを考えると，過去においてどのような状態にあってもいいので，00，10，01，11という4状態が等確率で原因として考えられる。一方，現在の状態が11であることと，ノイズのあるANDゲートによるこの系のメカニズムを知っていれば，この系は過去に11であった確率が高いと考えられる（図11－2（b1））。つまり，現在の状態とこの系のメカニズムにより，過去が制約されることを意味する。これをもって因果があると結論付けることができる。このような因果は，現在から過去という方向に加えて，現在から未来という方向にも考えることができる。具体的に，現在の状態が決まると未来としてはどういう状態があり得やすいかが考えられる。現在が11だった場合，未来としても11である確率が高くなる。このように現在によって未来が制約される。

以上のように，系の現在の状態が決まり何らかのメカニズムが存在していれば，過去と未来が制約される。IITではこのことを因果関係と呼んでいる。そして，単純化すれば，この因果関係が意識に対応するというのがIITの予測・仮説である。

11.2.4　情報構造

複雑な系の場合，ユニットの数は2つとは限らず，脳であれば1億個の神経細胞が絡み合って情報をやり取りしているので，より複雑な因果関係が生じていることになる。そのような多体の系の因果関係を調べた結果が情報構造（information structure）と呼ばれるものであり，その例を図11－3に示している。ただし，この図は3つのユニットに対する情報構造を示したのみである。系が大きくなれば情報構造を捉えるのが難しくなる。

図11－3について少しだけ説明する。ここで示されている情報構造では，ABCという3つのユニットから成る系全体だけでなく，BC，AB，ACという部分系が持つ因果関係についても調べられている。このように情報構造では，全体だけでなくパーツの因果関係も網羅的に調べられる。詳細は割愛する。

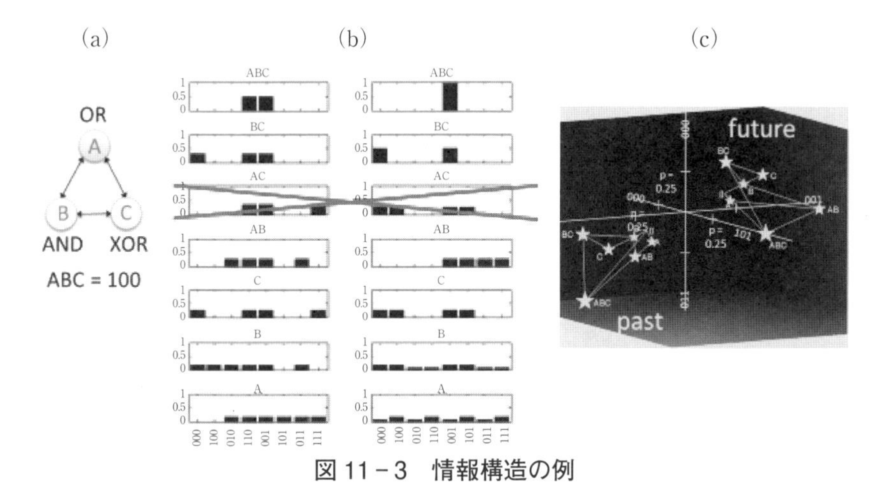

図 11－3　情報構造の例

（出典：人工知能学会誌 33 巻 4 号 P.464）

ここでは，情報構造を考えることによって得られる重要な帰結について述べておく。情報構造，言い換えると因果関係の構造が意識の質に対応するというのが IIT の仮説であった。ここから得られる重要な帰結とは，意識の質が似ているとは，情報構造が似ていると言い換えられることである。具体的に，例えば視覚体験と聴覚体験はかなり違うと思われが，その違いはどこにあるかと問われれば，情報構造が視覚体験と聴覚体験の中で著しく違うからと説明することができる。一方，情報構造が似ていれば，それを引き起こした外部刺激が違ったとしても，同じ意識の質を生み出しているだろうと予想することができる。

もう一つ，あるネットワーク物理系の機能と意識は無関係であるという予想が可能である。ここで，機能とは何ができるかを意味している。例えば，画像認識ができる人工知能ニューラルネットワークが存在する。このような機能を持ったニューラルネットワークが意識を持つのか，という命題において考えるべきは，画像が認識できるか否かという機能ではなくて，内部に情報を持っているかどうか，すなわち内部の情報構造である。

図 11－4 で示す 2 つのネットワークは，全ての入力に対して同じ出力

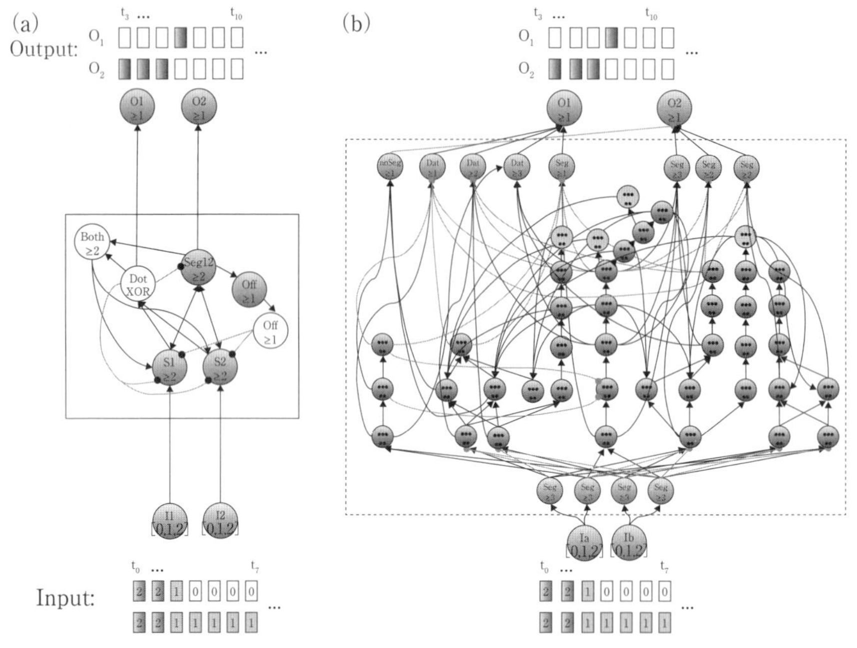

図 11－4　2つの人工知能ニューラルネットワーク

（出典：人工知能学会誌 33 巻 4 号 P.466）

を与えるように作られているが，内部の構造が違っていると仮定する。例えばこれらのネットワークが画像認識を行うとすると，犬か猫か，あるいはイルカか，そのような判断は全て同じものを返す。その一方で，中身が全く違うので，情報構造，因果関係が全く違う。この場合に生じている意識の質は全く異なるものになっているだろうというのがIIT の予測である。

11.2.5　IIT の検証

以上のようにIIT によってさまざまな予測を行うことができる。最後に，IIT を単なる机上の空論で終わらせずに，実験的に検証する試みに関して触れる。なお，IIT の実験的検証はまだ進んでいるとは断言できない状況にあり，これから研究が本格的に進められるべきフィールドである。

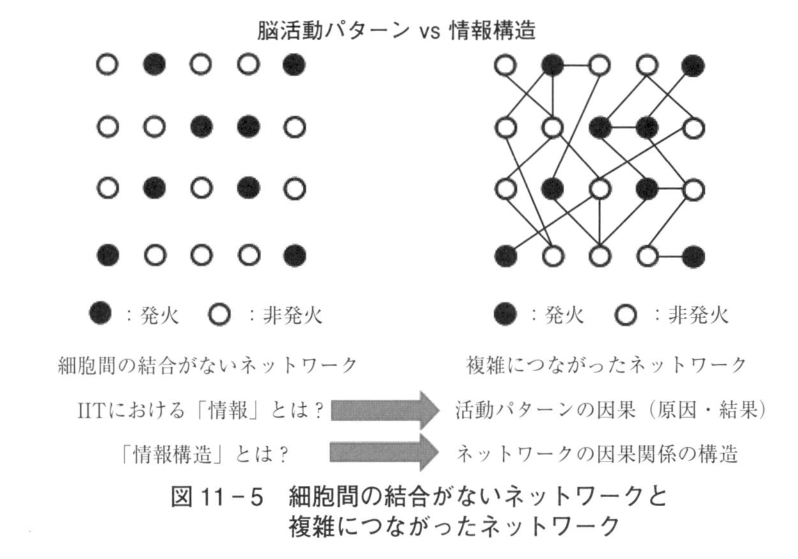

図11－5　細胞間の結合がないネットワークと複雑につながったネットワーク

具体的に簡単な例によって考えよう。図11－5（左）の仮想的なネットワークはたくさんの神経細胞から成るが，これらの神経細胞の間に結合が全くない。一方，図11－5（右）のネットワークでは神経細胞が複雑に結合している。我々の脳の中では複雑に神経細胞が結合しているので，右側のネットワークを脳のモデルとして考えることができる。この2つのネットワークがあったときに，IITの統合情報量や情報構造をどのようにして測ることができるだろうか。

左側の神経細胞が全くつながっていないネットワークであっても，外部とつながっていればその視覚刺激が入ってきて色々な発火パターンが生じ得る。これはデジタルカメラのようなものであると理解すればよい。外からの入力を受け付けているのであれば，内部で色々な発火パターンは生じ得る。しかし，これをもって，このネットワークは非常に豊かな情報を持っていると捉えてしまうのは誤りである。つまり，外部からの入力によってさまざまなパターンが生じているだけで，内部では全く因果関係が生じていない。これは，統合情報理論の予測では全く意識が生じ得ないネットワークということになる。

一方，神経細胞が複雑につながったネットワークは，外部の刺激に対してさまざまな活動パターンを出すのに加えて，内部的な因果関係を持っている。では，このような因果関係を具体的にどのように調べればよいだろうか。先ほどの簡単な例では，ネットワークの内部的な構造とメカニズムが完全に分かっていたので因果関係を計算することができた。しかし，実際の脳では神経細胞の複雑な結合がどうなっているかというのは分からない。

系の内部的な構造とメカニズムが分からないときに因果関係を調べる方法の一つとして，外部から一部の細胞に入力を入れてネットワークがどのように振る舞うかを調べるという方法がある。このような入力は摂動（perturbation）と呼ばれる。一部の細胞に摂動の入力を加えたときに，複雑につながったネットワークであれば，この摂動の入力が全体に広がり，多様なパターンを生み出すと予測される。このようにしてネットワークの中の因果関係を調べることができる。摂動の入力が全体に伝播（でんぱ）していれば，ネットワークが内部で結合していることを意味し，さらにさまざまなパターンが生じれば，情報構造が複雑で豊かであることが分かる。

このような実験的検証は，現在のところ，意識レベルという観点では数多く行われており，代表的な研究としてはトノーニとマッスィミーニ（Marcello Massimini）が行った，脳波とTMS磁気刺激を組み合わせた実験などが有名である。睡眠中に磁気刺激を加えるとその磁気刺激は脳全体に伝播せず，覚醒中に磁気刺激を加えたときは伝播するという実験結果が得られており，これはIITの予測と整合的である。

一方，意識の質に関する予測も検証すべきだが，これに関しては現在ではまだ研究が進められていない状況である。東京大学の大泉匡史（Masafumi Oizumi）たちも意識の質に関する予測を検証しようとしている。脳活動のパターンそのものを観測するだけでは不十分で，そのパターンを生み出した因果関係に着目して，意識の類似度が，ある脳活動パターンの因果関係の類似度に対応するかを調べることにより，意識の質に関する予測を検証しようとしている。

研究課題

11.1　意識のハードプロブレムについて調べよう。

11.2　図 11－2（b1）の確率を確かめてみよ。

11.3　意識の理論として IIT と並び立つといわれる，ドゥアンヌ（Stanislas Dehaene）によるグローバルニューロナルワークスペース理論（global neuronal workspace theory; GNW）について調べよう。

参考文献

専門書：デイヴィッド・J・チャーマーズ著，林一訳：意識する心，白揚社，2001.
専門書：ジュリオ・トノーニ，マルチェッロ・マッスィミーニ著，花本知子訳：意識はいつ生まれるのか――脳の謎に挑む統合情報，亜紀書房，2015.
専門書：スタニスラス・ドゥアンヌ著，髙橋洋訳：意識と脳――思考はいかにコード化されるか，紀伊国屋書店，2015.
入門書：金井良太：AI に意識は生まれるか，イースト・プレス，2023.

12 DNA コンピューティング

萩谷昌己

《**概要**》分子コンピューティング，特にDNAを用いた計算すなわちDNAコンピューティングにおける各種の試みについて解説する。DNAナノテクノロジーについて簡単に触れた後，DNAを用いて，オートマトン，化学反応ネットワーク（マルチセット書き換え系），タイリング，データ並列計算を実装する研究について紹介する。

12.1 DNA ナノテクノロジー

分子コンピューティング（molecular computing），特にDNAを用いた計算すなわちDNAコンピューティング（DNA computing）の試みについて紹介する前に，本節ではDNAの基本的な特徴について解説し，DNAナノテクノロジーの紹介を行う。DNAナノテクノロジー（DNA nanotechnology）とは，DNAを活用してナノメートルスケールの構造や機械を構築しようとする技術分野である。

12.1.1 DNA 分子

図12－1 (a) に示すようにDNAは，ATGCの4種類の塩基と呼ばれる分子グループが結合したデオキシリボース（糖の一種）がリン酸基を介して連なったポリマー（高分子）であり，特に一本鎖（single strand）のDNAと呼ばれる。一本鎖には方向性があるため模式的に矢印で示される。図12－1 (b) にあるように，一本鎖のDNAを冷却すると2本の逆向きの一本鎖が塩基を介して会合（hybridize）して二本鎖（double strand）を形成する。この際の塩基の結合はAとTおよびGとCに限る。このようにして会合する一本鎖（もしくはその一部）は

互いに相補的であるという。二本鎖は2本の結合した矢印で示す。結合した個々の塩基対を細い線分で示すこともあるし省略することもある。

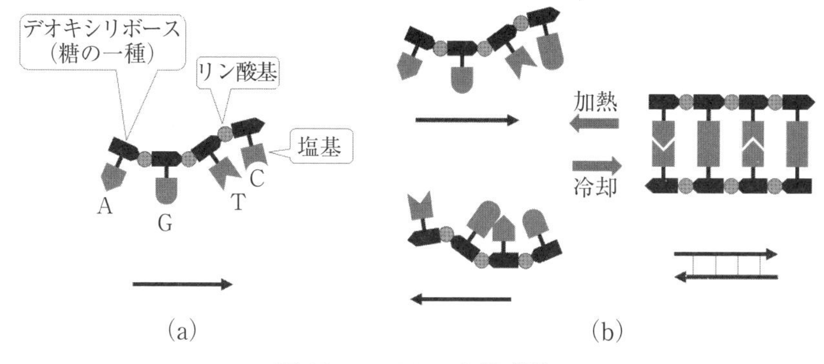

図12－1　DNAの模式図

図12－2のように二本鎖は塩基対を内側にしたらせん構造を形成する。らせん構造の直径は約2.0 nmであり，約10塩基対でらせんが一回転する。

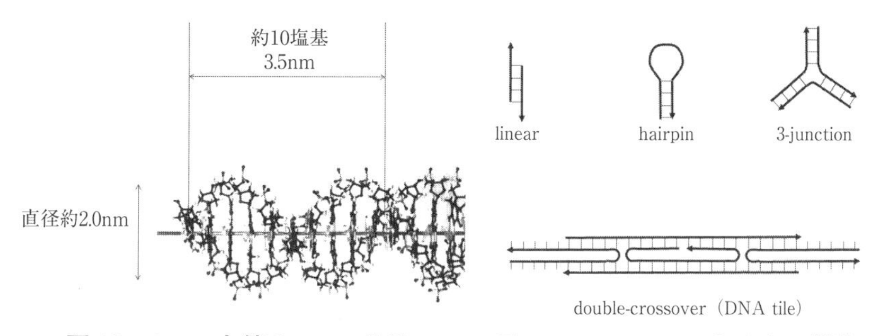

図12－2　二本鎖のDNA分子　　**図12－3　DNAによるナノ構造**

12.1.2　DNAから作られるナノ構造

塩基の並び（配列）を上手に設計することにより，図12－3のようにDNAは相補的な結合によってさまざまな構造を形成する。ナノメートルスケールの構造なのでナノ構造と呼ばれる。特に図12－3の下図はDNAタイル（DNA tile）と呼ばれる構造の一種で，四隅が部分的に一本鎖になっているためにDNAタイル同士がさらに結合（12.3.1節で説明するように自己集合という）して大きな構造を形成することが可能である。DNA タイルについては 12.3.1 節で詳しく解説する。DNA タイルが平面的な構造を形成するのに対して，ここでは詳しく述べないが，DNA ブリック（DNA brick）と呼ばれる構造は自己集合して立体的な構造を形成する。

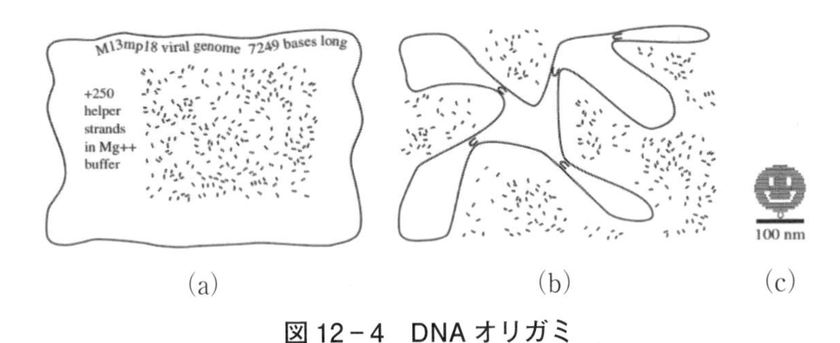

図 12－4　DNA オリガミ

（P. W. K. Rothemund, Design of DNA origami, IEEE. Copyright（c）2005, IEEE. Reprinted with permission from IEEE Xplore.）

カリフォルニア工科大学のロスムンド（Paul Wilhelm Karl Rothemund）が開発した DNA オリガミ（DNA origami）とは図 12－4 のように，非常に長い一本鎖 DNA と多種類の短い一本鎖 DNA を混合して長い方の一本鎖を折り畳むことにより，多様なナノ構造を形成する手法もしくは形成されるナノ構造のことである。平面的な構造だけでなく立体的な構造を形成することもできる。

12.1.3　動的なナノ構造

前節で説明したナノ構造は，基本的に一本鎖の DNA 同士が会合することによって形成される。このようにして形成された構造を動的に変化させるためのさまざまな手法が考案されている。

その一つは，二本鎖の片方の一本鎖を別の一本鎖で置き換える手法である。一般に二本鎖に別の一本鎖が会合して二本鎖の一方と置き換わる反応は鎖置換（strand displacement）と呼ばれる。その別の一本鎖は，まず二本鎖のうち部分的に一本鎖となっているところに会合する。その部分はトーホールド（toehold）と呼ばれる。図12－5でトーホールドは黒で示されている。別の一本鎖は図12－5(a)(b)のように最も左のトーホールドに会合する。そして鎖置換の結果，図12－5(c)のようにもとあった一本鎖がトーホールドだけで会合した状態になる。トーホールドが短い（塩基数が少ない）場合，トーホールドのみで会合している一本鎖は解離する可能性があり，解離して一本鎖となったトーホールドには，図12－5(d)のようにさらに別の一本鎖が会合することができる。図12－5の両矢印で示された反応は可逆である。最後の反応（図12－5(e)(f)）では解離した一本鎖はトーホールドを持たないので，この反応は不可逆である。

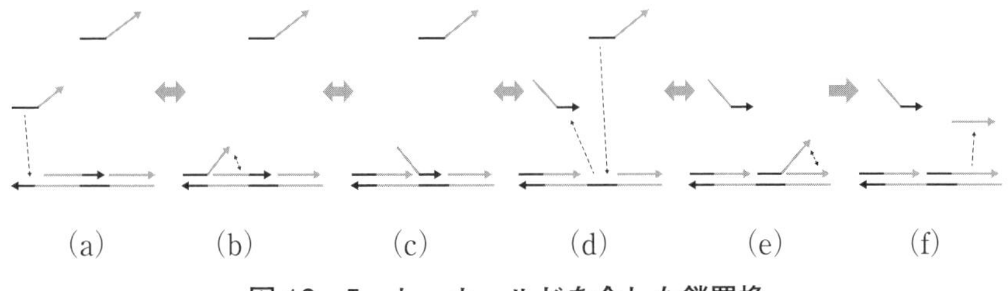

図12－5　トーホールドを介した鎖置換

鎖置換の他に，制限酵素（restriction enzyme）によってDNA分子を切断する反応がよく用いられる。制限酵素は二本鎖の中で特定の塩基配列を認識して，それぞれに定まった場所で二本鎖を切断する。ニッキング酵素（nicking enzyme）と呼ばれる制限酵素は，二本鎖のうち一方の一本鎖のみを切断する。

図12－6にあるように，ポリメラーゼ（polymerase）（正確にはDNAポリメラーゼ（DNA polymerase））という酵素による反応では，二本鎖の中に部分的な一本鎖が含まれているとき，その3′末端（矢印の先端の部分）に相補的な塩基が結合することにより一本鎖が伸長されて二本鎖になる。3′末端とは，デオキシリボースの炭素の位置を表しており，3′末端にリン酸基を介して新たなデオキシリボースと塩基が結合するのは，模式図の矢印が延びることに相当する。

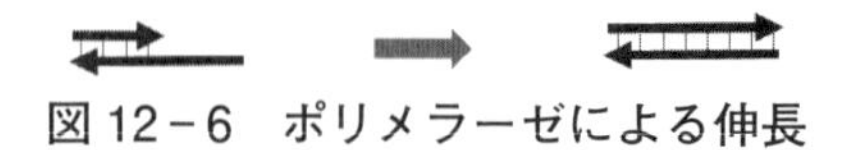

図 12－6　ポリメラーゼによる伸長

12.2　DNA によるオートマトンの実装

第3章で有限オートマトンとチューリング機械について解説した。本節では，ベネットによる思考実験について触れた後，これらを DNA 分子によって実装しようとする試みについて紹介する。

12.2.1　ブラウニアンコンピュータ

ベネット（Charles Henry Bennett）は可逆計算に関する議論の中で，DNA を RNA もしくは DNA にコピーするポリメラーゼや，RNA をタンパク質に翻訳するリボソームを手本として，チューリング機械を高分子によって実装するという思考実験を行っている（4.1.1 節も参照）。ブラウン運動で計算が駆動されるという意味で，ベネットはこの思考実験上のコンピュータをブラウニアンコンピュータ（Brownian computer）と呼んだ。このコンピュータでは図 12－7 の左にあるように，ポリマー（高分子）によってテープが実装される。ポリマーを構成するモノマー（単量体）はテープ上の文字を表している。ヘッドが置かれるモノマー（図では文字 b を表す）には，有限状態制御部の状態を表す分子グループ（図では状態 p を表す）が結合している。なお，チューリング機械のようにテープは無限ではないが，ヘッドがテープの端に来たら新たに（空白文字に対応する）モノマーが追加されると仮定しておく。

チューリング機械の計算ステップはポリマーの変化によって実装される。具体的には図 12－7 のように，状態を表すグループが結合しているモノマーがチューリング機械の規則に従って変化し，別のグループ（状態 q を表す）が隣のモノマーに結合する。ベネットは，この化学反応が可逆であれば，ほんの少し自由エネルギーの傾斜を設けるだけで，チューリング機械の計算が可能であると議論している。

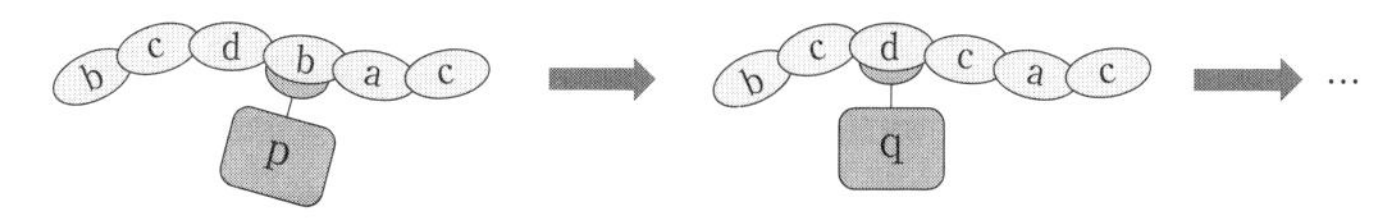

図 12－7　ブラウニアンコンピュータ

分子コンピューティングの研究分野では，DNA などの高分子を利用してチューリング機械を実装する試みは活発に行われてきた。さまざまな試みがあるが，ベネットの思考実験を現実のものとするまでには至っていない。

12.2.2　DNA オートマトン

一方，状態数や文字数は少ないが，有限オートマトンを実装する試みは成功している。第3章で見たように，有限オートマトンはチューリング機械の制限された形と考えることができる。図 12－8 はシャピロ（Ehud Shapiro）たちが実装した DNA オートマトンを模式的に示している。高分子（ここでは DNA 分子）の先端が有限オートマトンの状態を表している。有限オートマトンの状態と文字列のまだ読んでいない部分が結合している。その最初の文字と状態が反応して次の状態に変化する。これが繰り返されると，だんだん文字列が短くなっていく。

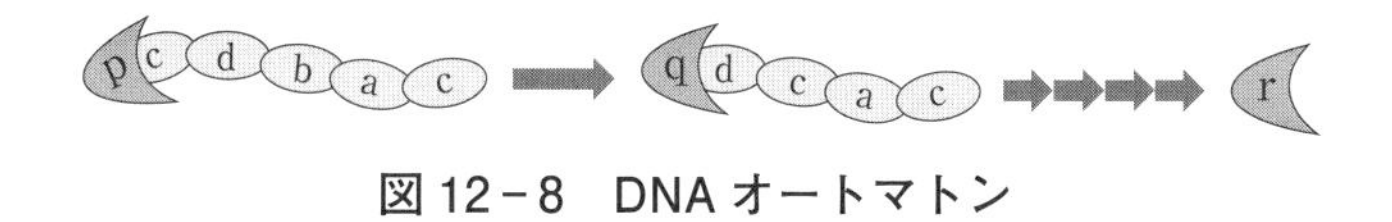

図 12－8　DNA オートマトン

実際には，図 12－9 (a) にあるように，二本鎖の DNA 分子の先端が部分的に一本鎖になっており，ここに状態と文字を組み合わせた情報が含まれている。これに，(b) のように状態遷移を促す DNA 分子が結合する。この DNA 分子は状態と文字を表す一本鎖に相補的な一本鎖を含んでいる。すると，制限酵素の働きで (c) のように二本鎖の DNA 分子に切れ目が入り，(d) のように新しい一本鎖部分が露出する。ここに次の状態と次の文字の情報が含まれる。

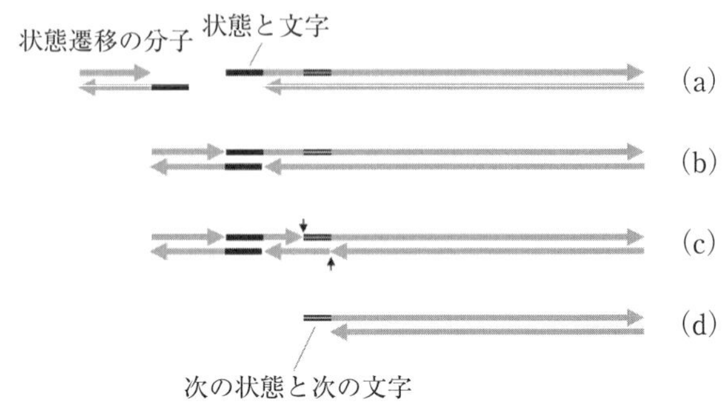

図 12－9　DNA オートマトンの実装

なお，この反応の過程は可逆ではない。DNA 分子の中のホスホジエステル結合が加水分解するので，1 ステップごとにおよそ $20kT\ln 2$ のエネルギーが散逸する。

12.2.3　伸長する DNA によるオートマトン

前節で紹介した DNA オートマトンには文字列が一度に与えられたが，そもそも，マカロックとピッツのモデルに基づいてノイマンが構想したオートマトンは，外界からの刺激によって離散的な状態を遷移させるものである。

萩谷昌己（Masami Hagiya）たちが提案した反応スキーム（後に説明するようにむち打ち PCR と呼ばれた）では，図 12－10（a）のように一本鎖 DNA 分子の 3′末端（矢印の先端の部分）の配列でオートマトンの状態を表現し，5′末端（矢印の尻の部分）の方は何らかの物体（例えば磁気ビーズ）の表面に固定されているとする。そうすると，予期せずに一本鎖 DNA 分子同士が反応することはない。また，溶液を交換してもこれらの DNA 分子は保持される。

溶液中の分子を外界からの刺激と見なすと，溶液に外から分子を注入したり，溶液を交換したりすることにより，異なる刺激をオートマトンの DNA 分子に与えることができる（ただし，同じ刺激を繰り返し与えることはできない）。すなわち，一本鎖 DNA の 3′末端を伸長させるような分子（やはり DNA 分子）が入力となる。例えば，文字 a が状態 S_1

を状態 S_2 へ，また状態 S_3 を状態 S_4 へ遷移させるとすると，文字 a の入力は，状態 S_1 を状態 S_2 に遷移させる分子と状態 S_3 を状態 S_4 に遷移させる分子の組み合わせによって実現することができる（有限オートマトンの状態が S_1 のときは状態 S_1 を状態 S_2 に遷移させる分子だけが使われる）。なお，次の入力を与えるには，これらの分子が次の入力までに速やかに分解されるようにしておくか，溶液全体を次の入力の入った溶液と交換すればよい。

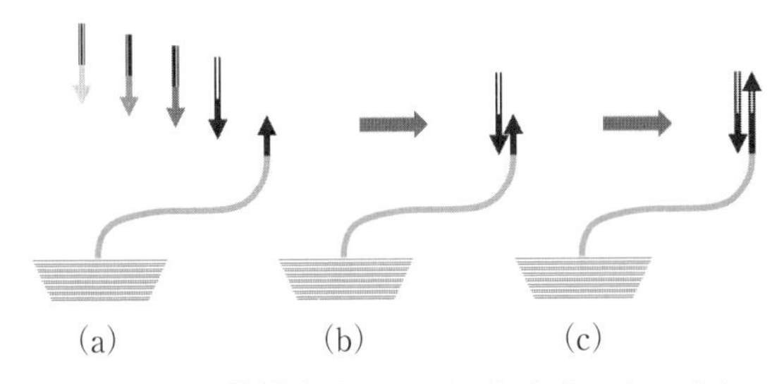

図 12－10　伸長する DNA によるオートマトン

図 12－10（a）のように入力を与えると，（b）のように状態を遷移させる分子がオートマトンの 3′末端に結合する。ここでポリメラーゼと呼ばれる酵素（および関係する分子）が溶液中に存在すると仮定する。ポリメラーゼの働きにより 3′末端が伸長する（ここでは，状態を遷移させる分子の 3′末端は伸長しないと仮定している）。

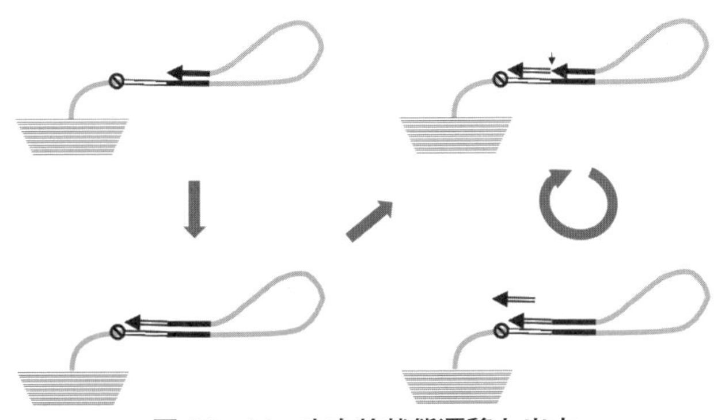

図 12－11　内在的状態遷移と出力

この反応スキームでは，図 12－11 にあるように，一本鎖の DNA 分子がヘアピンを作ることにより，内在的状態遷移（internal state transition）すなわち入力無しでの状態遷移が可能である。

さらに，片方の一本鎖にだけ切れ目を入れる制限酵素（ニッキング酵素）を用いることで，特定の状態において DNA 分子を出力させることも可能である。なお，ポリメラーゼによるヘアピンの伸長は指定された箇所（図では停止標識のあるところ）で停止する仕組みを仮定している。

この反応スキームは，ヘアピンの形成がむち打ちに似ていることから，むち打ち PCR（whiplash PCR）と呼ばれた。PCR はポリメラーゼ連鎖反応（polymerase chain reaction; PCR）の略で，ポリメラーゼによる伸長が連鎖的に起こる反応を意味する。

この反応スキームでは，状態が遷移するたびに DNA 分子がどんどん伸びてしまう。あるところでもとの長さに戻す（リセットする）ことが必要である。そのための仕組みも考案されている。

以上で説明したオートマトンは，1 つの分子が状態を担うという意味で「分子オートマトン」と呼ぶのにふさわしい。一方，溶液全体の状態によってオートマトンの状態を実現することも可能である。そのためには，多数の安定状態を有する力学系を実現するように化学反応ネットワークを設計すればよい。12.3.2 節で紹介するように，原理的に任意の化学反応ネットワークは DNA 分子の反応系として実現することが可能であるが，より制限された力学系（ただし表現力は十分に大きい）を実現するフレームワークも提案されている。

12.2.4　分子によるセルオートマトン

ノイマンの構想に従うならば，オートマトンの DNA による実装における次のステップはセルオートマトンの実装であろう。実際に，DNA を用いてセルオートマトンを実装しようとする多くの研究が行われている。ただ，1 つのオートマトンの実装に比べると，セルオートマトンの実装は格段に難しい。

具体的に，1 次元のトラックや 2 次元の平面の上に DNA 分子を固定し，隣り合う DNA 分子とのみ反応できるようにする試みがある。固定された個々の DNA 分子がセルオートマトンの個々のセルを実現する。DNA 分子の中にセルの状態を表す部分があって，鎖置換やポリメラーゼによる伸長を活用して状態を遷移させる。

各分子は隣の分子とのみ反応することができるので，セルの間の局所的なコミュニケーションが可能となる。隣り合う 2 つのセルが同時に変化するとすると，一般のセルオートマトンではなく，ポピュレーションプロトコルを実現すると考えた方がよいかもしれない。この場合，隣り合うセルをエッジで結ぶグラフが，エージェント間の結合を表すインタラクショングラフとなる（6.2.3 節参照）。

しかしながら，隣り合う分子のみが変化するように化学反応を設計することは容易なことではない。これまでに鎖置換やポリメラーゼによる伸長などを利用した多くの提案が発表されているが，本格的なセルオートマトンはまだ実装できていない。

もう一つの試みは，微小な容器に閉じ込められた溶液によってセルを実現しようとする試みである。前節で述べたように，溶液全体の状態によってオートマトンの状態を実現することができる。そのような溶液を脂質膜やゲルの壁で囲まれた微小な容器の中に入れてセルを実現する。そのような微小な容器はコンパートメント（compartment）と呼ばれる。コンパートメント同士を接触させたとき，コンパートメントの壁を通過して隣のコンパートメントに拡散するような分子があれば，セル間のコミュニケーションが実現できる。セル間のコミュニケーションによって溶液内の化学反応が進展して，オートマトンの状態が変化する。このような方向でさまざまな研究が進展している。

分子でセルを実現する方向の話に戻ると，上述したように，分子でセルを実現する場合，分子の状態を変化させることが難しい。一方，分子は変化しないが，分子同士を集合させて大きな構造を作ることは比較的容易である。次節では，この方向でセルオートマトンを実装する試みについて紹介する。

12.3　さまざまなDNAコンピューティング

本章の最後では，DNAコンピューティングのさまざまな研究について紹介する。

12.3.1　DNAタイル

12.1.2節でDNAタイルについて紹介した。図12－12の左上にあるように，DNAタイルは長方形の形状をしていて，四隅に一本鎖部分を持っている。この一本鎖部分が他のDNAタイルの一本鎖部分と結合することにより，図の左下にあるようにDNAタイルが平面状に集合する。このような反応は，分子同士が自律的に集合するので，自己集合（self-assembly）と呼ばれている。DNAタイルは，四隅の一本鎖部分を正方形の4辺と対応させると，図の右上のように正方形としてモデル化できる。すると，図の左下の自己集合は，このような正方形の辺同士の結合として図の右下のようにモデル化できる。一本鎖同士が結合するためにはそれらの塩基配列が相補的でなければならない。これはちょうど，正方形の辺に色が付いていて，同じ色でなければ結合できないと考えればよい。

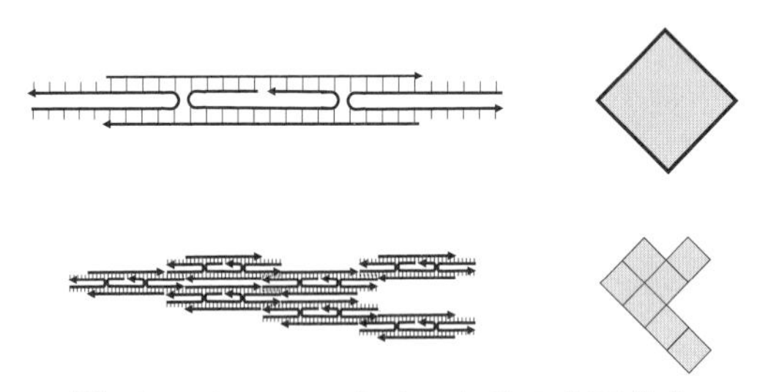

図12－12　DNAタイルとその自己集合

一般にタイルの自己集合は1次元のセルオートマトンの実行をシミュレートできる。図12－13のような構造があったとき，次々とDNAタイルが結合して，構造は上方向に伸びていく。DNAタイルの横方向の並びを1次元のセルオートマトンの状態の並びと見なすと，上方向への伸長は，セルオートマトンの時間発展に対応する。さらに，1次元のセルオートマトンはチューリング機械をシミュレートすることができるので，タイルの自己集合は計算万能であることが分かる。

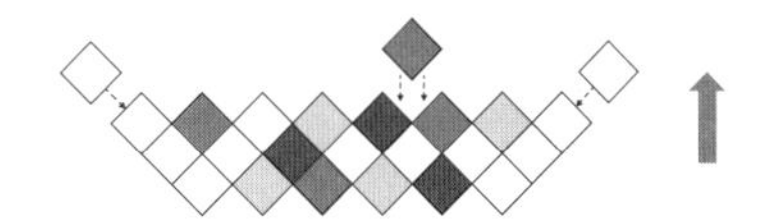

図12－13 タイルの自己集合による セルオートマトンのシミュレーション

もちろん，以上のことを厳密に示すためには，適切な種類のタイルを準備する必要がある。また，タイルの結合に制限を設けなければならない。図12－13の真ん中上のタイルのように，新たなタイルは2つの辺の両方の色が合っていなければ，既存の構造に結合できないようにしなければならない。このためには，DNAタイルの一本鎖部分の長さを調節して，1か所の一本鎖だけではタイル同士は結合できないようにする。ただし，端のタイルに関しては，1辺でも結合できると仮定する（やはり一本鎖部分の長さを調節する）。そうすると，ある決まった種類のタイルが左右に充塡（じゅうてん）されるようにできる。これはちょうど，チューリング機械のテープの左右遠方が空白文字で満たされていることに対応する。

DNAタイルの理論と実装はカリフォルニア工科大学のウインフリー（Erik Winfree）を中心に研究されてきた。

12.3.2 DNAによる化学反応ネットワークの実装

第6章で解説した化学反応ネットワーク（マルチセット書き換え系）は化学反応のモデルであるが，計算モデルとしては，書き換え規則の左辺と右辺を自由に設定することができる。また，確率マルチセット書き換え系では，書き換え規則の反応速度も自由に設定できるとした上で，ミンスキーのレジスタマシン（カウンタマシン）をシミュレートできることが示された。

塩基配列が異なるDNA分子は異なる分子と考えられるので，マルチセットの要素と塩基配列を対応させることにより，与えられたマルチセット書き換え系をDNA分子によって実装することができるだろう。

実際に，図 12－5 で紹介したトーホールドを介した鎖置換の反応を活用することにより，DNA を用いて任意の化学反応ネットワークを実装できることが知られている。さらに，DNA の長さや塩基配列を調整することにより，マルチセット書き換え系の反応速度も自由に調整することができる。

これまで，DNA を用いて論理回路やニューラルネットワークを実装する研究が活発に行われてきた。それぞれに適した DNA 分子が設計されているが，いずれも化学反応ネットワークの一種と考えられるので，上述したような鎖置換の枠組みのもとで実装することも可能である。

一般に，時間の経過とともに状態が変化するシステムを力学系（dynamical system）という。特に連続的な力学系は微分方程式で記述され，力学系に関する研究の主役である。複数の安定状態を持つシステムや一定の周期で振動するシステムなどが，連続的な力学系の典型例である。言うまでもなく，そのような力学系も化学反応ネットワークで実現することができるので，原理的に DNA で実装することが可能である。

上述した鎖置換の枠組みを活用することもできるが，特に連続的な力学系を実装するための枠組みとしてロンデレス（Yannick Rondelez）たちにより DNA Toolbox が提案されている。図 12－14 はこの枠組みの基本反応を示している。

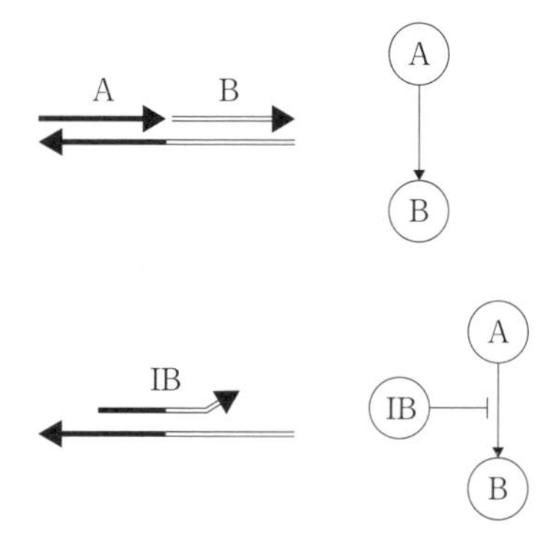

図 12－14　DNA Toolbox の基本反応

図 12－11 で紹介したポリメラーゼとニッキング酵素を用いることに

より，図12－14の左上の状況では，AというDNA分子の存在のもとでBというDNA分子のコピーが次々と生成される。AとBに会合している右から左に向かうDNA分子はテンプレートと呼ばれ，AからBを生成する土台となっている。分子の量を連続的な濃度によって捉えると，Aの濃度に従ってBの濃度が連続的に増えることになる。右上はこの状況を図示したものである。左下は，IBというDNA分子がテンプレートに結合してBの生成をブロックしている状況を示している（IBはテンプレートと完全に相補的でないので伸長できない）。右下はIBも含めた図である。DNA Toolboxではさらに DNAの分解酵素も入れて，テンプレート以外のDNAは次第に分解されると仮定する。

すると，以上のDNA Toolboxの枠組みのもとで，複数の安定状態を持つシステムや一定の周期で振動するシステムが実現できる。この枠組みは実験的にも再現性が非常によく，より複雑な力学系も実装されている。

12.3.3　DNAによるデータ並列計算

本章の最後で，DNAコンピューティングの分野を創始したエーデルマン（Leonard Max Adleman）の研究について紹介する。1994年にエーデルマンはDNA分子を活用してハミルトン経路問題を解く手法を提案し，実際に実験によって小規模のグラフのハミルトン経路をDNA分子によって求めることに成功した。

エーデルマンの手法はデータ並列計算によって組み合わせ最適化問題を解こうとするものである。データ並列（data parallel）とは，多くのデータに対して1つの命令を一様に並列に適用する並列計算の方式である。エーデルマンの手法では，組み合わせ最適化問題の解候補をDNA分子により表現する。まず，ランダムに解候補をDNA分子として生成する。そして，フィルタリングを行うデータ並列計算によって，解候補の中から解だけを選択する。

図12－15はエーデルマンが実際に実験によってハミルトン経路を求めた有向グラフである。グラフの各ノードに対して20塩基程度の塩基

配列を対応させる。ノードとノードを結ぶエッジに対しては，始点の塩基配列の半分と終点の塩基配列の半分を連結した配列に相補的な配列を対応させる。図 12－16 で示されているように，ノード③とノード④を結ぶエッジ③→④の配列は，③の配列と④の配列に会合して二本鎖を形成する。これを延長すると，図 12－16 にあるように，グラフ上のさまざまな経路が二本鎖の DNA としてランダムに生成される。

このようにしてランダムに生成された経路の中から，ハミルトン経路（Hamiltonian path）の条件（指定されたノードに始まり指定されたノードに終わり，すべてのノードをちょうど一度ずつ通る）を満たすものを，生物学実験の操作を駆使して取り出す（フィルタリング）。この際，生物学実験の操作は，経路を表現するすべての DNA 分子に一様に並列に適用されるので，データ並列計算を実装している。

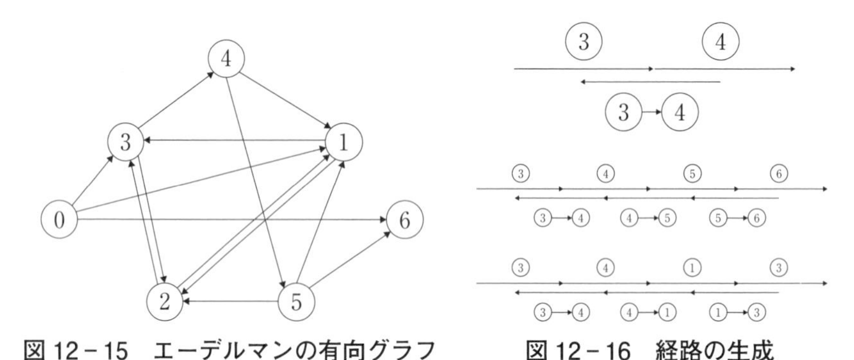

図 12－15　エーデルマンの有向グラフ　　**図 12－16　経路の生成**

エーデルマンの手法は，計算が困難な組み合わせ最適化問題に対して，時間計算量を空間計算量に転嫁するものと考えられる。データ並列計算によって少ないステップ数で問題を解くことができるが，膨大なデータを必要とする。実際に，問題の規模（この場合はグラフの大きさ）が大きくなると，「必要な分子の質量の合計は地球より大きい」という状況に簡単に至ってしまう。

しかしながら，それ以後も DNA によるデータ並列計算の技術は精緻化し，2002 年にエーデルマンのグループは 20 変数の論理式の充足可能性問題を解くことに成功した。これは決して大規模な問題ということはできないが，十分に複雑な計算をDNA分子によって計算できることが実証された。ここにおいて，DNAコンピュータ（DNA computer）は完成したということもできるだろう。

研究課題

12.1　DNA 分子の構造を調べよ。

12.2　以下の DNA 分子から鎖置換反応の連鎖によって得られる分子を求めよ。トーホールドは黒で示されている。

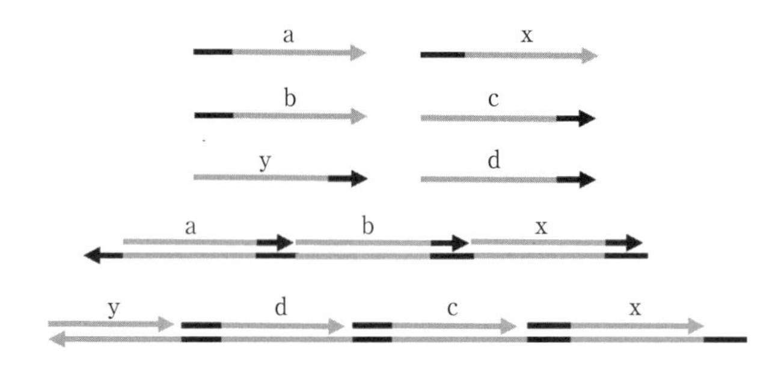

参考文献

教科書：小宮健他：DNA ナノエンジニアリング（ナチュラルコンピューティング・シリーズ 第 2 巻），近代科学社，2011.

教科書：村田智編：分子ロボティクス概論 ～分子のデザインでシステムをつくる，情報計算化学生物学会出版，2019.

教科書：川又生吹，鈴木勇輝，村田智：DNA origami 入門　基礎から学ぶ DNA ナノ構造の設計技法，オーム社，2021.

13 光コンピューティング

萩谷昌己

《**概要**》光による計算，すなわち光コンピューティングの歴史と近年における発展について概説する。新しい研究の方向である自然知能についても簡単に紹介する。その後，特に導波路を用いた光コンピューティングについて解説する。最後に，イジングモデルとその最適化問題への応用について説明した後に，光コンピューティングの一種であるコヒーレントイジングマシンについて紹介する。

13.1 光コンピューティングの動向

光コンピューティング（optical computing）には非常に長い歴史がある。光コンピューティングは光を情報処理（コンピューティング）に応用しようという研究であるが，1960年代にレーザーが開発される前からその歴史は始まっている。時代の変遷とともに，光情報処理，光コンピューティング，情報光学，情報フォトニクスなど，さまざまな名前で呼ばれてきた。その研究が現在ではフォトニックコンピューティング（photonic computing）と呼ばれ，世界的に非常に活況になっている。

光コンピューティングの研究が活況になっている理由はいくつかあるが，その第一の理由はAI（人工知能）の爆発的な進展である。AIでは行列ベクトル演算，すなわちニューラルネットワーク（第10章参照）の計算が大量に必要になるが，現在使われているコンピュータのチップだけでは計算能力が間に合わないため，新しい媒体，特に物理媒体として光を使おうという方向で，たくさんの研究が行われ始めている。

一方でAIへの応用では，行列ベクトル演算の研究だけでなく，もっと新しい研究，特に機能的に新たな自然知能を実現しようという研究も展開している。以下では，世界的に活況になっている光コンピューティングの概況と，新しい研究の方向である自然知能への応用について簡単に紹介する。

13.1.1　行列ベクトル演算の加速

現在活況になっている光コンピューティングの代表的な研究は，行列ベクトル演算を加速することを目指している。この研究には大きく3つの方向がある。第1の方向では，光の導波路（waveguide）（光の通り道）を平面上に敷きつめて行列ベクトル演算を行う。2017年にMITによるセンセーショナルな研究発表があり，それ以来この方向の研究が非常に活況になっている。特に米国ではスタートアップ企業が多数創業されている。

第2の方向では波長多重を活用する。光が赤，青，緑といった非常にたくさんの色を持つという特徴を行列ベクトル演算に応用する方向である。波長多重を活用する光コンピューティングも世界的に非常に活況になっている。特にヨーロッパのミュンスター大学が中心となって大規模なシステムが開発されている。

第3の方向は，1980年代に開発されたアーキテクチャと同様に，面状に光を表示して，それらをつなげて面的に情報を伝えていくことによってニューラルネットワーク，つまり行列ベクトル演算を実現しようという研究である。これはまさしく40年の時を経て現在にリバイバルしたものである。

以上に述べたように，2010年頃から光コンピューティングの研究が世界的に非常に活況になってきている。

13.1.2　行列ベクトル演算以外の研究

現在の人工知能の発展と波長を合わせるかのように光コンピューティングの研究も発展しているが，行列ベクトル演算以外にも特徴ある研究が近年多く発表されている。

その代表的な例の一つがリザバー計算（reservoir computing）である（10.2.4節参照）。リザバーには貯水池やため池というニュアンスがあるが，さまざまな状態の光を貯水池にためるように利用して，入力された情報を認識したり識別したり，あるいはさらに将来を予測しようという研究が非常に活発に行われている。

例えば，光のファイバー，つまり光を伝送する線路の中の情報をため込むことによってリザバーとして利用する，光の遅延線型のリザバー計算，導波路（光の通り道）を基板上に非常に精密に作り込むことによって実現する，導波路型のリザバー計算，1980年代のアーキテクチャにより空間にリザバーを展開して，空間並列性を利用するリザバー計算，などの研究が非常に活発に行われている。

行列ベクトル演算とリザバー計算の他に，光を使ってイジングモデルを計算することにより，組み合わせ爆発を引き起こす解の探索の問題を加速しようという研究も非常に活発になっている。

13.1.3　自然知能

以上に述べたような研究が，現在の光コンピューティングの中でメインストリームとして大きく発展しているが，それ以外にも新しい機能を志向した研究が始まっている。

その中で，意思決定や強化学習に光を使おうという研究について簡単に紹介する。ここで意思決定とは，バンディット問題を解こうとするものである。ある人が，スロットマシンがたくさん置いてあるカジノに行ったとする。そこでたくさんのお金を儲けるためには，どのマシンが当たり台かを探索しなければならない。探索すればするほど，どのマシンが当たるかが分かっていくが，探索しすぎるとその間にはハズレの台も引いてしまうので損をする。かといって，探索を早々に打ち切って台を決めてしまうと，実はもっとよい台が他にあったということになるかもしれない。すなわち，探索のし過ぎもしなさ過ぎもよくない。一般に，知識をすぐに活用することもあまりよくないし，知識の活用のし過ぎもよくないということで，探索と知識利用のバランスをいかにうまくとっていくかが非常に重要な問題になる。

これが多腕バンディット問題，多本腕バンディット問題（multi-armed

bandit problem)と呼ばれている問題である。東京大学の成瀬誠(Makoto Naruse)たちは，この問題を，光を使って解こうとする研究を行った。光を探索と知識利用にうまく当てはめていったことになる。

光には量子性があり，光は観測するまでどこにいるか分からない。これを探索行動に結びつけると，単一光子を使った意思決定となる。光を観測するまでは光子は空間上のどんなところにも存在するので，いろんなマシンを探索することができる。一方で，この台はよさそうだと思った場合には，その台に対して集中的に光が当たるような状況に持っていけば，集中的にその当たり台をトライしていくことができる。このように，単一光子の持っている確率性と粒子性という性質を強化学習，すなわち多本腕バンディット問題に結びつけるという研究が始まった。

この研究が非常に発展しており，最初は単一光子を使った基礎研究から始まったが，現在では，光による高速かつ乱雑な信号を活用したレーザーカオスを使った意思決定マシンへの研究に展開されている。

さらに面白い問題として，カジノで多くの人たちが同じ選択肢を引いてしまうと，選択の競合を引き起こしてしまう，という問題がある。チーム全体としての儲けは増えない。したがって，さまざまな人たちが協調することが大事になる。光には協調するという物理的な機能も備わっている。これは量子もつれ（quantum entanglement）と呼ばれているもので，これを使うことでチーム全体が協調し，ある人（光子）がこのマシンを引いたときは，また別の光子は別のマシンを選択する，ということが物理的に可能である。自然界の物理をそのまま使うことで，競合的な状況を解決するというところまで研究が進展している。

以上のように，光の物理的な性質を知的な機能に展開しようとする研究は，自然知能（natural intelligence）と呼ばれるようになった。

13.2　導波路による計算

13.1.1節で述べたように，導波路から成る回路によってニューラルネットワークを実現する研究が活発に行われている。光を通す導波路は正式には光導波路（optical waveguide）と呼ばれ，言うまでもなく光ファイバーが典型的であるが，シリコンチップ上に光ファイバーと同様の構造を持つ微細な光導波路を構築する技術が確立している。さらに，フォトニック結晶（photonic crystal）と呼ばれるナノメートルスケールの人工的な周期構造を活用する研究も盛んに行われてきている。

本節では，マッハツェンダ変調器をはじめとする，導波路から成る回路素子について紹介した後，導波路によるニューラルネットワークの構成方法とリザバー計算の実現方法について解説する。

13.2.1　マッハツェンダ変調器

マッハツェンダ変調器（Mach-Zehnder modulator）は導波路による計算において最も重要な計算素子の１つである。図13－1にマッハツェンダ変調器の模式図を示す。

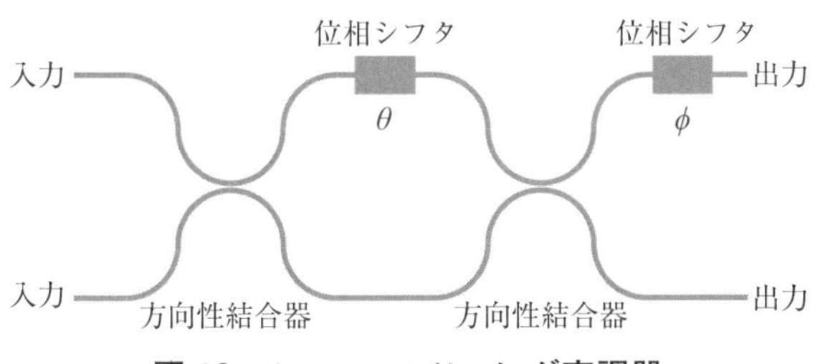

図13－1　マッハツェンダ変調器

図13－1のマッハツェンダ変調器では，左より同一の光源からの光が２つの導波路に入力され，２つの方向性結合器（directional coupler）と位相シフタ（phase shifter）を通って出力される。

一般に光が伝わる様子はモード（mode）と呼ばれる。同一の光源から発して導波路を伝わる光の周波数・波長は同じだが振幅と位相は異なるので，導波路を伝わるモードは複素数 $Ae^{i\omega}=A\cos\omega+Ai\sin\omega$ によって表現することができる。すると，方向性結合器や位相シフタの機能は複素数のベクトルを変換する行列によって記述できる。ここでは図13－1の方向性結合器は，$\frac{1}{\sqrt{2}}\begin{pmatrix}1 & i\\ i & 1\end{pmatrix}$ という行列で記述されるとする。また，角度 θ の位相シフタの機能は，$\begin{pmatrix}e^{i\theta} & 0\\ 0 & 1\end{pmatrix}$ という行列で記述される。

すると，図 13－1 のマッハツェンダ変調器の機能は以下の行列の積で記述される。

$$\begin{pmatrix} e^{i\phi} & 0 \\ 0 & 1 \end{pmatrix} \frac{1}{\sqrt{2}} \begin{pmatrix} 1 & i \\ i & 1 \end{pmatrix} \begin{pmatrix} e^{i\theta} & 0 \\ 0 & 1 \end{pmatrix} \frac{1}{\sqrt{2}} \begin{pmatrix} 1 & i \\ i & 1 \end{pmatrix}$$

ここで

$$\begin{pmatrix} e^{i\theta} & 0 \\ 0 & 1 \end{pmatrix} = e^{\frac{i\theta}{2}} \begin{pmatrix} e^{\frac{i\theta}{2}} & 0 \\ 0 & e^{-\frac{i\theta}{2}} \end{pmatrix}$$

であることに注意すると，上の行列の積は以下のように整理できる。

$$ie^{\frac{i\theta}{2}} \begin{pmatrix} e^{i\phi}\sin\dfrac{\theta}{2} & e^{i\phi}\cos\dfrac{\theta}{2} \\ \cos\dfrac{\theta}{2} & -\sin\dfrac{\theta}{2} \end{pmatrix}$$

任意の 2 × 2 ユニタリ行列（行ベクトルも列ベクトルも長さが 1 で互いに直交している）は

$$\begin{pmatrix} e^{i(\alpha+\beta+\gamma)}\sin\omega & e^{i(\alpha+\gamma)}\cos\omega \\ e^{i(\alpha+\beta)}\cos\omega & -e^{i\alpha}\sin\omega \end{pmatrix}$$

と書けるので，$\theta=2\omega$，$\phi=\gamma$ とおき，入力側で

$$\begin{pmatrix} e^{i\left(\alpha+\beta-\omega-\frac{\pi}{2}\right)} & 0 \\ 0 & e^{i\left(\alpha-\omega-\frac{\pi}{2}\right)} \end{pmatrix}$$

という位相シフタを適用すれば，マッハツェンダ変調器と位相シフタによって任意の 2 × 2 ユニタリ行列を実現できることが分かる。

13.2.2 導波路によるニューラルネットワーク

さらに，任意の $n \times n$ ユニタリ行列は，マッハツェンダ変調器と位相シフタを図 13－2 のように組み合わせることによって実現できる（図 13－2 は 4 × 4 の場合）。

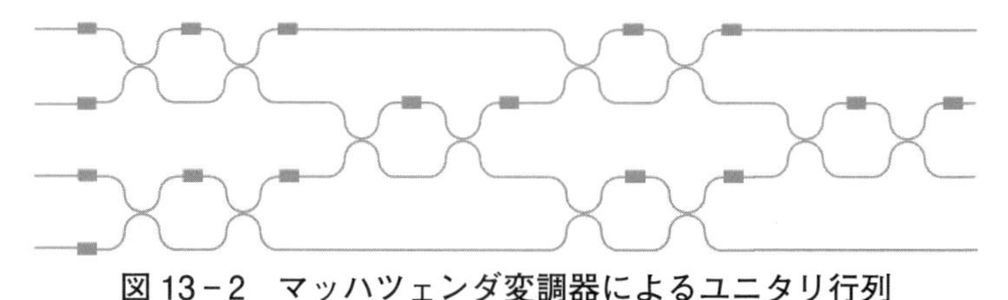

図 13－2 マッハツェンダ変調器によるユニタリ行列

対角化可能な行列は，ユニタリ行列と対角行列の積によって表すことができる。入力に対角行列を掛けることは各入力を定数倍することに他ならないので，より簡単に実現することができる。例えば，図13－3のようにY分岐（Y junction）とY合流（Y分岐の逆）と位相シフタを組み合わせればよい。

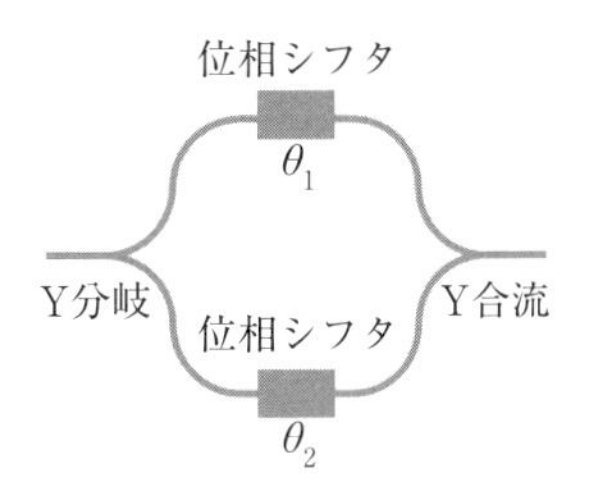

図13－3　定数倍

Y分岐は列ベクトル $\begin{pmatrix} \frac{1}{\sqrt{2}} \\ \frac{1}{\sqrt{2}} \end{pmatrix}$，

その逆のY合流は行ベクトル $\begin{pmatrix} \frac{1}{\sqrt{2}} & \frac{1}{\sqrt{2}} \end{pmatrix}$ と

表されるので，図13－3の回路の行列は

$$\begin{pmatrix} \frac{1}{\sqrt{2}} & \frac{1}{\sqrt{2}} \end{pmatrix} \begin{pmatrix} e^{i\theta_1} & 0 \\ 0 & e^{i\theta_2} \end{pmatrix} \begin{pmatrix} \frac{1}{\sqrt{2}} \\ \frac{1}{\sqrt{2}} \end{pmatrix} = e^{\frac{i(\theta_1+\theta_2)}{2}} \cos \frac{\theta_1 - \theta_2}{2}$$

となって，入力の振幅が定数倍されることが分かる（ただし，その絶対値は1より小さい）。

ニューラルネットワークを実現するには最後に活性化関数があればよい。活性化関数を実現するには，光を吸収する度合いが光の強度に対して非線形的に変化する物質を利用することができる。可飽和吸収体（saturable absorber）は弱い光は吸収するが，強い光は吸収力が飽和するのでほとんど透過する。

13.2.3 導波路によるリザバー計算

光によってリザバー計算（10.2.4 節参照）を実現する，すなわち物理リザバー（10.2.5 節参照）を実装する方法として，13.1.2 節でも触れたが，光が遅延して巡回するフィードバックループによるものがある。

図 13－4 のように入力の時系列信号は，N ステップから成るマスクと呼ばれる信号と組み合わさってフィードバックループに入力される（この図では $N=4$）。時系列の各ステップの時間幅を τ とすると，マスクのステップの時間幅は τ/N となる。

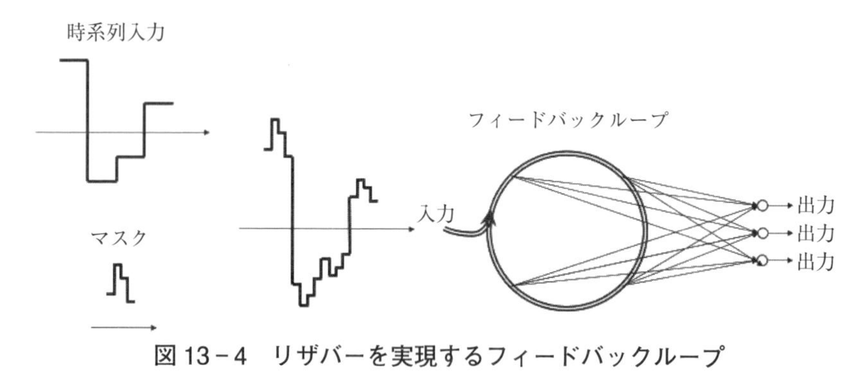

図 13－4　リザバーを実現するフィードバックループ

入力された光はフィードバックループを（減衰しながら）巡回する。その間，マスクの各ステップの信号は隣接するステップの信号と互いに影響し合って変化する。同時に，次の時系列入力が与えられて変化する。この過程がちょうど，リカレントニューラルネットワークにおけるニューロンの変化に対応している。出力はフィードバックループのいくつかの点を計測することによって行われる。その結果を出力のニューロンに入力する。この部分は電子回路によって実装してもよい。

言うまでもなく，図 13－4 のフィードバックループは光ファイバーやシリコン上の導波路によって実現することができる。

近年では，マルチモード（multimode）の導波路を用いてリザバーを実現する研究も行われている。マルチモード導波路とは，複数のモードの光を伝えることのできる導波路である。金沢大学の砂田哲（Satoshi Sunada）と山梨大学の内田淳史（Atsushi Uchida）は，マルチモード導波路中で複雑な干渉が起こることによって生じる不規則なパターン（スペックルパターンという）を活用してリザバーを実現した。マルチモード導波路としては，シリコンチップ上に折り畳まれたスパイラル型の導波路を用いている（図13－5）。

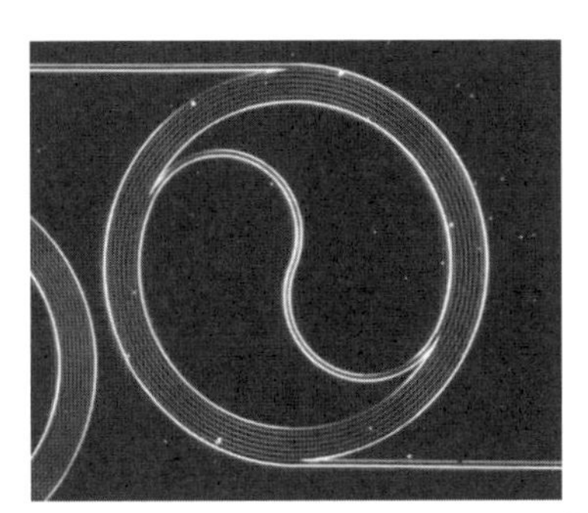

図13－5　スパイラル型マルチモード導波路

（Adapted with permission from Satoshi Sunada and Atsushi Uchida, "Photonic neural field on a silicon chip: large-scale, high-speed neuro-inspired computing and sensing," Optica 8, DOI: 10.1364/OPTICA.434918（c）Optica Publishing Group.）

そのほか，大阪大学の谷田純（Jun Tanida）と九州大学の堅直也（Naoya Tate）らは，量子ドット（quantum dot）という微小な半導体粒子の集合体からの蛍光応答を利用したリザバーを実現している。

13.3 イジングモデルの計算

13.1.2 節で紹介されているように，光を使ってイジングモデルを計算する研究も進展している。以下では，まずイジングモデルに関する基本的なことを説明し，光によってイジングモデルの計算を行うイジングマシンについて紹介する。

13.3.1 イジングモデル

10.2.3 節のホップフィールドのネットワークでは，i 番目のニューロンの出力を x_i で表し，i 番目のニューロンから j 番目のニューロンへの結合の重みを w_{ij} とした。ここで，任意の i と j に対して $w_{ij}=w_{ji}$ および $w_{ii}=0$ が成り立つと仮定した。さらに θ_i は i 番目のニューロンの閾値(しきいち)とした。そして，N 個のニューロンから成るネットワークの計算エネルギー E を以下のように定義した。

$$E=-\frac{1}{2}\sum_{i=1}^{N}\sum_{j=1}^{N}w_{ij}\,x_i\,x_j+\sum_{i=1}^{N}\theta_i\,x_i$$

すると，ニューロン i をランダムに選び $y_i=\sum_{j=1}^{N} w_{ji}\,x_j-\theta_i$ としたとき，$y_i<0$ ならば x_i を 0，$y_i>0$ ならば x_i を 1 に変更することを繰り返すと，エネルギー E は極小値に到達する。

イジングモデル（Ising model）はホップフィールドのネットワークと非常によく似ていて，$+1$ と -1 を値とするスピンから成る系である。s_i を i 番目のスピンとする。スピンとスピンの間には相互作用があって，i 番目と j 番目の間の相互作用の係数を J_{ij} とする。ホップフィールドのネットワークと同様に，任意の i と j に対して $J_{ij}=J_{ji}$ および $J_{ii}=0$ が成り立つと仮定する。また，i 番目のスピンに働く局所的な力の係数を h_i とする。すると，N 個のスピンから成る系のエネルギー E' は以下のように定義される。

$$E'=-\frac{1}{2}\sum_{i=1}^{N}\sum_{j=1}^{N}J_{ij}\,s_i\,s_j+\sum_{i=1}^{N}h_i\,s_i$$

ホップフィールドのネットワークとイジングモデルとの間には対応関

係がある。$s_i = 1 - 2x_i$ とおくと，

$$w_{ij} = 4J_{ij}$$
$$\theta_i = -2h_i + 2\sum_{j=1}^{N} J_{ij}$$

という関係があり，両者のエネルギーの差は定数になる。すなわち，ホップフィールドのネットワークとイジングモデルのエネルギーは対応しており，それぞれの最小値を与えるニューロンの出力もしくはスピンの値の組み合わせは $s_i = 1 - 2x_i$ という関係のもとで対応する。

ところで，スピンの場合は必ず $s_i s_i = 1$ となるので，$J_{ii} = 0$ という条件は不要であることが分かる。つまり，$J_{ii} = 0$ でない場合も，$J_{ii} = 0$ と変更したイジングモデルのエネルギーの最小値を与えるスピンの値の組み合わせが，もとのイジングモデルのエネルギーの最小値を与える。すると，ホップフィールドのネットワークの場合も，$w_{ii} = 0$ という条件は不要であることが分かる。

ホップフィールドのネットワークでは $x_i x_i = x_i$ なので，$w_{ii} = 0$ という条件を外して $w_{ii} = -2\theta_i$ とおけば，

$$E = -\frac{1}{2}\sum_{i=1}^{N}\sum_{j=1}^{N} w_{ij}\, x_i\, x_j$$

となる。この形式は QUBO（quadratic unconstrained binary optimization）と呼ばれている。

さらに，$w_{ij} = w_{ji}$ もしくは $J_{ij} = J_{ji}$ という対称性も本質的ではない。エネルギーが x_i もしくは s_i の二次式で陽に与えられていれば，$x_i x_j$ もしくは $s_i s_j$ の係数に -1 を掛けた結果を w_{ij} もしくは J_{ij} とすればよいからである。

例として，8.1.1 節のハミルトン閉路を求める問題を考えよう。ノードが n 個のグラフに対して，n^2 個のニューロンを用意する。ニューロンのインデックス（添字）は (v, i) という対の形をしている。このニューロンの出力 $x_{(v,i)}$ は，ハミルトン閉路において，v 番目のノードが i 番目に訪問されるならば 1，そうでなければ 0 となる。すると，次のように

エネルギー E を定義することができる。

$$E=\sum_{v=1}^{n}\left(1-\sum_{i=1}^{n}x_{(v,i)}\right)^2+\sum_{i=1}^{n}\left(1-\sum_{v=1}^{n}x_{(v,i)}\right)^2+\sum_{uv:NE}\sum_{i=1}^{n}x_{(u,i)}x_{(v,i+1)}$$

ただし，$uv:NE$ は u と v がエッジで結ばれていないノードの組（u, v）を動くことを意味している（NE は not edge のつもり）。なお，インデックスに $n+1$ が現れたら 1 に読み替えるとする。E を定義する式は $x_{(v,i)}$ の二次式になっている。そして，このエネルギー E はハミルトン閉路が存在するときのみ 0 になる。したがって，E を最小にする $x_{(v,i)}$ の組み合わせを求めればよい。

さらに 8.1.1 節の巡回セールスマン問題を解くには次のようなエネルギーを考えればよい。

$$E'=\sum_{uv:E}W_{uv}\sum_{i=1}^{n}x_{(u,i)}x_{(v,i+1)}$$

ここで，$uv:E$ は先とは逆に u と v がエッジで結ばれているノードの組（u,v）を動くことを意味している。W_{uv} は u と v の間の距離を表す。先の E と E' を線型結合して $AE+BE'$ というエネルギーを最小化すればよい。ただし，E' の最小化が E の最小化に影響を与えないように B は A に比べて十分に小さくする必要がある。

13.3.2　ボルツマンマシン

ホップフィールドのネットワークのエネルギーの最小化を疑似焼きなまし（8.1.1 節参照）を用いて行う手法は，ボルツマンマシン（Boltzmann machine）と呼ばれている。ボルツマンマシンでは熱ゆらぎを模して，エネルギーの高い状態への遷移も確率的に行われ，エネルギー極小状態（局所的にエネルギーが低い状態）から脱出することが可能となる。ボルツマンマシンはヒントン（Geoffrey Everest Hinton）とセジュノスキー（Terrence Joseph Sejnowski）によって提案された。

ボルツマンマシンの名前の由来はボルツマン分布（Boltzmann distribution）である。ある分子が 2 つの状態をとり，それぞれのエネルギーが E_1 と E_2 であるとき，ボルツマン分布ではそれぞれの状態をとる確率が$\frac{e^{-\frac{E_1}{kT}}}{Z}$と$\frac{e^{-\frac{E_2}{kT}}}{Z}$となる。ここで$T$は絶対温度，$k$はボルツマン定数（Boltzmann constant）であり，Zは分配関数（distribution function）と呼ばれ，$Z=e^{-\frac{E_1}{kT}}+e^{-\frac{E_2}{kT}}$と定義される。

ホップフィールドのネットワークのニューロンiをランダムに選んだとき，ボルツマンマシンではx_iのエネルギーへの寄与を考慮してx_iの値を決める。エネルギー$E=-\frac{1}{2}\sum_{i=1}^{N}\sum_{j=1}^{N} w_{ij}x_i x_j+\sum_{i=1}^{N}\theta_i x_i$において，$x_i=0$の場合のエネルギーを$E_0$とすると，$x_i=1$の場合のエネルギー$E_1$は$E_1=E_0-y_i$となる。ただし，$y_i=\sum_{j=1}^{N} w_{ji}x_j-\theta_i$である。すると，ボルツマン分布に従えば，$x_i=0$の場合と$x_i=1$の場合の確率は，$\frac{1}{1+e^{\frac{y_i}{kT}}}$および$\frac{e^{\frac{y_i}{kT}}}{1+e^{\frac{y_i}{kT}}}$となる。そこでボルツマンマシンでは，これらの確率に従って，x_iの次の値を定める。

ここで，疑似焼きなましを用いて，kTは次第に小さくしていく。なお，$kT=0$のとき，ボルツマンマシンはホップフィールドネットワークに一致する。

13.3.3　コヒーレントイジングマシン

イジングマシン（Ising machine）とは，一般にイジングモデルの最小エネルギーおよびそれを達成する各スピンの値を求めるマシンのことである。通常の電子回路で作成されたイジングマシンも数多く登場しており，その中にはボルツマンマシンの実装と考えられるものも少なくない。また，次章で説明する量子アニーラもイジングマシンに他ならない。

光を利用するイジングマシンとしては，空間上の配置された互いに干渉するレーザーを用いる空間配列型コヒーレントコンピュータ（参考文献にある2015年のコンピューティングを参照）も提案されているが，以下では，光パラメトリック発振器を用いたイジングマシンであるコヒーレントイジングマシンについて紹介する。このマシンはス

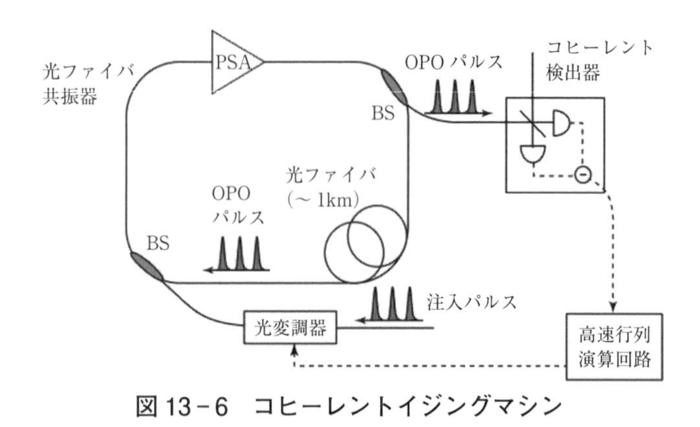

図 13－6　コヒーレントイジングマシン

（出典：ビジネスコミュニケーション 2019 Vol.56 No.5 コヒーレントイジングマシン
https://www.bcm.co.jp/solution-now/cat-soution-now/2019-05_1883/）

タンフォード大学・国立情報学研究所・NTT の山本喜久（Yoshihisa Yamamoto）たちによって考案され NTT によって開発が進められている。

光パラメトリック発振器（optical parametric oscillator）は，入力された光（ポンプ光という）の半分の周波数で発振して光を出すが，その位相には 2 種類あって互いに π だけずれている。コヒーレントイジングマシン（coherent Ising machine）は，2 種類の位相をスピンの値（+1 か −1）に対応させてイジングモデルの計算を行う。

図 13－6 で，PSA は位相が 0 または π の光だけを選択的に増幅する位相感応増幅器（phase sensitive amplifier; PSA）を示している。OPO パルスは光パラメトリック発振器によって出力された光のパルスである。膨大な数の OPO パルスが PSA を介して 1km の光ファイバー中を巡回している。各パルスの中の光の位相がスピンの値に対応する。右上の BS（beam splitter の略）は Y 分岐である。この BS からの分岐をコヒーレント検出器に入力して各パルスの位相を計測し，その計測結果に基づいて各パルスの更新値を高速行列演算回路によって計算する。これは普通の電子回路である。その計算結果によって OPO パルスを変調し，もう 1 つの BS（Y 合流）を介して光ファイバーに注入する。

パルスの振幅は連続値であるので，振幅も考慮するとこのマシンのスピンは連続値を持つ（光の位相が正負に対応する）と考えられる。ポンプ光の強度を0から徐々に上げていくと，イジングモデルの最小エネルギーに対応する状態で全体の系が発振する。このマシンは，確率的な動作も行うが，ボルツマンマシンのように個々のスピンの離散状態（+1と−1）の確率的遷移を稼働原理としているのではなく，すべてのスピンの連続値の更新を並列に行っており，その意味でボルツマンマシンとは一線を画している。

説明が最後になってしまったが，コヒーレント（coherent）な光とは，同一光源からのレーザー光のように干渉可能な光のことである。太陽光のような多数の波の切れ端の集合体では，干渉を観測することはできない。

研究課題

13.1　以下の計算を行ってみよ。

$$\begin{pmatrix} e^{i\phi} & 0 \\ 0 & 1 \end{pmatrix} \frac{1}{\sqrt{2}} \begin{pmatrix} 1 & i \\ i & 1 \end{pmatrix} \begin{pmatrix} e^{i\theta} & 0 \\ 0 & 1 \end{pmatrix} \frac{1}{\sqrt{2}} \begin{pmatrix} 1 & i \\ i & 1 \end{pmatrix}$$

13.2　N 個の正の数 $S=\{n_1, \cdots, n_N\}$ が与えられたとき，これを 2 つの互いに素な集合 R と $S-R$ に分割して，それぞれの集合の要素の和が等しくなるようにしたい。この問題を，イジングモデルを用いて表現せよ。

参考文献

教科書：川合慧，萩谷昌己：コンピューティング—その原理と展開—，放送大学教育振興会，2015.

専門書：谷田純：光計算 ナチュラルコンピューティング・シリーズ 第1巻，近代科学社，2011.

専門書：成瀬誠：現代光コンピューティング入門，コロナ社，2024.

14 量子コンピューティング

萩谷昌己

《**概要**》量子現象を活用した計算の可能性について俯瞰(ふかん)する。ゲート型量子コンピュータの将来性，量子アニーリングの実用性について解説する。最後に量子コンピューティングにおける計算モデルについて簡潔にまとめる。

14.1 ゲート型量子コンピュータ

ゲート型量子コンピュータ開発の近況を紹介する。まずゲート型量子コンピュータの概要，次にその開発の現状，そして量子エラー訂正型量子コンピュータ実現への挑戦，最後に実現に向けた展望という流れで説明する。

14.1.1 量子コンピュータの概要

ゲート型量子コンピュータ（gate-based quantum computer）（本節では単に量子コンピュータ（quantum computer）ともいう）とはどういうものなのか，そのイメージを説明する。まず，普通のコンピュータと同じように，量子コンピュータにもソフトウェアとハードウェアがある。量子コンピュータのソフトウェアは，数学的な問題を量子演算に適した方法で解くアルゴリズム（量子アルゴリズム（quantum algorithm））を表現したものである。通常のコンピュータでは機械語に相当する。言い換えれば，解きたい問題を量子力学的な状態ベクトルに対する演算を担う物理現象に対応させる処方である。

量子コンピュータのハードウェアは，量子アルゴリズムを現実の物理現象を活用して計算プロセス（計算過程）として実行させる装置である。量子コンピュータにおける計算プロセスは，従来のコンピュータにおけるように，メモリによる記憶，ゲートによる演算，測定という 3 つのプロセスで構成される。量子コンピュータのメモリは量子メモリ（quantum memory）と呼ばれ，量子ビット（quantum bit）と呼ばれる物理的なビットの集合体である。量子ビットはキュービット（qbit）ともいう。ここに人間が操作したい情報をインプットする。量子コンピュータのゲートは量子ゲート（quantum gate）と呼ばれ，量子状態（量子メモリの状態）によって表現された情報を演算していく。さまざまなゲートの集合体がメインの CPU，すなわち量子 CPU に対応する。最終的に人間がインプットした量子状態の情報が，ある別の量子状態の情報に変換されることになるが，それを測定することによって計算結果が得られる。以上が量子コンピュータの全体像である。

従来のコンピュータと異なり，量子コンピュータにおける計算は量子状態ベクトル（quantum state vector）と呼ばれる量子力学独特のものが担っている。量子ビットの数を N とすると，量子状態ベクトルの空間は 2 の N 乗という指数関数的な次元の巨大な空間（2 の N 乗次元のヒルベルト空間（Hilbert space））になる。量子コンピュータにおける計算プロセスは，情報をその空間に移して計算をさせ，最後に変換された量子状態を測定することによって人間の世界に戻すという形態になる。そのプロセスは図 14－1 を参照すれば，おおよそのイメージがつかめるだろう。

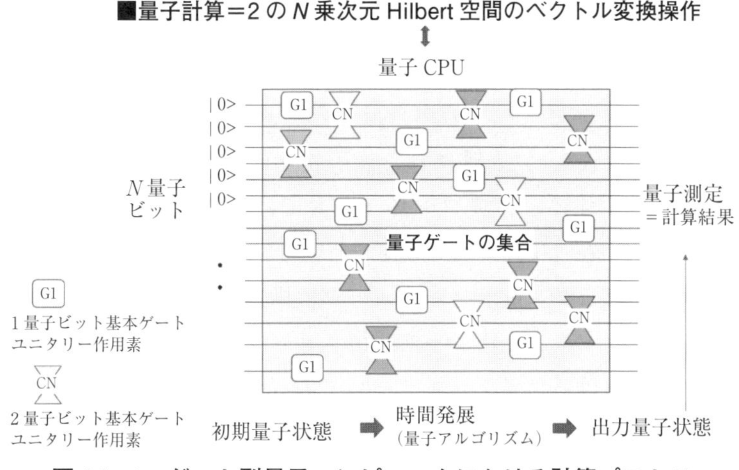

図14－1　ゲート型量子コンピュータにおける計算プロセス

特に，その2のN乗という膨大な次元のベクトルに対する演算は，2つのゲート回路の組み合わせに分解することができる。通常のコンピュータでは，例えば半加算器あるいは加算器などの単純なゲート回路を組み合わせて計算が行われるが，量子コンピュータでそれらに対応するのは，アダマールゲート（Hadamard gate）と制御ノットゲート（controlled-not gate）である。前者は0を1に，1を0に変化させるという単純な計算プロセスに対応し（次節で詳述），後者は排他的論理和に対応する（重ね合わせ状態が入力の時は次節で説明するように量子もつれを出力する)。これらの2つの量子ゲートを組み合わせることによって，2のN乗次元上の任意の変換プロセスを表現することができる。ただし，Nが大きくなり変換プロセスが複雑になると，膨大な数のゲートが必要になる。すると，ノイズという問題がクローズアップされることになる。

ここでノイズに関連して，設計指針の観点から古典コンピュータ（現在のコンピュータ）と量子コンピュータを比較しよう。前者は基本的に逐次的な計算プロセスに基づいており，個々のビットは完璧に独立に扱うことができる。一方，量子コンピュータの場合は，重ね合わせ

（superposition）の原理によって並列に計算が行われ，量子ビット間には量子もつれ（quantum entanglement）と呼ばれる相関が存在する。そして，古典コンピュータではエラーは主に熱によって発生するのに対して，量子コンピュータの場合はたとえ真空であっても，デコヒーレンス（decoherence）と呼ばれる量子相互作用が起こすノイズによってエラーが発生する。古典コンピュータでは，ランダムエラー訂正符号（random error correction code）という符号の技術によってエラーを回復させているが，量子コンピュータの場合も，量子的なエラーを専用の回路を構成することによって回復させる理論がある。なお，量子コンピュータにおけるノイズ，エラーは，量子ノイズ（quantum noise），量子エラー（quantum error）と呼ばれる。

さて，世の中では量子コンピュータに対する期待は大きいが，特に量子コンピュータの超高速性を活用して暗号を解読することが期待されている。暗号解読の観点から，理想的な量子コンピュータと現実の量子コンピュータの差について解説しよう。現在使われている公開鍵暗号としてRSA暗号と呼ばれるものがあるが，量子コンピュータを使ってRSA暗号を解読するアルゴリズムを発見したのがショア（Peter Williston Shor）である。ノイズの無い理想的な量子コンピュータがもしあるとすれば，だいたい4000量子ビットでRSA暗号を解読することができる。また，一般によく使われているAES という共通鍵暗号の場合，だいたい3000量子ビットぐらいの量子コンピュータがあれば危殆（きたい）化できる。ところが，ここで問題になるのは，量子コンピュータでは絶対にエラーが発生することである。上述したように量子的なエラーを訂正する理論があるが，それに基づくと，100万から1億量子ビットを構築すればエラー訂正機能が働くようになる。ではそれが実現可能か，ということが最大の課題である。

14.1.2　量子状態

ここで，量子状態に関して基本的なことがらを補足しておこう。詳しくは参考文献などを参照してほしい。1量子ビットの量子状態ベクトル

は，2つの基底ベクトル（basis vector）$|0\rangle$ と $|1\rangle$ から作られる長さ1のベクトル $\alpha|0\rangle+\beta|1\rangle$ となる。ただし α と β は複素数で，$|\alpha|^2+|\beta|^2=1$ を満たす。この量子状態ベクトルは $\alpha=1$ で $\beta=0$ ならば $|0\rangle$ に等しく，$\alpha=0$ で $\beta=1$ ならば $|1\rangle$ に等しい。一般には $|0\rangle$ と $|1\rangle$ が混ざった状態となる。このような状態を $|0\rangle$ と $|1\rangle$ が重ね合わさった状態（重ね合わせ状態）と捉える。量子コンピュータの演算は一般に重ね合わせ状態に対して行われるので，$|0\rangle$ と $|1\rangle$ に対して並列に演算が行われると考えることができる。

2量子ビットの場合の量子状態ベクトルは，4つの基底ベクトル $|00\rangle$ と $|01\rangle$ と $|10\rangle$ と $|11\rangle$ から作られる重ね合わせ状態と捉えられる。3量子ビットの場合の量子状態ベクトルは，8つの基底ベクトル $|000\rangle$ と $|001\rangle$ と $|010\rangle$ と $|011\rangle$ と $|100\rangle$ と $|101\rangle$ と $|110\rangle$ と $|111\rangle$ から作られる重ね合わせ状態と捉えられる。一般に，N 量子ビットの場合の量子状態ベクトルは，2の N 乗個の基底ベクトル $|x_1\cdots x_N\rangle$ から作られる重ね合わせ状態と捉えられる。ただし $1\leq i\leq N$ に対して，$x_i=0$ または $x_i=1$ である。そして，重ね合わせ状態に対する演算は2の N 乗個の基底ベクトルに対して並列に行われると考えることができる。

アダマールゲートは1量子ビットに対する演算である。一般に量子コンピュータにおける演算は，量子状態ベクトルの時間発展を表現するユニタリ行列によって記述される。アダマールゲートの場合，

$$\frac{1}{\sqrt{2}}\begin{pmatrix}1 & 1\\ 1 & -1\end{pmatrix}$$

というユニタリ行列によって記述される。たとえば，$|0\rangle$ という量子状態は $\begin{pmatrix}1\\ 0\end{pmatrix}$ というベクトルで表されるので，これにアダマールゲートを作用させると，

$$\frac{1}{\sqrt{2}}\begin{pmatrix}1 & 1\\ 1 & -1\end{pmatrix}\begin{pmatrix}1\\ 0\end{pmatrix}=\begin{pmatrix}\frac{1}{\sqrt{2}}\\ \frac{1}{\sqrt{2}}\end{pmatrix}$$

すなわち$\frac{1}{\sqrt{2}}|0\rangle+\frac{1}{\sqrt{2}}|1\rangle$という量子状態が得られる。これは，$|0\rangle$と$|1\rangle$が重ね合わせられた状態となっている。

制御ノットゲートの方は4次元の量子状態ベクトルに作用するので，4×4の

$$\begin{pmatrix} 1 & 0 & 0 & 0 \\ 0 & 1 & 0 & 0 \\ 0 & 0 & 0 & 1 \\ 0 & 0 & 1 & 0 \end{pmatrix}$$

というユニタリ行列によって記述される。ここで2つの量子ビットがあって，両方とも$|0\rangle$という状態にあったとする。この場合，2量子ビットの状態は$|00\rangle$となる。1番目の量子ビットにのみアダマールゲートを作用させると，2量子ビットの状態は$\frac{1}{\sqrt{2}}|00\rangle+\frac{1}{\sqrt{2}}|10\rangle$となる。これに対して制御ノットゲートを作用させると，

$$\begin{pmatrix} 1 & 0 & 0 & 0 \\ 0 & 1 & 0 & 0 \\ 0 & 0 & 0 & 1 \\ 0 & 0 & 1 & 0 \end{pmatrix}\begin{pmatrix} \frac{1}{\sqrt{2}} \\ 0 \\ \frac{1}{\sqrt{2}} \\ 0 \end{pmatrix}=\begin{pmatrix} \frac{1}{\sqrt{2}} \\ 0 \\ 0 \\ \frac{1}{\sqrt{2}} \end{pmatrix}$$

となるので，2量子ビットの状態は$\frac{1}{\sqrt{2}}|00\rangle+\frac{1}{\sqrt{2}}|11\rangle$となる（4次元のベクトルの要素は基底ベクトル$|00\rangle$と$|01\rangle$と$|10\rangle$と$|11\rangle$の順番で並んでいることに注意）。この状態では，片方の量子ビットが0ならばもう片方も0であり，片方が1ならばもう片方も1となる。すなわち，2つの量子ビットが相関している（もつれている）。

量子ビットが$\alpha|0\rangle+\beta|1\rangle$という状態にあるとき，これを測定すると量子力学の原理により，0であるか1であるかが確定する。0が得られる確率は$|\alpha|^2$であり，1が得られる確率が$|\beta|^2$である。$|\alpha|^2+|\beta|^2=1$であったので，それぞれが得られる確率の和はちょうど1になる。

複数の量子ビットがあるとき，その一部のみを測定することもできる。

例えば$\frac{1}{\sqrt{2}}|00\rangle + \frac{1}{\sqrt{2}}|10\rangle$という量子状態で2番目の量子ビットを測定すると，確率1で0が得られる。量子ビットの状態はそのままなので，続けて1番目の量子ビットの測定を行うと，確率1/2で0か1が得られる。一方，$\frac{1}{\sqrt{2}}|00\rangle + \frac{1}{\sqrt{2}}|11\rangle$という量子状態で2番目の量子ビットを測定すると，確率1/2で0か1が得られる。0が得られた場合，量子ビットの状態は$|00\rangle$となり，続けて1番目の量子ビットの測定を行うと確率1で0が得られる。2番目の量子ビットの測定で1が得られた場合，量子ビットの状態は$|11\rangle$となり，続けて1番目の量子ビットの測定を行うと確率1で1が得られる。すなわち，片方の量子ビットの測定の結果に依存して，もう片方の量子ビットの状態が確定する。これが量子もつれ（quantum entanglement）の典型例である。

光コンピューティングの13.2.2節で，任意の$n \times n$ユニタリ行列がマッハツェンダ変調器と位相シフタで表現できることを述べた。量子コンピューティングにおいては，アダマールゲートと制御ノットゲートに加えて，以下のTゲート（T gate）を組み合わせて，任意の$2^N \times 2^N$ユニタリ行列を近似できることが知られている（ゲート数を増やすことにより近似の精度をいくらでも上げることができる）。

$$\begin{pmatrix} 1 & 0 \\ 0 & e^{\frac{i\pi}{4}} \end{pmatrix}$$

14.1.3　量子コンピュータ開発の現状

量子コンピュータを作るための過程にはステップが3つある。最初のステップは，膨大な数の量子ビットを配列する技術である。次のステップは，量子ビットの演算を実装する技術で，量子ビットと量子ビットの間の相関をつかさどるゲートを開発しなければならない。最後のステップは，エラーを訂正することにより計算精度を高める技術である。世界中の研究者たちが，この3つのステップを順次，時間をかけて開発することによって実務的な量子コンピュータを作ろうとしている。

現在，最も有名な量子コンピュータはIBMとGoogleが実験しているもので，NISQ型量子コンピュータ（noisy intermediate scale quantum computer）と呼ばれている。これはエラー訂正ができないもので，実際にノイズが起こって途中で計算が壊れるのだが，壊れる前に計算を終了させることを何万回か繰り返して，その中で確度の高い計算結果をピックアップするという方式である。そして，そのためのソフトウェア，すなわち具体的にNISQ型の計算が壊れる前に計算を終わらせるような量子アルゴリズムの研究が盛んに行われている。これらの量子コンピュータは，そのようなソフトウェアとともにネットを通じて公開され使用できるようになっている。

IBMとGoogleの量子コンピュータは超伝導を使っているが，世界では超伝導以外に半導体のシリコン，イオントラップ，冷却原子，光量子という，さまざまなタイプの量子コンピュータが独立に研究されている。スケールを大きくしようとすると超伝導がやりやすい，その一方で超伝導はエラーが多い，イオントラップは非常に精度がよいがスケールを大きくできない，というようにそれぞれ一長一短があり，さまざまな制約条件のもとで研究者たちは努力している。

超伝導型 vs イオントラップ型

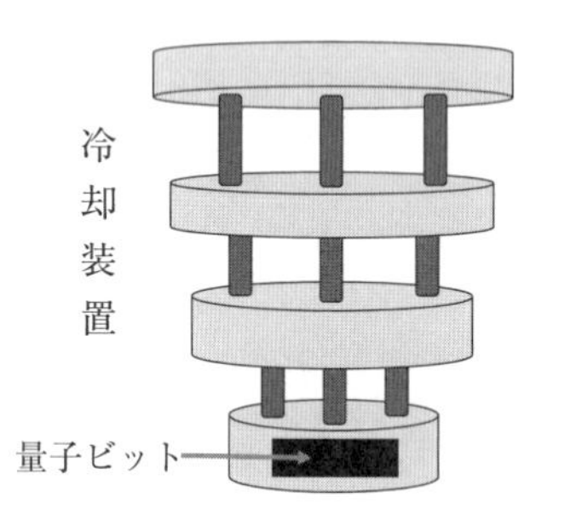

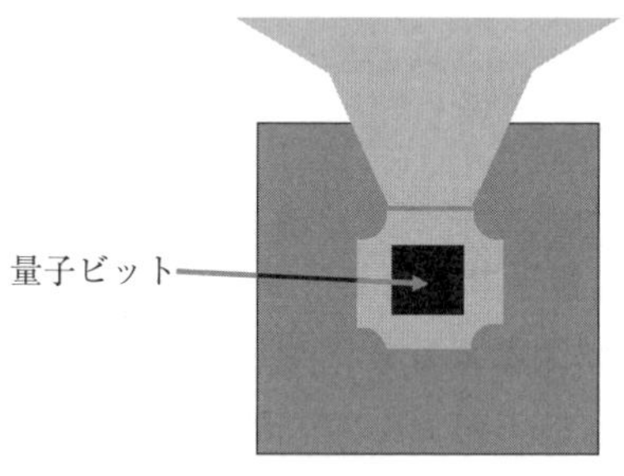

超伝導型
動作温度：極低温（ミリケルビン）
サイズ：数メートル以上
量子ビット数：30～1000
量子ビット結合：不完全

イオントラップ型
動作温度：室温
サイズ：数センチメートル
量子ビット数：30～100
量子ビット結合：完全グラフが可能

図14－2　NISQ量子コンピュータの実現方式の比較例

図14－2（左）が超伝導型でIBMの装置のポンチ絵である。非常に大きく天井のシャンデリアのような形で構築される。直近で1000量子

ビットまでは動くが，超伝導の場合は量子ビット間の結合が少ないので，汎用な計算がなかなか難しい。図14－2（右）はイオントラップ型のポンチ絵で，これはNISTとIonQというベンチャー企業が開発しているが，数センチメートルの大きさで非常にノイズが少ない。ただし，量子ビット数が100程度でとどまってしまっている。このように，どちらも一長一短がある。

量子コンピュータ開発の次のステップとして，ノイズがあっても訂正できずに計算が途中で終わるようなNISQ型から，途中でエラーを訂正して正しい答えを必ず出せるようなフォールトトレラント型量子コンピュータ（fault-tolerant quantum computer）に移行しようとする研究が盛んに行われている。NISQ型で何万回同じ計算をしてもエラーを減らすには限界があるからである。特に東京大学の沙川貴大（Takahiro Sagawa）の研究グループが，その限界式を示し，NISQ型を目指すよりフォールトトレラント型量子コンピュータへの切り替えを推奨している。今や，世界中でその方向の研究が加速している。

14.1.4　量子エラー訂正型量子コンピュータ実現への挑戦

古典コンピュータのノイズは熱雑音が主で，その性質が分かっていればエラー訂正は既存理論によって可能であったが，量子コンピュータの場合は非常に複雑なノイズ（量子ノイズ）が発生するため，それらを分類して理解し，その一つ一つに適切に対応すべきと考えられる。そこで，世界的にはまず量子ノイズをどう分類するかという研究が行われ，現在でも続いている。

その際に，物理学的な量子ノイズの研究と情報科学的な視点からのノイズの研究が必要になる。特に，量子コンピュータもまた情報科学の産物であり，量子エラー訂正符号も情報科学の技術なので，エラーの性質を情報科学的に分類して，その性質ごとに適切なエラー訂正符号を用いる必要がある。実際にエラーの情報科学的分類の研究が進展している。さらに量子ノイズの性質を実験によって確認しようとする研究も行われている。

理化学研究所の樽茶清悟（Seigo Tarucha）の研究グループは，量子ビットがエラーを起こすと，全くそれと同じ相関を持ったノイズが，何もつながっていないのに隣の量子ビットで出てしまう，という相関エラーを発見している。このようにノイズの性質の詳細を理解しながら研究を進めていくべきと考えられる。

この他，量子ビットは宇宙線によって壊される可能性があるという指摘がある。ウィスコンシン大学，スタンフォード大学，ソルボンヌ大学が連携して実験を行い，宇宙線が量子ビットの状態情報を壊すことが確認されている。そのときの壊れ方はバーストエラーと特徴付けられており，1つの量子ビットが崩壊すると周辺の量子ビットにバースト的にエラーが起こる。

以上のようなさまざまなエラーをどうやって防ぐか，という研究が世界中のトレンドになっている。最初にショアが量子エラー訂正の理論を発表したが，この理論は基本的な原理というべきもので，それを多様なエラーに対応させるためのエラー訂正の理論をゴッテスマン（Daniel Gottesman）が提案した。これはスタビライザ符号（stabilizer code）と呼ばれている。そして，このような理論をどうやって実現するかが課題となっている。一般に量子コンピュータでは理論と実験のギャップが大きく，理論があってもなかなか実際には作れないことが問題である。

14.1.5　量子コンピュータ実現に向けた展望

量子コンピュータの世界的なリーダーであるカルフォルニア工科大学のプレスキル（John Phillip Preskill）の考えを図14－3に示す。

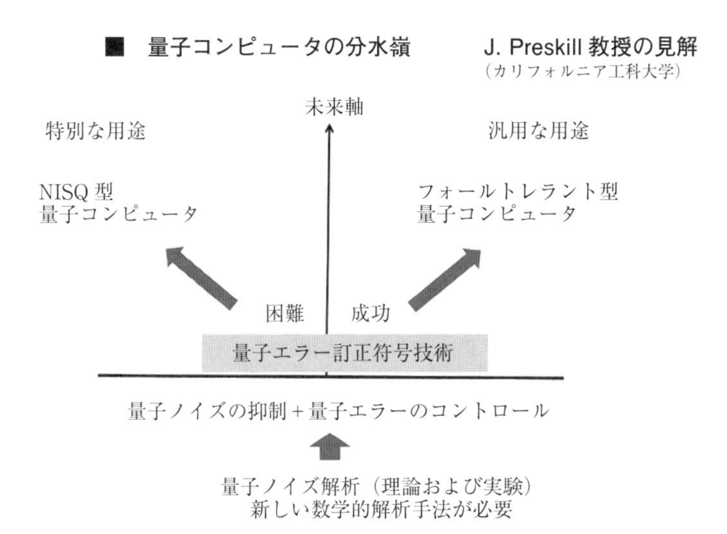

図14－3　ゲート型量子コンピュータ実現に向けた展望

量子コンピュータの発展にとって，量子エラーを訂正する技術が確立するかしないかが分水嶺になる。もし誤り訂正ができない，もしくは困難か極めて難しいということであれば，NISQ型に戻ってノイズをそのままにする量子コンピュータの枠の中で世の中に役に立つものを探すことになる。この場合，量子コンピュータの役割をかなり縮めることになってしまうが，そのような量子コンピュータの世界観で進むべきである，というのがプレスキルの見解である。

一方，もし量子エラーを訂正する技術の開発に成功したならば，それをスケールアップして，フォールトトレラント型の理想的な量子コンピュータに発展させるべきである。まさにこの数年間で分水嶺がどちらになるかが決まるのではないか，というのがプレスキルの見解である。

2023年12月に，ハーバード大学が量子エラー訂正の原理実験に成功したことが報告されている。この実験で実現された論理的な量子ビットは1個あたり280個程度の量子ビット群によって構成され，総数は48個であり，これをさらにスケールアップする挑戦が続いている。技術的にはかなりの難題であるが，プレスキルの見解に注目することになろう。

今後，量子コンピュータを発展させるためには，やはり理論と実験の連携が重要である。特にエラー訂正の発展に大きく影響する量子ノイズについては，実験だけでなく，量子ノイズを厳密に分類したり解析したりする数学の開発も同時に行うべきと考えられる。

14.2 量子アニーリング

以下，量子コンピューティングにおけるもう1つのアプローチである量子アニーリングについて説明する。量子アニーリング（quantum annealing）は，第13章で解説したイジングモデルの最小エネルギー（とその際のスピンの組み合わせ）を求める手法の1つである。

14.2.1 量子アニーリングの定式化

N個の量子ビットがあるとき，ゲート型量子コンピュータでは，その量子状態に対してゲートを作用させて時間発展させることにより計算を行う。量子状態は重ね合わせの原理により多数（2のN乗）のデータを含んでおり，それらのデータに対して並列に計算が行われる。

一方，量子アニーリングでは量子ビットをイジングモデルのスピンに対応させ，イジングモデルのエネルギーを最小にするスピンの組み合わせを求めることが目標となる。

量子力学においては，ハミルトニアン（Hamiltonian）の固有値がその固有ベクトルに対応する量子状態のエネルギーになる。N量子ビットの場合，基底ベクトルは2のN乗個あるが，そのそれぞれが固有ベクトルとなるようハミルトニアンを定義してやれば，基底ベクトルのエネルギーはハミルトニアンの固有値になる。したがって基底状態（ground state），すなわちエネルギーが最小の状態は，最小の固有値を持つ基底ベクトルの状態になる（basisとgroundが両方とも「基底」に対応することに注意）。

行列σ^zを$\sigma^z = \begin{pmatrix} 1 & 0 \\ 0 & -1 \end{pmatrix}$とおくと，$\sigma^z|0\rangle = |0\rangle$，$\sigma^z|1\rangle = -|1\rangle$となる。

2量子ビットの場合，

$$\sigma_1{}^z = \begin{pmatrix} 1 & 0 & 0 & 0 \\ 0 & 1 & 0 & 0 \\ 0 & 0 & -1 & 0 \\ 0 & 0 & 0 & -1 \end{pmatrix} \qquad \sigma_2{}^z = \begin{pmatrix} 1 & 0 & 0 & 0 \\ 0 & -1 & 0 & 0 \\ 0 & 0 & 1 & 0 \\ 0 & 0 & 0 & -1 \end{pmatrix}$$

とおくと，$\sigma_1{}^z|00\rangle = |00\rangle$，$\sigma_1{}^z|01\rangle = |01\rangle$，$\sigma_1{}^z|10\rangle = -|10\rangle$，$\sigma_1{}^z|11\rangle = -|11\rangle$，$\sigma_2{}^z|00\rangle = |00\rangle$，$\sigma_2{}^z|01\rangle = -|01\rangle$，$\sigma_2{}^z|10\rangle = |10\rangle$，$\sigma_2{}^z|11\rangle = -|11\rangle$ となる。N 量子ビットの場合も同様にして，$1 \leq i \leq N$ に対して σ_i^z を定義することができる。

そこで N 量子ビットの場合にハミルトニアン H_0 を

$$H_0 = -\frac{1}{2}\sum_{i=1}^{N}\sum_{j=1}^{N} J_{ij}\,\sigma_i^z\,\sigma_j^z + \sum_{i=1}^{N} h_i\,\sigma_i^z$$

と定義すると，基底ベクトル $|x_1 \cdots x_N\rangle$ に対して，

$$H_0\,|x_1 \cdots x_N\rangle = \left(-\frac{1}{2}\sum_{i=1}^{N}\sum_{j=1}^{N} J_{ij}\,s_i\,s_j + \sum_{i=1}^{N} h_i\,s_i\right)|x_1 \cdots x_N\rangle$$

となる。ただし $s_i = 1 - 2x_i$ である（$x_i = 0$ または $x_i = 1$ なので，$s_i = +1$ または $s_i = -1$）。このようにして，基底ベクトル $|x_1 \cdots x_N\rangle$ のエネルギーがちょうどイジングモデルのスピン $s_1, \cdots, s_N$ のエネルギーに一致する。

次に $\sigma^x = \begin{pmatrix} 0 & 1 \\ 1 & 0 \end{pmatrix}$ とおくと，

$$\sigma^x\left(\frac{1}{\sqrt{2}}(|0\rangle + |1\rangle)\right) = \frac{1}{\sqrt{2}}(|0\rangle + |1\rangle)$$

となる。2量子ビットの場合は，

$$\sigma_1{}^x = \begin{pmatrix} 0 & 0 & 1 & 0 \\ 0 & 0 & 0 & 1 \\ 1 & 0 & 0 & 0 \\ 0 & 1 & 0 & 0 \end{pmatrix} \qquad \sigma_2{}^x = \begin{pmatrix} 0 & 1 & 0 & 0 \\ 1 & 0 & 0 & 0 \\ 0 & 0 & 0 & 1 \\ 0 & 0 & 1 & 0 \end{pmatrix}$$

とおくと，

$$\frac{1}{2}(\sigma_1{}^x + \sigma_2{}^x)\left(\frac{1}{\sqrt{2^2}}(|00\rangle + |01\rangle + |10\rangle + |11\rangle)\right)$$

$$= \frac{1}{\sqrt{2^2}}(|00\rangle + |01\rangle + |10\rangle + |11\rangle)$$

となる。N量子ビットの場合も同様である。

そこでN量子ビットの場合にハミルトニアンH_1を

$$H_1 = -\frac{1}{N}\sum_{i=1}^{N}\sigma_i^x$$

と定義すると，

$$H_1\left(\frac{1}{\sqrt{2^N}}\sum_{x_1,\cdots,x_N}|x_1\cdots x_N\rangle\right) = -\frac{1}{\sqrt{2^N}}\sum_{x_1,\cdots,x_N}|x_1\cdots x_N\rangle$$

となる。すなわち，$\frac{1}{\sqrt{2^N}}\sum_{x_1,\cdots,x_N}|x_1\cdots x_N\rangle$ はH_1の固有値-1の固有ベクトルである。-1はH_1の最小の固有値なので，$\frac{1}{\sqrt{2^N}}\sum_{x_1,\cdots,x_N}|x_1\cdots x_N\rangle$ は基底状態のベクトルになる（研究課題14.2参照）。

東京工業大学の西森秀稔（Hidetoshi Nishimori）と東北大学の大関真之（Masayuki Ohzeki）は，以下のように量子アニーリングを定式化している。上記のH_0とH_1を用いて，時間tに依存するハミルトニアン$H(t)$を

$$H(t) = \frac{t}{T}H_0 + \left(1 - \frac{t}{T}\right)H_1$$

と定義する。tは0からTまで動くとする。$H(0) = H_1$, $H(T) = H_0$なので，$H(t)$ はH_1からH_0まで動くことになる。

量子力学の断熱定理（adiabatic theorem）によると，$t=0$で$H(0)$の基底状態から出発して，$H(t)$ を十分にゆっくり変化させれば（Tが十分に大きければ），$t=T$において高い確率で$H(T)$ の基底状態に到達する。H_1の基底状態は$\frac{1}{\sqrt{2^N}}\sum_{x_1,\cdots,x_N}|x_1\cdots x_N\rangle$ と分かっているので，まずこの状態を作り出す（例えば各量子ビットにアダマールゲートを作用させればよい）。そして$H(t)$ をゆっくりとH_0まで変化させれば，H_0の基底状態が得られる。H_0の基底状態はイジングモデルのエネルギーの最小値を与える。

14.2.2　量子アニーラ

以上の原理に基づいて実際にイジングモデルの計算を行う量子アニーラ（quantum annealer）が，D-Wave や NEC によって開発されてきた。量子アニーラでは，第13章で紹介したコヒーレントイジングマシンにおけるようにスピンは連続値をとるが，スピンの値は単に連続というだけではなく，複数の状態の重ね合わせとなっている。これは重ね合わせを基底状態とするハミルトニアン H_1 によるもので，ボルツマンマシンが熱ゆらぎを活用するのに対して，量子アニーラは量子ゆらぎ（不確定性）を活用すると考えることができる。

しかしながら，最終的に H_0 の基底状態に到達するためには，T が十分に大きくなければならない。西森と大関によれば，T の大きさは基底状態と第一励起状態とのエネルギーギャップ $\Delta(t)$ の最小値 $\min \Delta(t)$（t が 0 から T まで動く間の最小値をとる）の2乗に反比例させる。$\min \Delta(t)$ が小さいと，基底状態から第一励起状態へ遷移しやすくなってしまうからである。しかも多くの難しい問題においては，$\min \Delta(t)$ は問題のサイズに対して指数関数的に小さくなるという。したがって量子アニーラを利用する場合においても，効率よく最小エネルギーを求めるための工夫が必要となる。

また，ゲート型量子コンピュータと同様に，量子アニーラにおいても膨大な数の量子ビットを実装するのは容易なことではない。超伝導の場合は，絶対零度近くまで回路を冷却する必要もある。

したがって，イジングマシンとして量子アニーラが抜きん出て優秀というわけではなく，量子アニーリングを含めてイジングマシンの各種の実装技術が激しく競争している状況である。言うまでもなく，第13章で紹介したコヒーレントイジングマシンはその1つである。その他，CMOS，FPGA，GPU などの古典的なハードウェア技術も活用されている。興味深いのは，古典的なハードウェア技術を活用する際にも，量子アニーリングをはじめとする量子コンピューティングの知見が生かされていることである。

14.3 量子コンピューティングの計算モデル

5.2.5節で量子CAについて触れたが，この最後の短い節では，量子コンピューティングにおける計算モデルについて簡潔にまとめておく。

量子論理回路（quantum logic circuit）については，14.1節で既に詳しく述べた。量子ゲートから作られる論理回路がまさしく量子論理回路である。可逆論理回路は量子論理回路でもある。

量子有限オートマトン（quantum finite automaton）の状態は，対応する有限オートマトンの有限個の状態のそれぞれを基底ベクトルとする量子状態（重ね合わせ状態）として定義される。入力文字ごとにユニタリ行列が定まっていて，量子状態は入力文字のユニタリ行列を掛けることによって遷移する。この枠組みでは有限オートマトンは量子有限オートマトンでもある。ワトラウス（John Harrison Watrous）やクラッチフィールド（James P. Crutchfield）によって研究された。

量子CA (quantum CA) の各セルも量子状態を持つ。量子CAはファインマンによって構想され，ドイチェ（David Elieser Deutsch），グロシング（Gerhard Grössing），ツァイリンガー（Anton Zeilinger）を含む多くの研究者たちによって研究された。

量子チューリング機械（quantum Turing machine）では，有限状態御部の状態が量子状態となる。より一般に有限状態御部の状態はあるヒルベルト空間の要素として定義される。入力テープと作業用のテープと出力テープを分けるのが一般的で，作業用のテープの文字は（状態の空間とは別の）ヒルベルト空間の要素とされる。ベニオフ（Paul Anthony Benioff）によって提案され，ドイチェによって研究された。

複素数の計算は，あらかじめ定まった有限精度（有効桁数）のもとで行われると仮定して，いくらでも多くの計算ステップ数をかけてもよいことにすれば（すなわち計算の効率を無視すれば），量子チューリング機械の計算は，通常のチューリング機械でシミュレートすることができる。その意味では，量子チューリング機械の計算能力は通常のチューリング機械を超えないということができる。逆に，任意の可逆チューリング機械は量子チューリング機械でもあるので，量子チューリング機械によって任意のチューリング機械をシミュレートすることができる。量子チューリング機械の計算能力については次章でも触れる。

研究課題

14.1　2量子ビットの1番目の量子ビットにアダマールゲートを作用させる場合の行列と，2番目に作用させる場合の行列をそれぞれ求めよ。

14.2　以下の行列の固有値と固有ベクトルを求めよ。

$$-\frac{1}{2}\begin{pmatrix} 0 & 1 & 1 & 0 \\ 1 & 0 & 0 & 1 \\ 1 & 0 & 0 & 1 \\ 0 & 1 & 1 & 0 \end{pmatrix}$$

14.3　チューリング機械などの種々の計算モデルにおいて，可逆モデルが量子モデルでもあるのはなぜか。

参考文献

教科書：川合慧，萩谷昌己：コンピューティング―その原理と展開―，放送大学教育振興会，2015.

専門書：西野哲朗，岡本龍明，三原孝志：量子計算　ナチュラルコンピューティング・シリーズ　第6巻，近代科学社，2015.

専門書：Yongshan Ding, Frederic T. Chong 著，小野寺民也，金澤直輝，濱村一航訳：量子コンピュータシステム―ノイズ有り量子デバイスの研究開発―，オーム社，2023.

専門書：西森秀稔，大関真之：量子アニーリングの基礎，共立出版，2018.

専門書：Jozef Gruska 原著，伊藤正美，今井克暢，岩本宙造，外山政文，森田憲一共訳：量子コンピューティング，森北出版，2003.

15　計算と宇宙？

今井克暢・鈴木泰博・萩谷昌己

《**概要**》生物，神経，脳，DNA，光，量子と続いてきた計算と自然の物語は，再び生物に戻った後に宇宙で終わる。まず第2章のライフゲームに戻り人工生命について振り返った後，オパーリンのコアセルベートに始まり，人工生命をリアルな生命，すなわちリアル人工生命として再構成しようとする合成生物学の試みなどについて紹介する。最後に，生命を育んできた宇宙に目を転じる。宇宙はセルオートマトンであるか？という議論の後，宇宙の計算可能性に関する考え方を紹介し，最後の最後で人工宇宙とリアル人工宇宙の可能性について言及する。

15.1　人工生命再び：ライフゲームその後

ライフゲームに関して，第2章の解説以後の展開について述べた後，機械論から人工生命への流れについて再確認する。

15.1.1　キラーアプリケーション Golly の誕生とライフゲームの巨大な状相

何か新しいコンピュータが出ると必ず誰かがライフゲームのシミュレータプログラムを書くというほどのライフゲームの流行は，一部の研究者や，状相の発見や作り込みに「職人芸」を発揮したコアな愛好家たちを除くと，その後落ち着きを見せた。しかし2.2.3節や8.2.2節で述べたように，1980年代の初頭に複雑系の研究者によってセルオートマトン（CA）が再度注目されることになる。ウルフラムが編集した特集号の中にゴスパーの論文も含まれており，彼はセル空間上のパターンの冗長性に着目して，4分木とハッシュテーブルというデータ構造を組み合わせたハッシュライフ（Hashlife）と呼ばれるCAの高速なシミュレーション手法を発表した。当時の一般的なパーソナルコンピュータには，その手法が意味を持つほどのメモリが搭載されていなかったが，ゴスパーはグライダーガンの発見で名を揚げたことで，Symbolicsというメモリが潤沢に搭載されたマシンをパーソナルに利用できるようになっていた。

複雑系の流行に伴う，この2回目のCAブームが収まった後，一般的にはライフゲームは忘れ去られていったが，ライフゲーム職人たちはコンピュータの能力の向上を利用しつつ，変わらず「技」を磨き続けていた。人手による作り込みだけでなく，特に周期パターンや宇宙船（移動するパターン）のような特徴的なパターンの，コンピュータによるさまざまな探索手法が試みられたことで，機能を持った状相が多数発見・収集され，今世紀初頭には，それらを組み合わせることによって自在に新たな状相を作成できるようになった。図15－1はグリーネ（Dave Greene）により2003年に構成されたP416 60P5H2V0 gunと呼ばれる状相で，4本の腕の中でそれぞれ適切に制御されたタイミングで打ち出されるように設計されたグライダーの編隊が中央で衝突することで，60P5H2V0と呼ばれる宇宙船を周期416ステップで等間隔に射出し続ける。コンピュータプログラムを作るように人工的に構成された状相であるにもかかわらず，その動きに何か生物的な躍動感を感じる人も多いのではなか

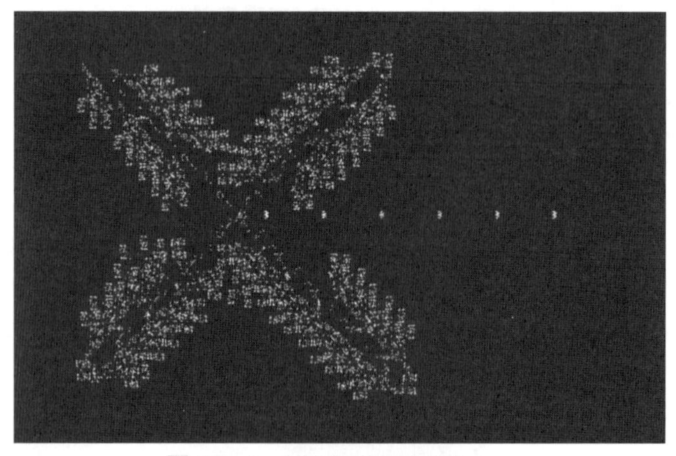

図15－1　P416 60P5H2V0 gun

ろうか。

このような巨大状相が生み出されるようになったことを受けて，2005年にトレヴォロウ（Andrew Trevorrow）と ロキツキ（Tomas Rokicki）はGollyというライフゲームのフリーウェアのシミュレータをリリースした。ハッシュライフを利用して膨大なセル数のライフゲームを超高速にシミュレートできる。それまでの35年間に発見された無数の状相の組み合わせを試したり，巨大な状相をシミュレートしたりすることも容易になり，デュー（Brice Due）によるOTCA metapixelなどの超巨大な状相が続々誕生した。それまでは各自が個別にシミュレータを書いて状相を作成することが多かったが，多数のライフゲーマーがこぞってGollyを使うようになり，状相の共有も一気に進んだ。

Gollyの登場によって勢い付いたコミュニティーで，2010年ウェイド（Andrew J. Wade）はGeminiと呼ばれる，ノイマンの万能構成機に対応するような状相を構成した。29状態を要したノイマンの自己増殖セルオートマトンは最終的に芹沢照生（Teruo Serizawa）によって3状態のセルオートマトンでシミュレートできることが示されているが，ライフゲーム世界で実際に構成してみせた点は重要である。人工的な遷移規則を持つノイマンのセルオートマトン世界ではなく，自然を模倣したライフゲーム世界にもそれは「存在していた」のである。

15.1.2　ライフゲーム職人は作り込みと発見との間を埋めつつある

少し奇妙に聞こえるかもしれないが，グライダー（宇宙船）編隊を信号に見立て，プログラムを書くように巨大な状相を設計することは自在にできるようになったにもかかわらず，望まれる動作をする小さな状相を作り込むことはとても難しい。そこで，コンピュータによる力づくでの探索が主に用いられてきた。特に宇宙船の探索は多数試みられている（例えばエプスタイン（David Epstein）のgfind）。宇宙船は種類によって進む方向が異なる。グライダーは空間を斜め方向に進み，縦横の方向に進む宇宙船も多数知られている。しかし，将棋の桂馬やチェスの騎士（ナイト）のように斜め（例えば左へ2，上へ3）方向へ進む宇宙船は発

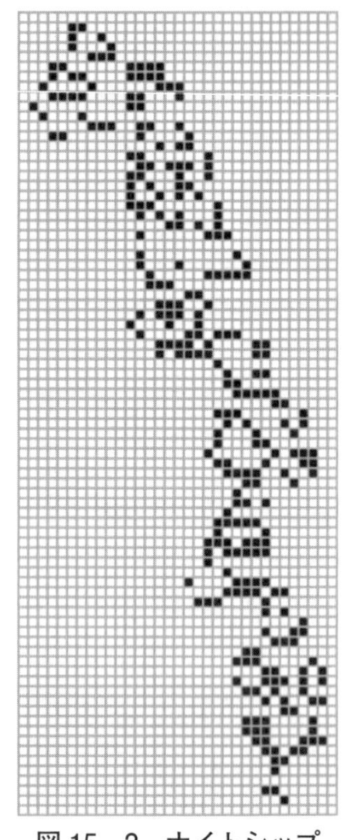

図 15－2　ナイトシップ
(Sir Robin)

見できなかった。2014 年にバーガー (Brett Berger) によって「騎士船 (ナイトシップ)」として作り込まれたウォーターベアという状相は知られていたが，オリジナルのグライダーのように「発見された」状相ではなく膨大なサイズを持つ。

クヌース (Donald Ervin Knuth) の有名な教科書 The art of computer programming の第 4 巻の 7 章は組合せ探索についてまとめられている。論理式の充足可能性 (satisfiability; SAT) 問題を効率的に解くための SAT ソルバと呼ばれるプログラムの性能が近年大幅に向上したため，種々の問題を SAT 問題に置き換えて，ソルバを用いて解を求める手法が広く使われるようになっている。クヌースは組合せ探索の例題として，ライフゲームでの意味のある状相の発見を取り上げて詳細に解説している。しかしナイトシップの発見に使うにはこのままでは探索範囲が大きすぎるため，探索対象を考慮し探索範囲を制限する必要がある。ガウチャ (Adam P. Goucher) は，ikpx と呼ばれる, SAT ソルバによる方法と gfind を合わせたツールを用いて，2018 年についにナイトシップを「発見」した (図 15－2)。Sir Robin と命名されている。ゴスパーらにより「発見」されたグライダーガンと見比べてみてほしい。Sir Robin はウォーターベアよりはるかに小さいが，グライダーガンと比べて巨大で複雑である。ほぼ半世紀を経て，コンピュータの進歩とともにライフゲームの発見と作り込みの境界 (ギャップ) はここまで狭まってきたのである。ちなみに Sir Robin を射出するグライダーガンが構成可能かどうかは未解決な問題である。

15.1.3　ライフゲームと人工生命

あるモデルが生物的な挙動を示すからといって，生物がそのモデル自体であるとは考えない。ライフゲームは生物現象や社会現象のシミュレーションツールとして広く認知されたが，誰もライフゲームのセルが生物だとは思わないだろう。しかし，十分に複雑なモデルならどうだろうか。機械工学が発展したルネサンスの科学革命の時代以降，デカルト（René Descartes）（1637 年）やメトリー（Julien Offray de La Mettrie）（1747 年）に代表されるように機械によって生物をシミュレートしようとする試みが，逆に生物自体が自動機械（オートマトン）ではないかという考えをすでに生んでいた。もちろん我々は当時の素朴な概念で生物を捉えてはいないし，機械ではなく情報という新たな枠組みが生物にとってより本質的であると考えている。しかし，オートマトンという言葉の定義を「情報処理する機械」とアップデートして理解しているものの，生物が機械であるという当時の考え方自体は踏襲しているのである（8.2 節参照）。その信念が，ノイマンの自己増殖オートマトンから始まり，ラングトンの提唱によって明確になった「ありえたかもしれない」人工生命研究を通して，絵空事ではないリアル人工生命を生み出すことにつながっている。

15.2　人工生命からリアル人工生命へ

本節では，ライフゲームのようなモデルとしての人工生命ではなく，本物の物質を用いてリアルな人工生命を構成しようとする研究の流れについて見ていく。

第 8 章で触れたように，私たちは使える最新の技術を駆使して，古来より生命を作ろうとしてきた。一方で，惑星宇宙科学・生物学を基盤とした，生命の起源（the origin of life）の研究も行われてきた。

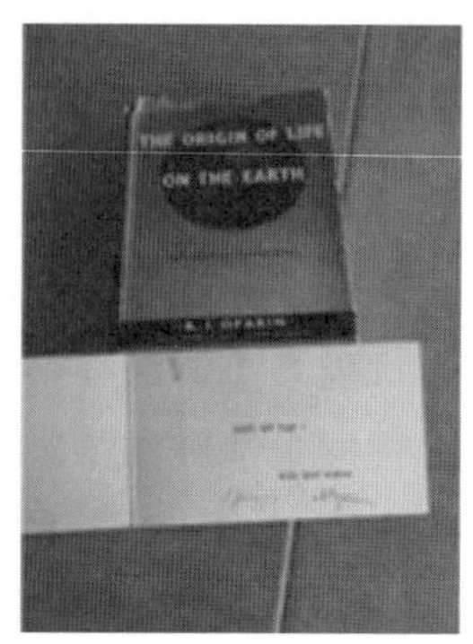

図 15－3　オパーリン（左）（写真提供：ユニフォトプレス），
オパーリンの著書と直筆のサイン（右）（ハーバード大学にて著者撮影）

15.2.1　生命の起源

1924年に生化学者のオパーリン（Aleksandr Ivanovich Oparin）（図15－3）は，コアセルベート（coacervate）を，いわば細胞の原型と見なせると指摘した。コアセルベートは細胞膜に相当する部分と，細胞内部の原形質に相当する部分（平衡液）で構成される物体で，分裂と融合や周囲からの物質の吸収を行う性質がある。そして，コアセルベートの内部で取り込んだ物質間の化学反応を生じさせうる。オパーリンは太陽光（紫外線）が無酸素下で照射されることで有機物が生じ，その有機物を取り込んだコアセルベートが生じうるとした。

一方，1953年に当時シカゴ大学の大学院生であったミラー（Stanley Lloyd Miller）は，化学系を用いて原始地球のシミュレーションを行った。このシミュレーションの対象は，海底の熱により蒸発した気体が落雷により放電を受け，冷却されて雨となって再び海に戻る化学反応系である（図15－4）。この原始地球の化学シミュレーションにより，有機体であるアミノ酸生成物が生じることが確認された。

オパーリンとミラーの研究から，生命が原始の海を起源とする説が有力となっていった。原始の海を生命の起源とする説では，その後に海底の熱水鉱床（hydrothermal deposits）や干潟の粘土表面など，より具体的に原始の海の中での場所が検討されている。

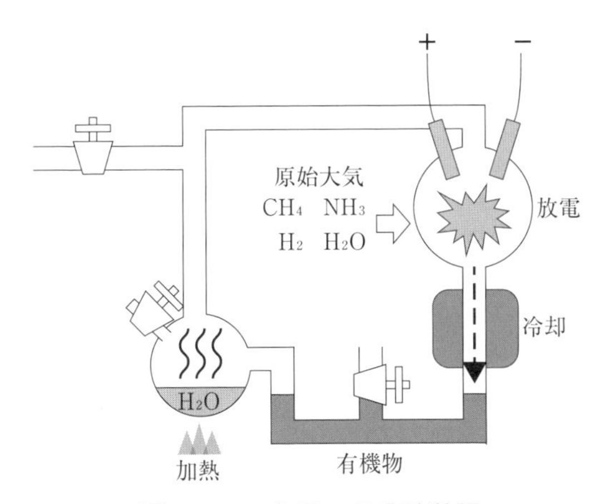

図15－4　ミラーの実験装置

一方で，2004年に欧州宇宙機関（European Space Agency）が打ち上げた彗星探査機ロゼッタ（Rosetta）がチュリモフ・ゲラシメンコ彗星（67P/Churyumov-Gerasimenko）に着陸し彗星の組成を調査することに成功した。その結果，彗星の組成には水分子のほかに有機物の層が含まれていることが確認された。これ以外の彗星の組成にも有機物が含まれていることが確認されているため，地球外で生成された有機物から地球上で生命が誕生したとする説もある。

有機物が地球上に生じたとすると，遺伝情報を担う有機物であるRNAやDNAへとつながる。特にRNAは情報をコードできるだけでなく，触媒としても機能することが知られている。このようなRNAはリボザイム（ribozyme）と呼ばれる。2023年に早稲田大学の水内良（Ryo Mizuuchi）と東京大学の市橋伯一（Norikazu Ichihashi）らは，自分を触媒として増殖する自己触媒RNAが，20塩基のランダムな配列のRNAの集団から生じることを示している。こうした自己触媒RNAが複数あった場合は，ダーウィン進化が生じ自己複製する能力が高い分子が増加していくことになる。

一方，自己複製では複製ミスが生じる。RNAの場合，塩基の長さが長くなるほど複製ミスが生じる可能性も高くなる。もし大きな複製ミスが生じると，それまで増殖していた分子とは大きく異なる分子となるために淘汰されてしまう。そのため，自己複製系の進化では，長い・大きな分子を持つ自己複製系は生じてくることが難しい。アイゲン（Manfred Eigen）（1967 年ノーベル化学賞）とシュスター（Peter K. Schuster）は，短い配列の RNA A が別の短い配列の RNA B を生成する反応を触媒するように，自分ではなく別の RNA 配列の生成を触媒する反応系が，RNA A → RNA B … RNA M → RNA A のような自己触媒サイクルを構成すれば，複製ミスを抑え，淘汰されにくい（全体として）長い配列が生成可能であることを示した。このようなサイクルはハイパーサイクル（hyper cycle）と呼ばれる。

15.2.2　コアセルベートの計算的特徴

コアセルベートとは，いわば膜を持った化学反応系であり，コアセルベート内の平衡液に溶け込んだ化学溶液の組成は内部状態に相当する。コアセルベートで分裂や融合が生じると化学溶液の組成はランダムに変化するが，これはつまり内部状態が突然変化することに相当する。化学組成がランダムに変化した場合，変化が生じたコアセルベートは分解する場合もあれば，維持する場合もある。8.1.2 節で紹介した遺伝的アルゴリズムは進化を模した計算系で，突然変異・交差と自然選択により進化計算が行われる。コアセルベートの場合も，分裂や融合を突然変異・交差，分裂・融合後にコアセルベートが維持できるか否かが自然選択と見なすと，遺伝的アルゴリズムと同様に進化が生じる。

鈴木泰博（Yasuhiro Suzuki）らは 6.1 節で紹介したマルチセット書き換え系に膜構造を加え，コアセルベートを模した計算系を作りシミュレーションを行って，コアセルベート間で進化が生じることを確認した。またこのコアセルベートを模した計算系の計算能力を調べてみると，計算系が 3 つ以上の膜構造を有すると非常に効率よくチューリング機械をシミュレートできることが分かった。

15.2.3　リアル人工生命 − 合成生物学

これまで述べてきた生命の起源の研究は，地球の歴史をもとに生命の起源の理学的理解を目指している。一方，8.2節で述べた人工生命は計算機を用いて生命系を再構成することを目指している。これらとは別に，工学の立場から生命系の研究も行われてきた。

2000年以前，DNAの配列解析は読み取れる長さに限りがあったため，ヒトゲノムのような長いDNAの解析には及ばなかった。ベンター(John Craig Venter）は，当時のDNA配列読み取り機（シークエンサー）で読み取れる程度に，DNAを短い配列に分割して読み取りを行い，それらの断片をバイオインフォマティクスのツールを用いて再構成する方法（ショットガン・シーケンス法（shotgun sequencing））を確立し，2000年の全ヒトゲノムの解析に寄与した。この技術革新により，さまざまな遺伝子解析ツールが開発され，遺伝子工学の分野が成立してくる。

ベンターは自ら開発した遺伝子解析ツールをもとに，ヒトゲノム解析以降，生命系を工学的に生成する合成生物学（synthetic biology）を展開してきた。まず2010年に人工的に作成した核酸塩基を細菌（マイコプラズマ・ミコイデス）に移植し，人工的に作成した遺伝情報だけによる細菌の生成に成功した。さらにベンターらは，2016年に473個の遺伝子による人工細胞の合成に成功している。

オパーリンの約90年後に始まった合成生物学の研究は，約16年で人工的に細胞を合成することに成功した。また，合成生物学の研究は工学的にも発展しており，医学・薬学への応用研究も行われている。

15.2.4　神経オルガノイド

合成生物学とは別の流れで，再生医療の発展とともに，リアルな生物や細胞による計算を目指す研究も盛んになっている。ヒトのiPS細胞を神経細胞に分化させ球状に集めて人工的に培養すると，動物の脳の一部のような組織ができあがる。このように，生物の本物の組織に似せて作られた人工的な組織をオルガノイド（organoid）という。上述の脳の一部のような組織は，神経オルガノイドもしくは脳オルガノイドと呼ばれる。世界的にも神経オルガノイドを用いて，脳の仕組みを解明したり工学的な応用を試みたりする研究が活発に行われている。

動物の脳では，さまざまな機能を担う多数の領域が神経によって複雑に絡み合って結合しているが，東京大学の池内与志穂（Yoshiho Ikeuchi）は，このような動物の脳を模して，2つ（もしくは複数）の神経オルガノイドをつなぎ合わせた人工組織を作成して，脳の解明や工学的な応用を目指した研究を進めている。池内は複数のオルガノイドを結合させた組織をコネクトイドと呼び，コネクトイドを構成するオルガノイドごとに異なる役割を分担させることにより，通常のオルガノイドを超えた複雑な脳活動を再現することを目指している。実際に，2つのオルガノイドを細長い経路で結んで培養すると，経路を通してオルガノイドの間に神経細胞の軸索の束が作られ，軸索を通して2つのオルガノイドが情報を交換し合うようになる。

そこで池内は，2つのオルガノイドの片方に感覚入力の役割，もう片方に運動出力の役割を付与することを試みた。具体的に，感覚入力のオルガノイドの神経細胞にはチャネルロドプシンを発現させ，特定の形（空間パターン）の光を照射して刺激を与えた。ちなみに，チャネルロドプシンを発現させた神経細胞は，光を当てて興奮させることができる。運動出力のオルガノイドには多電極アレイを留置して，その神経活動パターンを増幅してデジタル信号に変換する。そのデジタル信号によって外部の装置を駆動することが可能である。

また，脳の解明を目指す方向の研究としては，統合失調症を再現する脳オルガノイドを用いて，その神経活動や遺伝子発現の変化を解析している。

15.2.5　脳機能拡張

人工の組織ではなく，リアルな動物の脳を対象とする研究も盛んに行われている。その一つの方向は，動物の脳の機能を人工的に拡張することである。東京大学の池谷裕二（Yuji Ikegaya）は，AIを用いて脳の知覚・感性・認知能力の拡張を行う研究を進めている。その一つの成果として，ラットに英語とスペイン語を判別させることに成功した。

同一の発話者による英語とスペイン語のフレーズ（発話者によるスピーチを用いて学習させたモデルによる合成音声）をラットに聞かせ，言語に対応する穴にノーズポーク（穴に鼻を突っ込むこと）をさせる。正しい穴にノーズポークすると水を報酬として与える。このような単純な学習実験では，ラットは英語とスペイン語を聞き分けられるようにはならなかったという。

一方，ラットの脳に留置した電極によって，英語とスペイン語のフレーズを聞かせている間の局所場電位を記録し，それを入力としてニューラルネットワークを学習させると，たまたま正解が得られる50％の確率を超えて，英語かスペイン語かを正しく答えるニューラルネットワークが得られた。このことは，局所場電位の中に英語とスペイン語を聞き分けるのに十分な情報が含まれていることを意味する。すなわち，ラットの脳は英語とスペイン語を聞き分ける潜在能力を有しているといえる。

そこで池谷は，ニューラルネットワークの出力（英語かスペイン語か）を，ラットの左または右の体性感覚皮質に（電気刺激で）フィードバックさせることを試みた。そして，フィードバック（左か右か）に従って正しい穴にノーズポークしたときの報酬として，内側前脳束を電気刺激した。ちなみに内側前脳束は報酬系であり，ここを刺激するとラットは気持ちがよくなる。その結果ラットは，やはり50％の確率を超えて，英語かスペイン語かを正しく答えることができるようになった。しかもその能力は，フィードバックをなくしても保存されていたという。すなわち，英語とスペイン語を聞き分ける能力を脳が潜在能力として有していたからこそ，それを学習によって引き出すことに成功した，ということができるだろう。

15.3　宇宙の計算可能性

いよいよ計算と宇宙の話に入っていく。ライフゲームと人工生命を受けて，まず宇宙をセルオートマトンとして捉えられるかについて議論し，宇宙をハイパーグラフ書き換え系と捉えるウルフラムの試みについて紹介する。最後に，宇宙の計算可能性に関するいくつかの考え方を紹介し，人工宇宙とその先のリアル人工宇宙の可能性について触れる。

15.3.1　宇宙はセルオートマトンだろうか？

2.2.2 節で触れたようにツーゼは，セルオートマトン（CA）を生物と結びつけて考えるだけではなく，さらに宇宙そのものも CA ではないか，と考えた。ビリヤードボールモデル（billiard ball model; BBM）を考案したフレドキンは，さらに宇宙を形成する CA は物理的な可逆性を反映した可逆 CA であるはずだ，と想定した。可逆 CA は大域遷移関数が単射な CA であり，その遷移を逆にたどる CA が存在する。2 次元以上の CA では局所遷移関数を与えてもそれが可逆 CA であるか否かを一般には決定できないが，マーゴラス（Norman H. Margolus）はマーゴラス近傍（Margolus neighborhood）と呼ばれる特殊なブロック近傍を用いれば可逆 CA を容易に構成できることを示し，BBM セルオートマトン（BBMCA）と呼ばれる BBM をシミュレートできる可逆 CA を構成した（5.2.5 節参照）。

フレドキンやツーゼらは，「宇宙としての CA」を実行する何らかの計算システムが我々の宇宙の「外」にあり，我々の宇宙を「計算」していると考えた。フレドキンの提唱した BBM と可逆 CA は，シミュレーションツールや計算モデルとしては一定の支持を集めたものの，彼らのこのような「素朴」な宇宙観が物理学者に支持されることはなかった。CA の格子状の空間では，一般相対論的な時空を実現できるとは思えないし，量子もつれによる相関の説明も難しい。

しかし，ツーゼ，フレドキンのアイデアを，現在受け入れられている物理とすり合わせる方策をウルフラムが提案している。ウルフラムによると，宇宙は CA ではなくハイパーグラフ書き換え系（hypergraph rewriting system）であるという。ハイパーグラフは，エッジが任意個数のノードを連結できるようにグラフを一般化したものである。

ウルフラムのハイパーグラフ書き換え系はハイパーグラフを対象とし，書き換え規則は $\{\{x,y\}\} \to \{\{x,y\},\{y,z\}\}$ のような形式で表現される。ここでx, y, zは任意のノードを動く。この書き換えは$x \to y$に一致する関係が現れる場所すべてで$x \to y$と$y \to z$に書き換える，すなわち$x \to y \to z$と書き換えることを意味する。ここでzは新たに追加されるノードである。図15－5に，初期グラフ1→2に対してこの書き換えを適用した結果を示す。2ステップ目は1→2と2→3に規則が並列に適用されるため，それぞれ4と5のノードが追加されている。

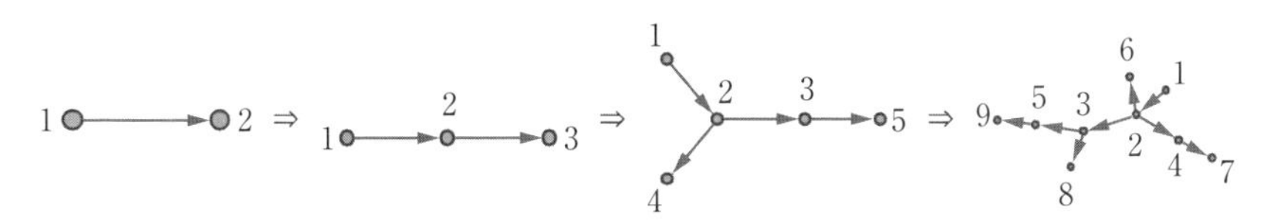

図15－5　書き換え過程

この書き換え系は複雑な構造を容易に生成できる。例えば，自己ループするエッジを持つ1つのノードを初期グラフとして書き換え規則$\{\{x,y\}\} \to \{\{x,y\},\{y,z\},\{z,x\}\}$をたった8ステップ（並列に）適用するだけで図15－6の複雑な構造が現れる。

ウルフラムは，このような書き換え規則を10の400乗回程度適用した結果が我々の宇宙であると主張する。この書き換え系において，生成されるハイパーグラフは，規則適用の順序に依存し一意ではない。そのため事象としての書き換えの発生順序には多くの選択肢があり，可能性の枝分かれが存在する。しかし，適切な書き換えによってそれらの分岐が合流するという性質（合流性（confluence）やチャーチ・ロッサー性（Church-Rosser property）と呼ばれる）を持つことが，宇宙での事象の因果不変性に対応するという。もちろん，宇宙の基本規則が何であるかは現時点ではまったく分からないが，少なくとも合流性を持つ必要がある。

このハイパーグラフの構造が空間を表し，時間は書き換えの適用のステップであり，粒子はルール110 CAのグライダーと類似のグラフ内の安定した種々のパターン，というふうにハイパーグラフ書き換え系と物理的な概念を対応させる。基本規則を知らなくても，合流による因果

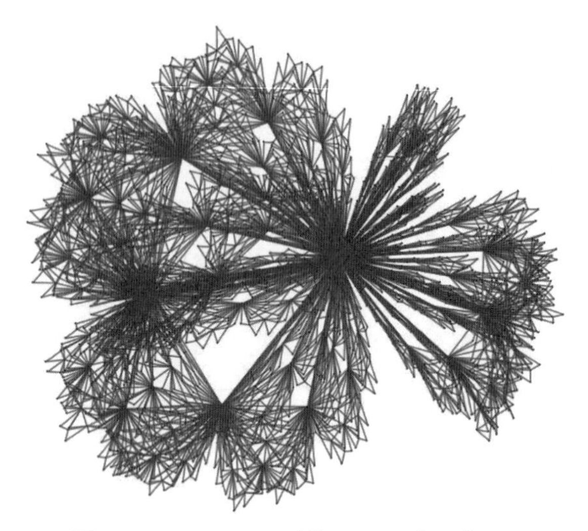

図 15－6　8 ステップ後のハイパーグラフ

不変性と書き換え系の性質から，特殊相対性理論のローレンツ不変性，一般相対性理論の一般共変性，量子力学における実験結果などの物理法則と整合する結果を導けると主張している。モデルの詳細は https://www.wolframphysics.org/ に掲載されている。

ウルフラムのモデルは現状でも相対性や量子力学の要請をある程度は説明できるかもしれないが，あまりにも検証不能な仮定が多すぎて，そのまま受け入れることは難しいだろう。しかし少なくとも，可逆性，保存性といった物理的な制約を反映した CA やグラフ書き換え系はシミュレーションツールとしては広く使われてきた。自然の性質をある程度は CA やグラフ書き換え系で捉えることができるのである。

CA についても追記しておこう。第 5 章の最後に量子 CA について触れたが，ここでは物理系のシミュレーションの観点から量子 CA について述べる。上述のように「古典的」な CA では物理系をうまくシミュレートできないかもしれないが，量子計算をもとにした CA なら話は別である。1996 年にロイド（Seth Lloyd）は，ファインマンの万能量子シミュレータのアイデア（1982）をもとにある種の量子 CA と見なすことができる量子アルゴリズムを提案している。この CA は 5.2.5 節で説明した万能量子CAのモデルとは違って，量子コンピュータ内のデコヒーレンスや熱効果を，シミュレートされる系におけるデコヒーレンスや熱効果を模倣するために利用することを前提としているので，任意の量子化された変数間の局所的な相互作用を直接量子CAで効率的にシミュレートできる。これらのことをどう考えればよいだろうか。

15.3.2　宇宙の計算可能性と人工宇宙

ハイパーグラフや量子CAで宇宙をシミュレートできるとすれば，宇宙は計算可能ではないかと考えられる。宇宙の計算可能性に関しては，以下のように2つの対立する仮説がある。ゼニル（Hector Zenil）の考えに沿って説明する。ゼニルの編著“A Computable Universe: Understanding and Exploring Nature as Computation”（World Scientific, 2012）を参照。

（i）チューリング計算可能宇宙（Turing computable universe）仮説：デジタル物理仮説とも呼ばれ，宇宙自体もチャーチ・チューリングのテーゼに従う，すなわち宇宙の計算能力の上限がチューリング機械で抑えられるという考えをいう。これまでに見てきた，ツーゼ，フレドキンやウルフラムはこのカテゴリーに入る。ホイーラー，ファインマンやテグマーク（Max Erik Tegmark）もこの考え方のように思える。デジタル計算機がすでに存在していることで証明されているように，自然はチューリング計算が可能であり，逆も成り立つという考え方である。

（ii）非チューリング計算可能宇宙（non-Turing computable universe）仮説：逆に宇宙はチューリング機械で計算可能ではないという立場。チューリング機械の計算能力を超える超計算を宇宙が行える，あるいは計算不可能な規則性が宇宙に存在することを信じる立場である。不規則性（すなわち，計算不可能な「パターン」）を規則性と解釈できる何かが自然界に存在すると想定する。ペンローズ（Roger Penrose）はこの立場をとっており，神経細胞内の微小管が持つ量子力学的な未知の計算能力によって脳はチューリング機械を超える計算が可能であると主張する。また，宇宙がアルゴリズムによる計算が不可能なランダムさを持つという立場（ランダム仮説）も，チューリング機械が真にランダムな系列を生成できないという意味で，ここに分類される。観測は完全なランダムさを持つとされる量子力学のコペンハーゲン解釈とも相性が良いかもしれない。

どちらを支持するかを明確にしなくとも，少なくとも宇宙が「情報化」された存在だという仮説の立場をとる研究者は増えつつある。ツァイリンガー（Anton Zeilinger）やアーロンソン（Scott Joel Aaronson）らはこの立場であろう。量子重力のモデルの研究者もこのカテゴリーに入るかもしれない（例えばブラックホールの表面積がそのエントロピーと比例することを根拠に，宇宙が2次元平面に符号化されているというような考え方を「宇宙の情報化」と切り離して受け入れるのはかなり難しい)。また逆に，量子計算の研究者であっても，ドイチェ（David Elieser Deutsch）やロイド，カベロ（Adán Cabello）らのように，情報と計算の重要性も認識してはいるが，宇宙が情報化されているか否かには踏み込まず，あくまでも量子力学に基づく物理学の立場に立つ研究者もいる。また，ゼニルらのようにランダム仮説に反対して，宇宙のほとんどの構造はアルゴリズム的に記述可能であるという立場をとりつつも，具体的な証拠が見つからない限りチューリング計算可能か否かを判断するべきではないと考える研究者もいる。

先ほど，ロイドは従来のCAでは物理系を効率的にシミュレートできないが，量子CAなら可能であることを示したと説明した。ショアの量子アルゴリズムが発表された当時，計算量理論研究者たちは量子計算はチューリング機械を超える計算が可能なのではないかと沸き立った。しかし，この30年間の量子計算の研究で量子計算が非チューリング計算が可能という結果の報告はないし，計算量的に真に効率的か否かもまだ明らかにはなっていない。ペンローズは納得しないかもしれないが，現状では量子計算もチャーチ・チューリングのテーゼに捉えられているのである。チャーチ・チューリングのテーゼ自体も仮説でしかないが，ひょっとすると，宇宙の計算可能性が判明するときがこの仮説が最終的に解決するときかもしれない。チャーチ・チューリングのテーゼが真だとしたら，宇宙がコンピュータ同様，非常に単純な計算の組み合わせで記述できることになる。また偽であれば，宇宙はいまだ我々の知らない計算を行っていることになる。どちらであっても驚くべき結果であることに変わりはない。

とはいえ，大多数の研究者は，宇宙と計算の関係について取り立てて考察することはなく応用を前提とした実用的な立場であろう。しかし，彼らの研究は結果として物理法則に従う自然現象を，より高精度に計算可能にし続けている。また，4.2節で見たように熱力学の第二法則のような最も基本的な物理法則をも情報と切り離して議論できないという立場が主流になりつつあるため，情報の持つ重要性はより高まっているというのが共通認識であろう。これらの結果は現時点においては，宇宙は情報化されており，チューリング計算可能であるという仮説を後押ししているように思える。読者のあなたがどの立場を支持するにせよ，今このページを読んでそのことを考えているという意識を含めた事象も，あなたの支持するシステムによって駆動されていると想定することを意味する。

いずれにせよ，少なくとも妥当な実験を設定して検証することができない議論はすべて仮説の域を出ないが，同様に仮説からスタートした人工生命の数々のモデルや研究結果が実際の生命の理解に対して大きな貢献をしたことには疑いの余地がない。ノイマンの計算万能自己増殖モデルやライフゲームに触発された研究者らが，生命を情報処理の立場で捉え，DNAで万能計算機を実現し，前節で述べたようなリアル人工生命の誕生にもつながっている。“Universe as it could be（ありえたかもしれない宇宙）”をライフゲームのようにプレイしていく先に，リアル「人工宇宙」を生成する日が来るのではなかろうか。

研究課題

15.1　Golly を https://golly.sourceforge.io/ からダウンロードし，本章で説明した P416 60P5H2V0 gun や OTCA metapixel，Gemini の時間発展の様子を実際に観察してみよ。

15.2　人工遺伝子回路および iGEM について調査せよ。

15.3　まず，以下の a から c について調べよ。

a. オパーリンが生命の起源ついての化学進化説を提案した年から（15.2.1 節参照）ベンターらがヒトゲノム解析を行うまで，何年要したか（年限）調べよ。

b. 同様に，ヒトゲノム解析から，ベンターが人工細菌（15.2.3 節）を作るまでの年限を調べよ。

c. 人工細菌の作成から，473 個の遺伝子を持つ人工生命ができるまでの年限を調べよ。

次に，a から c のように，事象間の年限が変化していった理由について考察せよ。

参考文献

教科書：ジェイミー A デイヴィス著，藤原慶監修，徳永美恵翻訳：合成生物学 人が多様な生物を生み出す未来，ニュートン新書，2022.

専門書：小林聡，萩谷昌己，横森貴：自然計算へのいざない　ナチュラルコンピューティング・シリーズ　第 0 巻，近代科学社，2015.

専門書：鈴木泰博：自然計算の基礎　ナチュラルコンピューティング・シリーズ　第 7 巻，近代科学社，2023.

専門書：レイ・カーツワイル著：ポスト・ヒューマン誕生，NHK 出版，2007.

入門書：紺野大地，池谷裕二：脳と人工知能をつないだら，人間の能力はどこまで拡張できるのか　脳 AI 融合の最前線，講談社，2121.

研究課題のヒント・アドバイス

第１章

1.1　是非，実際に行ってほしい。例えば，ワーク２で部屋の掃除をするアルゴリズムを考えてみよ。それに対応して，ワーク３とワーク４を行ってみよ。

1.2　右下の場合を考えよう。○の右下に■があれば，その○の状態を⦩に遷移させる。○の右下に⦩があれば，その○も⦩に遷移させる。⦩の左上に●があれば，⦩を●に遷移させる。他の場合も同様である。

第２章

2.1　図Ｈ－１に示すパターンは最終的に６匹のグライダーを四方にまき散らす非常に複雑な振る舞いを示す。3×3のパターンではこれが最も複雑な挙動である。グライダーの飛翔する領域はどんどん広がっていくが，生セルの数は変わらず増加しなくなる。

2.2　4×3では，図Ｈ－２に示したパターンだけでなく複雑な振る舞いを示すパターンが多数存在する。しかし，最終的には飛翔するグライダー以外には静止するか単純な周期パターンのみが残り，無限に複雑な振る舞いを続けるパターンは存在しない。

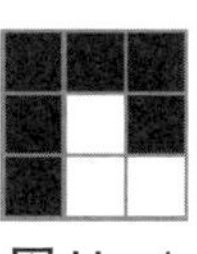
図Ｈ－１

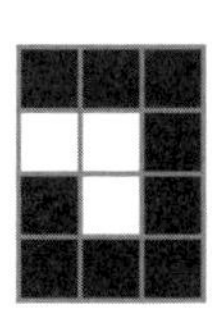
図Ｈ－２

第 3 章

3.1　初期状態 0 から始まって最終的に状態 1 に至るには，まず状態 0 でループした後に状態 1 に至る。その後，状態 0 に戻ってから再び状態 1 に至るか，状態 2 に進んでから状態 1 に戻る，ということを繰り返せばよい。このような遷移を起こす文字列の全体は $0^*1(10^*1+01^*0)^*$ である。

初期状態 0 から始まって最終的に状態 2 に至るのは，状態 1 を経由して最後に状態 2 でループする経路になるので，このような遷移を起こす文字列の全体は $0^*1(10^*1+01^*0)^*01^*$ である。

これらを併せると指定された正規表現が得られる。なお，有限オートマトンから受理言語を表す正規表現を求める一般的な方法については，富田他の教科書を参照されたい。

3.2　1011 の右の空白を s で示す。ヘッドの位置は下線で示す。チューリング機械の状態を右に示す。

$\underline{1}011s$	0
$1\underline{0}11s$	0
$10\underline{1}1s$	0
$101\underline{1}s$	0
$1011\underline{s}$	0
$101\underline{1}s$	1
$10\underline{1}0s$	1
$1\underline{0}00s$	1
$\underline{1}100s$	2

3.3　例えば萩谷他の教科書を参照してほしい。その問題を判定するチューリング機械をHとする。Hへの入力は2つあって，チューリング機械を表す文字列とそのチューリング機械への入力である。Hを用いて次のようなチューリング機械Mを構成する。Mは入力sに対して，Hをsとそのコピーを入力として呼び出す。その結果がYesであれば無限ループに入る。Noであれば停止する。Mを表す文字列をM自身に入力すると矛盾が生じる。

第4章

4.1　解答例（図H－3）：

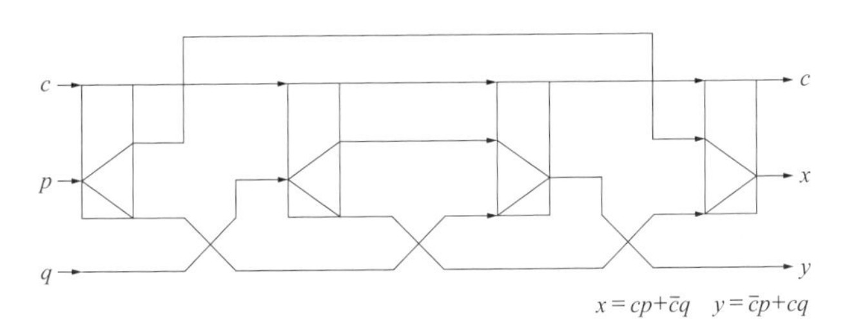

図H－3

4.2　解答例（横山による）：

```
procedure fact(int n, int result)
    result +=1
    local int i=0
      from i=0 loop
          i+=1
          local int tmp = result * i
              result <=> tmp
```

```
            delocal int tmp = result / i
        until i = n
      delocal int i = n

  procedure main()
      int n
      int result
      n += 10
      call fact(n, result)
```

第 5 章

5.1　例えば，信号 1 が速度 1 で右に伝搬し，右の壁 $ に到達すれば状態を 2 に変え，反転して速度 −1 で左に伝搬する遷移規則を作成する。さらに，$10 → 4（$ と 0 で囲まれた 1 は 4 に遷移），$40 → 5, 50_ → 3（_ は任意の状態）と 2 ステップ休んで 3 ステップ目で 1 つ右に移動する（この後 3 は 4 に遷移する）と速度 1/3 の信号を作ることができる。この信号と反射してきた速度 −1 の信号の衝突するセルがちょうど中央に位置するセルになるので，9 に遷移させればよい。ただし，n が偶数の場合には中央のセルは 2 つになるので，それらを共に 9 に遷移させる必要があるだろう。セルオートマトンはこのような信号の伝搬と衝突を用いて計算を行う。この例では多数の状態を使って中点を計算しているが，適切な符号化法を用いることで必用な状態数を大幅に削減することができる。

5.2　a の記号列が偶数の場合には bc...bc に，奇数の場合には cbc...bc に書き換えられ，偶数の場合には先頭に b が現れ，それが a に置き換えられるため，ちょうど半分の長さの a に置き換えられる。奇数の場合には先頭に c が現れることで $\frac{n+1}{2}$ の a が 3 倍に置き換えられさらに a が 1 つ削減され，$\frac{3n+1}{2}$ の長さになる。

Wolfram 言語のコード例を掲載する：

```
applyRule[word_, m_, rules_, halting_] :=
 If[StringLength[word] < m \[Or]
   StringTake[word, StringLength[halting]] == halting, "HALT",
  StringTake[word, (m + 1) ;;] <> rules[StringTake[word, 1]]]
tagSystem[word_, m_, rules_, halting_] :=
 NestWhileList[applyRule[#, m, rules, halting]&, word, #!="HALT"&]
```

実行例：

```
tagSystem["aaa", 2, <|"a" -> "bc", "b" -> "a", "c" -> "aaa"|>, "H"]
```

実行結果：

{"**aaa**", "abc", "cbc", "caaa", "**aaaaa**", "aaabc", "abcbc", "cbcbc", "cbcaaa", "caaaaaa", "**aaaaaaaa**", "aaaaaabc", "aaaabcbc", "aabcbcbc", "bcbcbcbc", "bcbcbca", "bcbcaa", "bcaaa", "**aaaa**", "aabc", "bcbc", "bca", "**aa**", "bc", "**a**", "HALT"}

第6章

6.1　左上のプレースを「品物」という要素，左下のプレースを「装置」という要素，真ん中上のプレースを「BufferEmpty」という要素，真ん中下のプレースを「BufferFull」という要素に対応させると，Deliverのトランジションは，

品物，BufferEmpty → 装置，BufferFull

というマルチセット書き換え系で表される。品物1つがバッファに移動されると，装置が1つ空くことを意味する。他のトランジションも同様である。

6.2　カウンタマシンの状態は，どの i に対して S_i という要素がマルチセットに含まれるかで定まる。このマルチセット書き換え規則で S_i が S_j に書き換わるので，状態は i から j に遷移する。同時に M_r という要素が1つ増えるので，レジスタ r の値が1増える。以上は $inc(i, r, j)$ という命令の動作に他ならない。

第7章

7.1　拍手の活性因子・抑制因子として考えられるものは何だろうか。

7.2　それぞれ，X：[0, 0.1, 0.8, 0.1]，Y：[0, 0.3, 0.4, 0.3] となる。

第8章

8.1　例えば，図H－4。

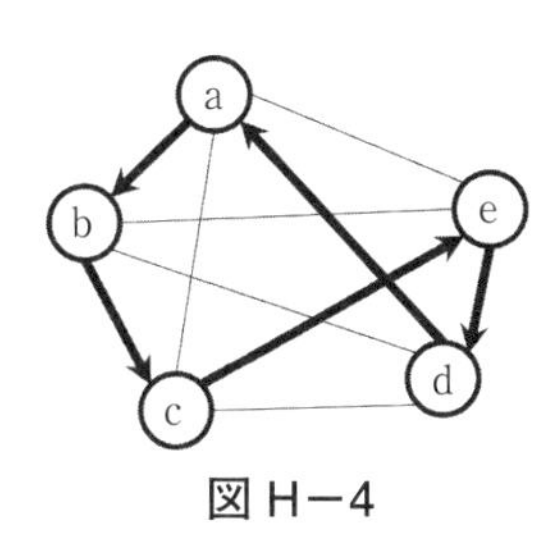

図H－4

8.2　解答例：自動掃除機（ルンバ）は，ブルックス（Rodney Allen Brooks）が提案した，サブサンプションアーキテクチャ（subsumption architecture; SA）により作られている。SAはセンサー入力に対し，少数の行動プログラムの組み合わせから行動が創発する複雑相互作用系的なロボットである。従来の環境をセンシングして行動プログラムを行うロボットと全く異なる簡便な仕組みであることから，ブルックスが提案した当初は「これは知能ロボットではない」との強い批判を受けた。

第9章

9.1　例えば，生活の中にある気温，昼の長さ（日の出から日没までの時間）などの時系列データや，体重や血圧などの生体情報を触譜にしてみると，データの異なった見方が得られるかもしれない。データの最大値から最小値を，分割したい数nで割ると，1つの触階（楽譜でのドレミ…… に相当）に含まれるデータの範囲が得られるので，データを触階に分ける（binの数がnのヒストグラムと同様）。

おのおのの触階に含まれるデータ数が長さに相当するので，最も長いものを全触符（白丸だけの触符）とすると，その半分の長さが二分触符，さらに半分の長さが四分触符…… のようになっていく。

9.2　例えば，9.1 で作成した触譜での，おのおのの触階の差を計算する。その差の平均値が硬軟（大きいほど柔らかい），標準偏差が滑らかさ（大きいほど粗い）となる。この方法は簡便な方法なので，触質の定義に合わせて，自分なりの方法を作ってみてもよい。その際にこの簡便な方法を基準として，自分の方法がどれぐらい優れているか評価してもよいだろう。

第 10 章

10.1　$w_1 = w_2 = -1$，$\theta = 1$ とすればよい。

10.2　参考文献等を参照。

10.3　参考文献等を参照。

第 11 章

11.1　参考文献等を参照。

11.2　過去において00, 10, 01, 11が等確率（0.25）で現れると仮定する。すると図11－1より，過去00で現在11である確率は0.01，過去01で現在11である確率は0.01，過去10で現在11である確率は0.01，過去11で現在11である確率は0.16となる。これらの和は0.19である。したがって，現在が11であることが分かれば，過去が00である確率は$\frac{0.01}{0.19} \fallingdotseq 0.05$，過去が10と01も同様で約0.05，過去が11である確率は$\frac{0.16}{0.19} \fallingdotseq 0.8$となる。

11.3　参考文献等を参照。

第12章

12.1　参考文献を参照。

12.2　最終的に図H－5のような分子が得られる。

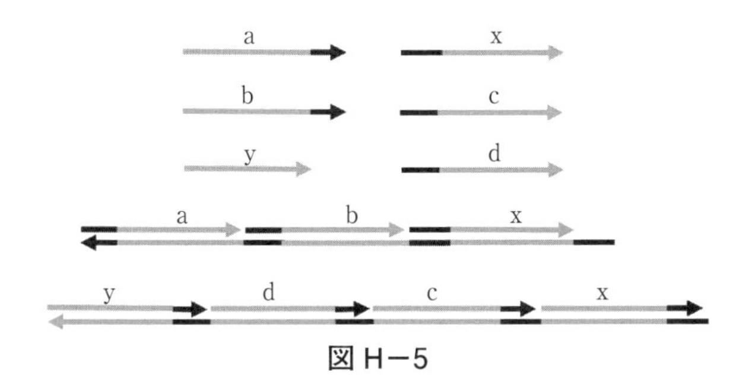

図H－5

aとbの配列を持つ一本鎖DNA分子は，左端（5′末端）にトーホールドを持つものが，右端（3′末端）にトーホールドを持つものに置き換わっている。逆に，cとdの配列を持つ一本鎖DNA分子は，右端にトーホールドを持つものが，左端にトーホールドを持つものに置き換わっている。左端にトーホールドを持つ分子が活性(反応する能力)を持っているとすると，この鎖置換反応の連鎖により，活性のある a と b が，活性のある c と d に置き換わったことになる。したがって，この反応は全体として a, b → c, d というマルチセット書き換え規則の実装となっている。

第 13 章

13.1　本文にあったように $\begin{pmatrix} e^{i\theta} & 0 \\ 0 & 1 \end{pmatrix} = e^{\frac{i\theta}{2}} \begin{pmatrix} e^{\frac{i\theta}{2}} & 0 \\ 0 & e^{-\frac{i\theta}{2}} \end{pmatrix}$ に注意して，指数関数を三角関数に書き換えればよい。

13.2　イジングモデルのエネルギーを

$$E = \left(\sum_{i=1}^{n} n_i s_i \right)^2$$

と定義すればよい。$R = \{n_1 \mid s_i = 1\}$ となる。なお，この問題は数分割問題（number partition problem）と呼ばれている。

第 14 章

14.1　以下のようになる。

$$\frac{1}{\sqrt{2}}\begin{pmatrix} 1 & 0 & 1 & 0 \\ 0 & 1 & 0 & 1 \\ 1 & 0 & -1 & 0 \\ 0 & 1 & 0 & -1 \end{pmatrix} \qquad \frac{1}{\sqrt{2}}\begin{pmatrix} 1 & 1 & 0 & 0 \\ 1 & -1 & 0 & 0 \\ 0 & 0 & 1 & 1 \\ 0 & 0 & 1 & -1 \end{pmatrix}$$

14.2　固有値は 0 と 1 と -1 である。固有値 0 の固有ベクトルとして $\begin{pmatrix} 1 \\ 1 \\ -1 \\ -1 \end{pmatrix}$ と $\begin{pmatrix} 1 \\ -1 \\ 1 \\ -1 \end{pmatrix}$，固有値 1 の固有ベクトルとして $\begin{pmatrix} 1 \\ -1 \\ -1 \\ 1 \end{pmatrix}$，固有値 -1 の固有ベクトルとして $\begin{pmatrix} 1 \\ 1 \\ 1 \\ 1 \end{pmatrix}$ をとることができる。

14.3　一般に，量子モデルは通常の（古典的な）モデルの状態を基底ベクトルとする量子状態を持つが，可逆モデルは基底ベクトル間で可逆な入れ替えを行うだけなので，可逆モデルの状態遷移はユニタリ行列で表現でき，可逆モデルは量子モデルでもある。

第 15 章

15.1　P416 60P5H2V0 gun や OTCA metapixel，Gemini の 状 相 は Golly の配布に既に含まれている。 OTCA metapixel の動作の仕組みはニコニコ動画，ライフゲームの世界 第 8 回を参考にしてほしい（https://www.nicovideo.jp/watch/sm19509968）。

15.2　参考文献等を参照。

15.3　このように，革新的な事象が生じる年限が短くなっていく現象はさまざまな分野で見られる。この現象が生じる理由について，本書で得た知見も踏まえつつ，ご自身の研究課題として考察を深めてほしい。ある程度考察が深まったら，専門書に挙げた「ポスト・ヒューマン誕生」はさらに考察を深める一助になるであろう。この本でカーツワイル（Raymond Kurzweil）は収穫加速の法則（the law of accelerating returns）を唱え，シンギュラリティ（singularity）を予言した。

索引

●配列は英数字，五十音順。＊は人名を示す。

●英数字

BBM セルオートマトン（BBMCA） 94, 268
BZ 反応（BZ reaction） 124
DNA オリガミ（DNA origami） 208
DNA コンピュータ（DNA computer） 221
DNA コンピューティング（DNA computing） 206
DNA タイル（DNA tile） 207
DNA ナノテクノロジー（DNA nanotechnology） 206
DNA ブリック（DNA brick） 208
DNA ポリメラーゼ（DNA polymerase） 209
FIT（failure in time） 155
m-タグシステム（m-tag system） 90
NISQ 型量子コンピュータ（noisy intermediate scale quantum computer） 245
OHP（overhead projector） 183
QUBO（quadratic unconstrained binary optimization） 233
SD 法（semantic differential method） 162
SIR モデル（SIR model） 83
T ゲート（T gate） 245
Y 分岐（Y junction） 229
Z スコア（Z score） 170

●あ 行

アーロンソン（Scott Joel Aaronson）* 272
アイゲン（Manfred Eigen）* 264
合原一幸（Kazuyuki Aihara）* 188
アダマールゲート（Hadamard gate） 241
甘利俊一（Shun'ichi Amari）* 178
アリ学（myrmecology） 145
アリギ（Pablo Arrighi）* 95
アリコロニー最適化（ant colony optimization） 146
アルゴリズム（algorithm） 11
イーター（eater） 81
池内与志穂（Yoshiho Ikeuchi）* 266
池谷裕二（Yuji Ikegaya）* 266
意識のイージープロブレム（easy problem of consciousness） 190
意識のハードプロブレム（hard problem of consciousness） 190, 195
イジングマシン（Ising machine） 235
イジングモデル（Ising model） 151, 232
位相感応増幅器（phase sensitive amplifier; PSA） 236
位相シフタ（phase shifter） 227
市橋伯一（Norikazu Ichihashi）* 263
一般化 AND/NAND ゲート（generalized AND/NAND gate） 72
一般システム理論（general system theory） 148
一本鎖（single strand） 206
遺伝オペレータ（genetic operator） 135
遺伝的アルゴリズム（genetic algorithm） 37, 135
伊藤創祐（Sosuke Ito）* 71

因果（causation） 197
インタラクショングラフ（interaction graph） 112
ウィーナー（Norbert Wiener）* 139
ウィルソン（Edward Osborne Wilson）* 145
ウィンフリー（Erik Winfree）* 90, 217
ウェイド（Andrew J. Wade）* 259
上田正人（Masahito Ueda）* 69
ヴォーカンソン（Jacques de Vaucanson）* 138
内田淳史（Atsushi Uchida）* 230
ウラム（Stanisław Marcin Ulam）* 34
ウルフラム（Stephen Wolfram）* 38
エージェント（agent） 109
エーデルマン（Leonard Max Adleman）* 219
液体脳（The Liquid Brain） 183
江崎玲於奈（Leo Esaki）* 187
エッジ計算（edge computing） 182
エネルギー関数（energy function） 180
エネルギーランドスケープ（energy landscape） 180
エプスタイン（David Epstein）* 259
エルデシュ（Paul Erdős）* 151
欧州宇宙機関（European Space Agency） 263
大泉匡史（Masafumi Oizumi）* 204
大関真之（Masayuki Ohzeki）* 252
オートポイエーシス（autopoiesis） 149
オートマタ（automata） 138
オパーリン（Aleksandr Ivanovich Oparin）* 262
オランジェ（Nicolas Ollinger） 92
オルガノイド（organoid） 265
音響振動療法（vibro-acoustic therapy; VAT） 173

●か　行

ガードナー（Martin Gardner）* 25
カーツワイル（Raymond Kurzweil）* 286
カーマック（William Ogilvy Kermack）* 83
会合（hybridize） 206
ガウチャ（Adam P. Goucher）* 260
カウフマン（Stuart Alan Kauffman）* 37
カウンタマシン（counter machine） 55, 107
化学反応ネットワーク（chemical reaction network） 98, 106
書き換え規則（rewriting rule） 13
書き換え系（rewriting system） 13
可逆チューリング機械（reversible Turing machine） 59
拡散（diffusion） 116
拡散係数（diffusion coefficient） 119
隔離者（removed） 83
確率的化学反応ネットワーク（stochastic chemical reaction network） 106
確率的書き換え系（stochastic rewriting system） 23
確率的マルチセット書き換え規則（stochastic multiset rewriting rule） 106
確率的マルチセット書き換え系（stochastic multiset rewriting system） 106
重ね合わせ（superposition） 241
カッコウ探索（cuckoo search） 146
活性因子（activator） 115
活動電位（action potential） 175
カベロ（Adán Cabello）* 272
可飽和吸収体（saturable absorber） 229
感覚器官（sense organ） 140
還元論（reductionism） 143

感受性保持者（susceptible） 83
感染者（infected） 83
ガンティ（Tibor Gánti）* 150
偽（false） 74
機械論（mechanism） 143
記号力学系（symbolic dynamical system） 38
疑似焼きなまし（simulated annealing） 133
基底状態（ground state） 250
基底ベクトル（basis vector） 243
帰納言語（recursive language） 52
帰納的可算言語（recursively enumerable language） 52
キュービット（qbit） 240
局所遷移関数（local transition function） 79
近赤外分光法（near infrared spectroscopy; NIRS） 170
近傍（neighborhood） 17, 26
近傍セル（neighbor cell） 17, 26
クオリア（qualia） 195
鎖置換（strand displacement） 208
クック（Matthew Cook）* 90
クヌース（Donald Ervin Knuth）* 260
クラッチフィールド（James P. Crutchfield）* 38, 254
グラフ書き換え系（graph rewriting systm） 113
クリーネ（Stephen Cole Kleene）* 32, 43
グリーネ（Dave Greene）* 258
クリーネ閉包（Kleene closure） 49
クリック（Francis Harry Compton Crick）* 143
グリュック（Robert Glück）* 73
グローバルニューロナルワークスペース理論（global neuronal worskspace theory; GNW） 205
グロシング（Gerhard Grössing）* 95, 254
傾向（propensity） 106
計算可能（computable） 53
計算系（computational system） 13
計算主体（computational agent） 12
計算万能（computationally universal） 55
計算モデル（computational model） 13
形式言語理論（formal language theory） 48
形態形成（morphogenesis） 116
ゲート型量子コンピュータ（gate-based quantum computer） 239
結合（cohesion） 147
結合係数（coupling coefficient） 176
決定可能（decidable） 53
決定性（determinism） 22
決定的（deterministic） 55
ケモトン（chemoton） 150
言語（language） 48
現象論（phenomenology） 196
コアセルベート（coacervate） 262
構成アプローチ（constructive approach） 144
合成生物学（synthetic biology） 265
構成的手法（constructive method） 144
構造一致（structural coherence） 193
構成不変（organizational invariance） 193
行動伝染（behavioral contagion） 115
河野崇（Takashi Kohno）* 187
興奮性（excitability） 175
興奮性ニューロン（excitatory neuron） 177

公平性（fairness） 110
合流性（confluence） 20, 269
誤差逆伝播学習（backpropagation） 178
ゴスパー（Bill Gosper, Ralph William Gosper）* 29
ゴッテスマン（Daniel Gottesman）* 248
コッド（Edgar Frank "Ted" Codd）* 34, 78
後藤英一（Eiichi Goto）* 72
コヒーレント（coherent） 237
コヒーレントイジングマシン（coherent Ising machine） 236
ゴミ情報（garbage information） 60
コンウェイ（John Horton Conway）* 25
近藤滋（Shigeru Kondo）* 124
コンパートメント（compartment） 215

●さ　行

最大並列（maximally parallel） 101
最短経路探索（shortest path search） 126
最適化（optimization） 131
サイバネティックス（cybernetics） 140
サイモン（Herbert Alexander Simon）* 148
沙川貴大（Takahiro Sagawa）* 69, 247
佐野雅己（Masaki Sano）* 70
サブサンプションアーキテクチャ（subsumption architecture; SA） 281
シーリー（Thomas Dyer Seeley）* 145
シェーファー（Luke Schaeffer）* 95
シェパーディング（shepherding） 156
時空間ダイアグラム（space-time diagram） 86
軸索（axon） 175
自己集合（self-assembly） 216
自己触媒反応（autocatalytic reaction） 117
自己増殖オートマトン（self-reproducing automaton） 25
自然計算（natural computing） 4, 18, 25, 30
自然知能（natural intelligence） 226
シナプス（synapse） 175
社会生物学（sociobiology） 145
シャノン（Claude Elwood Shannon）* 65, 194
シャピロ（Ehud Shapiro）* 211
ジャボチンスキー（Anatol Zhabotinsky）* 125
ジャンツィン（Dominik Janzing）* 93
自由エネルギー原理（free energy principle） 189
収穫加速の法則（the law of accelerating returns） 286
集合（set） 15
充足可能性（satisfiability; SAT） 260
主観的体験（subjective experience） 195
樹状突起（dendrite） 175
シュスター（Peter K. Schuster）* 264
主成分分析（principal component analysis; PCA） 163
シュミット（Otto Herbert Schmitt）* 140
シュミットトリガー回路（Schmitt trigger circuit） 140
受理（accept） 47
受理言語（accepted language） 48
受理状態（accepting state） 47
シュレーディンガー（Erwin Rudolf Josef Alexander Schrödinger）* 143
巡回セールスマン問題（traveling salesman problem） 134

循環タグシステム（cyclic tag system） 90
順序（order） 11
ショア（Peter Williston Shor）* 37, 242
ショパン（Fryderyk Franciszek Chopin）* 166
状相（configuration） 26, 80
状態（state） 10, 16, 45
状態遷移（state transition） 11
情報エントロピー（information entropy） 65
情報構造（information structure） 200
初期状相（initial configuration） 80
初期状態（initial state） 47
触譜（tactile score） 159
触覚（tactile sense） 157
触覚受容器（tactile receptor） 158
触覚相互作用（tactile interaction） 161
ショットガン・シーケンス法（shotgun sequencing） 265
初等セルオートマトン（elementary CA; ECA） 86
シラード（Leo Szilard）* 67
真（true） 74
進化（evolution） 135
シンギュラリティ（singularity） 286
人工生命（artificial life） 34, 138
人工免疫システム（artificial immune system） 146
深層学習（deep learning） 178
深層ニューラルネットワーク（deep neural network） 178
数分割問題（number partition problem） 284
杉本舞（Mai Sugimoto）* 139
鈴木泰博（Yasuhiro Suzuki）* 9, 160, 264
鈴木理絵子（Rieko Suzuki）* 159
スタインボック（Oliver Steinbock）* 126
スタビライザ符号（stabilizer code） 248
砂田哲（Satoshi Sunada）* 230
スパイキングニューラルネットワークモデル（spiking neural network model） 185
スミス（Alvy Ray Smith III）* 78
正規言語（regular language） 49
正規表現（regular expression） 49
制御ノットゲート（controlled-not gate） 62, 241
制限酵素（restriction enzyme） 209
静止状態（quiescent state） 79
精神物理原則（psychophysical principle） 192
生成 AI（generative AI） 178
生命の起源（the origin of life） 261
整列（alignment） 146
セジュノスキー（Terrence Joseph Sejnowski）* 234
世代 CA（generation CA） 82
摂動（perturbation） 204
ゼニル（Hector Zenil）* 271
芹沢照生（Teruo Serizawa）* 259
セル（cell） 16, 26
セルオートマトン（cellular automaton; CA） 16, 25, 78
セル空間（cellular space） 26
遷移（transition） 46
遷移表（transition table） 46
線形集合（linear set） 103
全身振動療法（whole body vibration; WBV） 173
相互情報量（mutual information） 65
相互誘導系（inter-induced system） 155
相互誘導計算系（inter-induced computational system） 157

相転移（phase transition） 151
創発（emergence） 144
総和型 CA（totalistic CA） 79
速順応ユニット（rapidly adapting unit; RA） 158
ソロベイチク（David Soloveichik)* 106

●た　行

ダービー（Howard Derby)* 73
大域遷移関数（global transition function） 80
体験（experience） 191
ダイソン（Freeman John Dyson)* 36
第二種永久機関（perpetual motion machine of the second kind） 64
竪直也（Naoya Tate)* 231
多点探索（multi-point search） 136
谷田純（Jun Tanida)* 231
多本腕バンディット問題（multi-armed bandit problem） 225
多目的最適化（multi-objective optimization） 136
樽茶清悟（Seigo Tarucha)* 248
探索空間（search space） 132
ダンセイニ卿（Lord Dunsany)* 31
単点探索（single-point search） 136
断熱定理（adiabatic theorem） 252
断熱論理回路（adiabatic logic circuit） 72
逐次（sequential） 18, 100
逐次アルゴリズム（sequential algorithm） 19
遅順応ユニット（slowly adapting unit; SA） 158
チャーチ（Alonzo Church)* 53
チャーチ・ロッサー性（Church-Rosser property） 269
チャーマーズ（David John Chalmers)* 190
チャイティン（Gregory John Chaitin)* 36
チューリング（Alan Mathison Turing)* 32, 50, 116
チューリング完全（Turing complete） 55
チューリング機械（Turing machine） 14, 32, 51
チューリング計算可能宇宙（Turing computable universe） 271
チューリングパターン（Turing pattern） 124
チュリモフ・ゲラシメンコ彗星（67P/Churyumov-Gerasimenko） 263
ツァイリンガー（Anton Zeilinger)* 95, 254, 272
ツーオプト（2-opt） 135
通信路（communication channel） 140
ツーゼ（Konrad Zuse)* 35
停止状態（halting state） 51
データ並列（data parallel） 219
デカルト（René Descartes)* 143, 261
テグマーク（Max Erik Tegmark)* 271
デコヒーレンス（decoherence） 242
デモクリトス（Democritus)* 143
デュー（Brice Due)* 82, 259
ドイチェ（David Elieser Deutsch)* 254, 272
ドゥアンヌ（Stanislas Dehaene)* 205
統合情報（integrated information） 198
統合情報理論（integrated information theory; IIT） 195
到達可能（reachable） 101
到達可能性（reachability） 101
導波路（waveguide） 224
トークン（token） 103

トーホールド（toehold） 209
時計仕掛け（clockwork） 140
トノーニ（Giulio Tononi）* 195
トフォリ（Tommaso Toffoli）* 35
トフォリゲート（Toffoli gate） 61
鳥谷部祥一（Shoichi Toyabe）* 69
トランジション（transition） 103
トランスデューサー（transducer） 169
トレヴォロウ（Andrew Trevorrow）* 259

●な 行

内在的状態遷移（internal state transition） 214
ナイト（Thomas F. Knight, Jr.）* 72
中垣俊之（Toshiyuki Nakagaki）* 127
中嶋浩平（Kohei Nakajima）* 183
南雲仁一（Jinichi Nagumo）* 186
成瀬誠（Makoto Naruse）* 226
西森秀稔（Hidetoshi Nishimori）* 252
二相理論（double-aspect theory） 194
ニッキング酵素（nicking enzyme） 209
二本鎖（double strand） 206
ニューロン（neuron） 175
ネーゲル（Thomas Nagel）* 191
熱水鉱床（hydrothermal deposits） 262
熱力学第二法則（second law of thermodynamics） 64
粘菌（slime mold） 127
ノイマン近傍（Neumann neighborhood） 34
ノーダール（Mats Nordahl）* 89
ノーフリーランチ定理（no free lunch theorem） 131
ノーブル（Denis Noble）* 149

●は 行

バーガー（Brett Berger）* 260
バークス（Arthur Walter Burks）* 34
ハーネス（harness） 156
バイオニクス（bionics） 140
バイオミメティクス（biomimetics） 140
ハイパーグラフ書き換え系（hypergraph rewriting system） 268
ハイパーサイクル（hyper cycle） 264
萩谷昌己（Masami Hagiya）* 212
ハクスリー（Andrew Fielding Huxley）* 186
バタフライ効果（butterfly effect） 37
発火（fire） 104
パッカード（Norman Harry Packard）* 38
ハッシュライフ（Hashlife） 257
発展（evolution） 80
ハミルトニアン（Hamiltonian） 250
ハミルトン経路（Hamiltonian path） 134, 220
ハミルトン経路問題（Hamiltonian path problem） 134
ハミルトン閉路（Hamiltonian cycle） 134
ハミルトン閉路問題（Hamiltonian cycle problem） 134
パレート最適（Pareto optimal） 136
バレーラ（Francisco Javier Varela García）* 149
半線形集合（semilinear set） 103
反応拡散系（reaction-diffusion system） 83, 116
反応拡散現象（reaction-diffusion phenomenon） 115
反応規則（reaction rule） 117
反応係数（reaction coefficient） 98, 117
反応速度（reaction rate） 98

万能チューリング機械（universal Turing machine） 32, 53
光コンピューティング（optical computing） 223
光導波路（optical waveguide） 226
光パラメトリック発振器（optical parametric oscillator） 236
非決定性（nondeterminism） 22
非決定的（nondeterministic） 55
非チューリング計算可能宇宙（non-Turing computable universe） 271
非通常計算（unconventional computing） 4, 18
ピッツ（Walter Harry Pitts, Jr.）* 31
非平衡熱力学（nonequilibrium thermodynamics） 66
ヒューリスティクス（heuristics） 131
評価関数（evaluation function） 132
ヒリス（William Daniel Hillis）* 36
ビリヤードボールモデル（billiard ball model; BBM） 35, 61, 268
ヒルベルト空間（Hilbert space） 240
ヒントン（Geoffrey Everest Hinton）* 179, 234
ファインマン（Richard Phillips Feynman）* 35
フィードバック制御（feedback control） 66
フィードバックニューラルネットワーク（feedback neural network） 179
フィードフォワードニューラルネットワーク（feedforward neural network） 178
フィッツフュー（Richard FitzHugh）* 186
フィッツフュー･ナグモ方程式（FitzHugh-Nagumo equations） 186
風変わりなリザバー（exotic reservoir） 182
ブーニン（Stanislav Stanislavovich Bunin）* 166
不応状態（refractory state） 83
フォールトトレラント型量子コンピュータ（fault-tolerant quantum computer） 247
フォトニック結晶（photonic crystal） 227
フォトニックコンピューティング（photonic computing） 223
フォン・ノイマン（John von Neumann）* 25
複雑相互作用系（complex interacting system） 147, 153
プッシュダウンオートマトン（pushdown automaton） 55
物理的万能（physically universal） 93
物理リザバー（physical reservoir） 182
ブライアンの脳（Brian's Brain） 83
ブラウニアンコンピュータ（Brownian computer） 210
ブラッセレータ（Brusselator） 125
フランク（Michael P. Frank）* 72
プリゴジン（Ilya Prigogine）* 37, 125
フリストン（Karl John Friston）* 189
ブリルアン（Léon Nicolas Brillouin）* 70
ブルックス（Rodney Allen Brooks）* 281
プレース（place） 103
プレスキル（John Phillip Preskill）* 248
フレドキン（Edward Fredkin）* 35
フレドキンゲート（Fredkin gate） 61
分散アルゴルズム（distributed algorithm） 110
分散計算（distributed computation） 110

分子コンピューティング（molecular computing） 206
分子サイバネティクス（molecular cybernetics） 141
分子ナノテクノロジー（molecular nanotechnology） 141
分子ロボット（molecular robot） 141
分子ロボティクス（molecular robotics） 141
分配関数（distribution function） 235
分離（separation） 146
ベイカー（Henry Givens Baker, Jr.）* 73
平衡状態（equilibrium state） 121
並列（parallel） 18
並列アルゴリズム（parallel algorithm） 19
ベキ分布 (power distribution) 151
ペトリ（Carl Adam Petri）* 36, 103
ペトリネット（Petri net） 103
ベニオフ（Paul Anthony Benioff）* 36, 254
ベネット（Charles Henry Bennett）* 36, 210
ベルタランフィ（Ludwig von Bertalanffy）* 148
ベロウソフ（Boris Belousov）* 125
ベロウソフ・ジャボチンスキー反応（Belousov-Zhabotinsky reaction） 124
ベンター（John Craig Venter）* 265
ペンローズ（Roger Penrose）* 271
ポアンカレ（Jules-Henri Poincaré）* 37
ホイーラー（John Archibald Wheeler）* 36
ボイド（Boids） 146
崩壊（dying） 82
方向性結合器（directional coupler） 227
ポーリング（Linus Carl Pauling）* 36
ホジキン（Alan Lloyd Hodgkin）* 186
ホジキン・ハクスリー方程式（Hodgkin-Huxley equations） 33, 186
ポスト（Emil Leon Post）* 90
保存論理（conservative logic） 35
ホタルアルゴリズム（firefly algorithm） 146
ホップフィールド（John Joseph Hopfield）* 179
ポピュレーションプロトコル（population protocol） 109
ホランド（John Henry Holland）* 37, 148
ポリメラーゼ（polymerase） 209
ポリメラーゼ連鎖反応（polymerase chain reaction; PCR） 214
ボルツマン（Ludwig Eduard Boltzmann）* 42
ボルツマン定数（Boltzmann constant） 235
ボルツマン分布（Boltzmann distribution） 234
ボルツマンマシン（Boltzmann machine） 234
ポワソン分布（Poisson distribution） 151
本質的万能（intrinsically universal） 92

●ま 行

マーキング（marking） 105
マーゴラス（Norman H. Margolus）* 268
マーゴラス近傍（Margolus neighborhood） 94, 268
マカロック（Warren Sturgis McCulloch）* 31
マカロック・ピッツニューロンモデル（McCulloch-Pitts neuron model） 176
マクスウェル（James Clerk Maxwell）* 64

マクスウェルのデーモン（Maxwell's demon） 64
マッケンドリック（Anderson Gray McKendrick）* 83
マッスィミーニ（Marcello Massimini）* 204
マッハツェンダ変調器（Mach-Zehnder modulator） 227
マトゥラーナ（Humberto Maturana Romesín）* 149
マルチセット（multiset） 15, 98
マルチセット書き換え（multiset rewriting） 98
マルチセット書き換え規則（multiset rewriting rule） 98
マルチセット書き換え系（multiset rewriting system） 15, 98
マルチモード（multimode） 230
マンデルブロ（Benoît B. Mandelbrot）* 37
水内良（Ryo Mizuuchi）* 263
ミツバチコロニー最適化（honeybee colony optimization） 146
ミラー（Stanley Lloyd Miller）* 262
ミンスキー（Marvin Lee Minsky）* 35
ミンスキーのレジスタマシン（Minsky's register machine） 107
むち打ちPCR（whiplash PCR） 214
宗行英朗（Eiro Muneyuki）* 70
村田智（Satoshi Murata）* 141
メタヒューリスティクス（metaheuristics） 131
メトリー（Julien Offray de La Mettrie）* 261
免疫保持者（recovered） 83
モード（mode） 227
森田憲一（Kenichi Morita）* 95

●や　行

山登り法（hill climbing） 133
山本喜久（Yoshihisa Yamamoto）* 236
有限オートマトン（finite automaton） 45
有限状態オートマトン（finite-state automaton） 45
ユーニス（Saed G. Younis）* 72
抑制因子（inhibitor） 115
抑制性ニューロン（inhibitory neuron） 177
横山哲郎（Testuo Yokoyama）* 73
吉川信行（Nobuyuki Yoshikawa）* 72

●ら　行

ライト（Will Ralph Wright）* 78
ライフゲーム（Game of Life; GoL） 28
ライフライクCA（life-like CA） 82
ラングトン（Christopher Gale Langton）* 34, 142
ランダウアー（Rolf William Landauer）* 36, 70
ランダウアーの原理（Landauer's Principle） 70
ランダムエラー訂正符号（random error correction code） 242
ランダムネットワーク（random network） 151
リーキインテグレートアンドファイアモデル（leaky integrate and fire model） 185
リカレントニューラルネットワーク（recurrent neural network） 179
力学系（dynamical system） 88, 218
リザバー計算（reservoir computing） 181, 224

リックライダー（Joseph Carl Robnett Licklider）* 35
リボザイム（ribozyme） 263
粒子スォーム最適化（particle swarm optimization） 137
量子 CA（quantum CA） 95, 254
量子アニーラ（quantum annealer） 253
量子アニーリング（quantum annealing） 250
量子アルゴリズム（quantum algorithm） 239
量子エラー（quantum error） 242
量子ゲート（quantum gate） 240
量子コンピュータ（quantum computer） 239
量子状態ベクトル（quantum state vector） 240
量子チューリング機械（quantum Turing machine） 254
量子ドット（quantum dot） 231
量子ノイズ（quantum noise） 242
量子ビット（quantum bit） 240
量子メモリ（quantum memory） 240
量子もつれ（quantum entanglement） 226, 242, 245
量子有限オートマトン（quantum finite automaton） 254
量子論理回路（quantum logic circuit） 254
リンドグレン（Kristian Lindgren）* 89
ルイジ（Pier Luigi Luisi）* 150
ルービンシュタイン（Arthur Rubinstein）* 166
ルッツ（Christopher Lutz）* 73
レイニー（Alfréd Rényi）* 151
レイノルズ（Craig W. Reynolds）* 146
レスラー（Andrew Lewis Ressler）* 63
レンデル（Paul Rendell）* 82
ロイド（Seth Lloyd）* 270
ローゼン（Robert Rosen）* 150
ローゼンブルート（Arturo Rosenblueth Stearns）* 139
ローレンツ（Edward Norton Lorenz）* 37
ロキツキ（Tomas Rokicki）* 259
ロスムンド（Paul Wilhelm Karl Rothemund）* 208
ロゼッタ（Rosetta） 263
ロンデレス（Yannick Rondelez）* 218

●わ 行

ワトソン（James Dewey Watson）* 143
ワトラウス（John Harrison Watrous）* 95, 254
ワルデ（Peter Johann Walde）* 150

分担執筆者紹介

（執筆の章順）

鈴木　泰博（すずき・やすひろ）

・執筆章→1・7～9・15

1968年　東京都に生まれる
1995年　北陸先端科学技術大学院大学博士前期課程修了
1997年　東京医科歯科大学難治疾患研究所助手
2001年　京都大学博士（情報学）
2002-4年　国際電気通信基礎技術研究所（ATR）客員研究員
2005年　名古屋大学大学院情報科学研究科助教授
2017年　同大学大学院情報学研究科准教授（現在に至る）
主な著書　自然計算の基礎，近代科学社，2023.
Tactile Score，Springer Verlag，2013.

今井　克暢（いまい・かつのぶ）

・執筆章→2・4・5・15

1965年　大阪府に生まれる
1990年　大阪大学基礎工学部生物工学科卒業
1992年　大阪大学大学院基礎工学研究科博士前期課程修了
1993年　広島大学工学部助手
1999年　大阪大学博士（工学）
2008年　フランス国立科学研究センター短期研究員
2009年　広島大学大学院先端理工系科学研究科助教
2023年　福山大学准教授（現在に至る）
主な訳書　量子コンピューティング，森北出版，2003.
セルオートマトン，共立出版，2011.

編著者紹介

萩谷　昌己（はぎや・まさみ）

・執筆章→1・3・6・8・10～15

1957年　東京都に生まれる
1980年　東京大学理学部情報科学科卒業
1982年　東京大学大学院理学系研究科修士課程修了
1982年　京都大学数理解析研究所助手
1988年　京都大学理学博士
1988年　京都大学数理解析研究所助教授
1992年　東京大学理学部助教授
1995年　東京大学大学院理学系研究科教授
2001年　東京大学大学院情報理工学系研究科教授
2022年より東京大学名誉教授，2021年より東京大学 Beyond AI 研究推進機構機構長

主な著書　コンピューティング，放送大学教育振興会，2019.
自然計算へのいざない，近代科学社，2015.
数理的技法による情報セキュリティ，共立出版，2010.
化学系と生物系の計算モデル，共立出版，2009.
論理と計算のしくみ，岩波書店，2007.

放送大学大学院教材　8971056-1-2511（ラジオ）

計算と自然

発　行　　2025 年 3 月 20 日　第 1 刷
編著者　　萩谷昌己
発行所　　一般財団法人　放送大学教育振興会
〒 105-0001　東京都港区虎ノ門 1-14-1　郵政福祉琴平ビル
電話　03（3502）2750

市販用は放送大学大学院教材と同じ内容です。定価はカバーに表示してあります。
落丁本・乱丁本はお取り替えいたします。

Printed in Japan　ISBN978-4-595-14221-5　C1355